高等学校"十四五"生命科学规划新形态教材

植物学实验与技术

主　　编　张　彪　丁海东　吴晓霞

副主编　杜　坤　张　龙　张　源　徐小颖　孙勤富　杨　杰　方慧敏　徐　斌

编　　者（按姓氏笔画排序）

丁海东　王红梅　卞云龙　方慧敏　卢盼盼　孙勤富　杜　坤　杨　杰

吴晓霞　张　龙　张亚芳　张　彪　张　源　陆盈盈　陈宗祥　陈　源

周　娟　徐小颖　徐　斌　董桂春　傅媛媛

高等教育出版社·北京

内容简介

本书以丰富的图片、视频、数字切片、虚拟仿真实验等数字化教学资源为重要载体，帮助学生理解和掌握植物个体发育的形态结构特征、植物类群和植物物种鉴别与分类的方法。全书分为三部分，第一部分为常用实验方法与技术，主要介绍开展植物学实验和研究常用的实验技术；第二部分为基础性实验项目，主要介绍植物形态结构特征、基本类群及物种鉴别、多样性调查等内容；第三部分为拓展性实验项目，主要介绍自主性实验项目如何选题、如何开展。

本书实验内容由浅入深，能够帮助学生在验证、理解和消化理论知识的基础上，激发其求知欲和学习兴趣，提高其综合实验能力和自主创新能力；可作为高等学校生物类、农林类、医药类等专业的植物学实验教材，亦可作为生物学教学和研究人员的参考书。

图书在版编目（ＣＩＰ）数据

植物学实验与技术 / 张彪，丁海东，吴晓霞主编
. -- 北京 ： 高等教育出版社，2021.10
ISBN 978-7-04-056120-3

Ⅰ. ①植… Ⅱ. ①张… ②丁… ③吴… Ⅲ. ①植物学
－实验－高等学校－教材 Ⅳ. ①Q94-33

中国版本图书馆CIP数据核字(2021)第086293号

ZHIWUXUE SHIYAN YU JISHU

| 策划编辑 | 高新景 | 责任编辑 | 高新景 | 封面设计 | 王 洋 | 责任印制 | 高 峰 |

出版发行	高等教育出版社	网 址 http://www.hep.edu.cn
社 址	北京市西城区德外大街4号	http://www.hep.com.cn
邮政编码	100120	网上订购 http://www.hepmall.com.cn
印 刷	廊坊十环印刷有限公司	http://www.hepmall.com
开 本	787mm×1092mm 1/16	http://www.hepmall.cn
印 张	20.5	
字 数	450千字	版 次 2021年10月第1版
购书热线	010-58581118	印 次 2021年10月第1次印刷
咨询电话	400-810-0598	定 价 58.00元

前　言

　　植物学是一门实验性科学，它源于实践、贯于实践、终于实践，并在实践中不断发展与提升。植物学是高等学校生物科学、农学、植物保护、园艺、园林和农业资源与环境等专业的一门专业基础课程。植物学实验与技术是学习和探究植物学知识、培养植物学基本科学素养的必备基础。随着生物技术和生命科学的飞速发展，很多研究领域的研究技术和研究成果不断地相互渗透，植物学学科的内容和方法也在不断地更新和充实。同时，近年来随着"互联网＋"的发展，信息技术和高校的实验教学已产生了深层次的融合，运用现代教育技术和方法，开展以提升学生自主学习能力为目标的线上线下结合的植物学实验教学，已成为新时代下植物学实验教学的必然趋势。为此，我们编写了本教材。

　　本教材兼顾不同专业和大学生自主实验的需求，以大量的图片、视频、数字切片、虚拟仿真实验等数字化实验教学资源为重要载体，帮助学生理解和掌握植物个体发育的形态结构特征、植物类群和植物物种鉴别与分类的方法。本书内容分为三部分：第一部分为常用实验方法与技术，主要介绍开展植物学实验和研究常用的实验技术；第二部分为基础实验，主要介绍植物形态结构特征、基本类群及物种鉴别、多样性调查等内容；第三部分为拓展性实验，主要介绍自主性实验项目如何选题和开展。三部分由浅入深，能够帮助学生在验证、理解和消化理论知识的基础上，激发求知欲和学习兴趣，提高综合实验能力和自主创新能力。本教材选用的相关资源，绝大部分源于扬州大学植物学教学团队几代人积累的教学科研资料，并通过"互联网＋"与本教材实现链接。师生可借助计算机、智能手机等网络终端设备，扫描本教材中的二维码登录虚拟仿真资源教学平台，不仅可对教材中的相关资源进行在线浏览、操作学习与考核，还可对更多物种的经典显微结构和形态特征等进行观摩和对比学习，这既能较好地解决植物学实验教学中长期存在的如"优质"显微结构玻片标本共享难、对显微结构观察学习必须借助显微镜、各组织系统在植物体中的空间"立体"分布无法观察、形成性实验考核实施难等问题，又为MOOC、翻转课堂等教学新形态在植物学实验教学中的应用提供了支持与保障。

　　教材编写的主要分工是：第一篇由张彪、吴晓霞、张源、张龙、孙勤富、张亚芳和杨杰编写，第二篇由张彪、丁海东、吴晓霞、杜坤、张龙、孙勤富、徐小颖、卢盼盼、王红梅、陈源、陈宗祥、董桂春、卞云龙、方慧敏、周娟和杨杰编写，第三篇由张彪、杜坤和丁海东编写，附录由张彪、杜坤、张龙、徐斌、卢盼盼、陆盈盈和傅媛媛编写。

本书的编写出版，得到了扬州大学国家级生物科学与技术虚拟仿真实验教学中心、江苏省级生物科学与技术虚拟仿真实验教学共享平台、教育部2019年第一批产学合作协同育人项目（201901052016）、江苏高校"青蓝工程"（2020-10）、扬州大学"青蓝工程"（2019-14）、扬州大学教材出版基金、扬州大学重点教材立项建设、扬州大学虚拟仿真实验项目（YZUXNFZ2019-01）的资助。扬州大学生物科学与技术学院历任院长焦新安教授（现为扬州大学校长）、梁建生教授、魏万红教授、潘志明教授（现为宿迁学院副校长）、黄金林教授，扬州大学生物科学与技术学院副院长周福才教授、王幼平教授、熊飞教授，扬州天润电脑有限公司杨伯群、张庆宝，以及韦存虚教授、耿士忠教授、夏敏、张文奕、赵斌等在本书编写与相关资源建设过程中均给予了大力支持和帮助，在此对他们表示诚挚的谢意！

限于水平，教材中的不完善与疏漏之处在所难免，恳请使用者给予批评指正。

扬州大学　张彪

2020年7月

数字课程（基础版）

植物学实验与技术

主编　张　彪　丁海东　吴晓霞

扫描二维码，下载Abook应用

http://abook.hep.com.cn/56120

植物学实验与技术

"植物学实验与技术"数字课程与纸质教材一体化设计，数字课程内容如下：

1. "说课"，包括微视频、PPT课件、PDF阅读材料，通过各章节名旁的二维码手机扫码访问。
2. 数字切片，通过各实验相应标题旁的二维码手机扫码在线操作。
3. 虚拟标本（3D），需先安装AR手机客户端，通过客户端软件扫描各实验相应标题旁的二维码在线操作。AR手机客户端可从Abook网站下载后安装。
4. 植物学野外实习在线系统，通过各实验相应标题旁的二维码手机扫码在线操作。
5. 纸质教材的附录三至附录十，通过正文标题旁的二维码手机扫码学习。

登录方法：

1. 电脑访问http://abook.hep.com.cn/56120，或手机扫描上方二维码、下载并安装Abook应用。
2. 注册并登录，进入"我的课程"。
3. 输入封底数字课程账号（20位密码，刮开涂层可见），或通过Abook应用扫描封底数字课程账号二维码，完成课程绑定。
4. 点击"进入学习"，开始本数字课程的学习。

课程绑定后一年为数字课程使用有效期。如有使用问题，请点击页面右下角的"自动答疑"按钮。

目　录

植物学实验室规则

PART **1**
第一篇
基本实验技术
与方法
—

模块一　植物绘图与成像 2
第一节　植物绘图技术 2
第二节　植物摄影技术 7
第三节　植物显微数码摄影技术 17
第四节　植物器官建成观测方法 21

模块二　植物制片 30
第五节　临时装片法 30
第六节　徒手制片法 31
第七节　解离制片法 32
第八节　整体装片法 33
第九节　压片制片法 34
第十节　石蜡切片法 35
第十一节　半薄切片法 39

模块三　植物观察与鉴别 41
第十二节　植物标本的形态观察与描述 41
第十三节　心皮数目的判别 43
第十四节　花程式的书写与花图式的绘制 44

第十五节　植物检索表的编制与使用 ………………………………… 47

第十六节　植物标本鉴别 …………………………………………………… 49

模块四　植物标本采集与制作 ……………………………………… **51**

第十七节　腊叶标本制作 …………………………………………………… 51

第十八节　浸渍标本制作 …………………………………………………… 55

第十九节　原色标本制作 …………………………………………………… 56

Part **2**
第二篇
基础实验
——

模块一　植物细胞与组织 ………………………………………… **60**

实验一　植物细胞 …………………………………………………………… 60

实验二　植物组织 …………………………………………………………… 68

模块二　被子植物营养器官建成 ……………………………… **80**

实验三　种子与幼苗 ………………………………………………………… 80

实验四　根的结构与发育 ………………………………………………… 85

实验五　茎的结构与发育 ………………………………………………… 103

实验六　叶的结构与发育 ………………………………………………… 118

模块三　被子植物生殖器官建成 ……………………………… **128**

实验七　花芽分化 …………………………………………………………… 128

实验八　花药和花粉的结构与发育 …………………………………… 132

实验九　胚珠和胚囊的结构与发育……………………………………………139

实验十　果实和种子的结构与发育……………………………………………145

模块四　植物基本类群特征与识别……………………………… 155

实验十一　藻类植物的形态与结构……………………………………………155

实验十二　菌类植物的形态与结构……………………………………………159

实验十三　地衣植物的形态与结构……………………………………………164

实验十四　苔藓植物的形态与结构……………………………………………166

实验十五　蕨类植物的形态与结构……………………………………………174

实验十六　裸子植物的形态与结构……………………………………………181

模块五　被子植物观察与识别……………………………………… 189

实验十七　被子植物营养器官的形态多样性与术语…………………………189

实验十八　被子植物花的形态多样性与术语…………………………………202

实验十九　被子植物果实的形态多样性与术语………………………………212

实验二十　双子叶植物多样性与物种鉴别……………………………………222

实验二十一　单子叶植物多样性与物种鉴别…………………………………243

模块六　植物物种多样性调查……………………………………255

实验二十二　校园植物群落物种多样性调查…………………………………255

Part **3**

第三篇
拓展性实验

—

第一节　项目来源与实施 264
第二节　拓展性实验案例 267

附 录

—

附录一　生物显微镜的构造与使用 281
附录二　体视显微镜的构造与使用 286
附录三　石蜡切片机的构造与使用 288
附录四　半薄切片机的构造与使用 288
附录五　测微尺的使用方法 288
附录六　生物学数字切片虚拟仿真教学（学习）系统 289
附录七　生物学虚拟标本仿真教学（学习）系统 289
附录八　植物野外实习综合实训在线教学平台 289
附录九　"被子植物营养器官建成虚拟仿真实验"教学系统 289
附录十　植物学实验常用试剂简介 289
附录十一　种子植物分科检索表 289
附录十二　植物学野外实习须知 309

参考文献 312

植物学实验室规则

　　植物学实验室是开展植物学实验教学和科学研究的场所，进入实验室时，必须严格遵守以下规则。

　　1. 在进入植物学实验室前，必须通过实验室安全准入考核。

　　2. 本实验室实行预约式开放，在本实验室开展的所有实验均需要在线上平台预约后方可进入实验室。

　　（1）常规实验教学项目。使用者应先在线上平台通过某个实验的预习测试，然后选择开课时间、实验教师等，最后按照预约时间进入实验室。

　　（2）自主实验项目。使用者应先在线上平台提交实验设计方案，并在线上学习相关仪器设备的使用方法，经实验中心和指导教师审核批准后，按照预约时间进入实验室。

　　（3）仪器设备的预约。使用者应先在线上平台确认所要使用的仪器设备为"可预约"状态，然后填写仪器使用时间、样品名称和数量等信息，并在线上学习该仪器设备的使用方法，中心审批后按照预约时间进入实验室。

　　3. 学生应提前进入实验室，不得迟到、无故缺席，并穿好实验服，按照指定位置就座。

　　4. 实验前，应先检查实验器材和材料是否齐全，如有缺损，应及时报告任课老师，不得随意拿取其他实验台上的物品。

　　5. 实验过程中，学生应根据实验教材和教师的指导认真仔细地开展实验，严格遵守实验操作步骤和仪器使用规范，细致观察和分析实验现象，如实做好实验记录。严禁在实验室内大声喧哗、打闹，严禁在实验室内饮食。

　　6. 实验结束后，应将显微镜、计算机等仪器设备按要求复位，将其他实验用具擦洗干净、清点数量后，整齐地摆放回原处，认真填写实验运行记录，经任课老师允许后，方可离开实验室。

　　7. 课后，学生应按要求在线上完成实验报告的撰写与提交。课程结束后（或某一阶段结束后），学生应按照课程的要求，在线上完成相应的考核。

　　8. 学生应爱护公物，严格按照仪器设备的操作规程进行操作，如发生故障，应及时报告任课老师。严禁故意损毁器具，严禁私自调换仪器，严禁擅自将实验室的用具和物品带出实验室。如发生实验器材的损毁及丢失，教师应按实验中心相关规定进行处置。

9. 在保证实验正常开展的情况下，学生应尽可能节约材料，如水、电和易耗品（擦镜纸、染料、试剂、载玻片、盖玻片和实验材料）等。

10. 注意实验安全。实验前，要确认灭火器、灭火毯、洗眼器、卫生箱、废弃物收集箱等物品的摆放位置，要了解实验室发生事故时的逃生通道位置。实验中，应规范用电，按要求使用危险化学品及刀片等锋利器具，注意安全防范，严防发生事故。未经教师许可，严禁在电脑上使用光盘、U盘及其他存储设备，严禁修改计算机软件的配置，严禁私自安装和卸载计算机应用程序。实验结束后，学生应分组轮流值日，搞好清洁卫生，最后离开实验室的同学要确保水、电、门、窗处于关闭状态。

11. 线上实验室（即植物学实验在线教学平台）是进行植物学实验预习、实验预约、实验复习、实验考核、虚拟仿真实验和提交实验报告的网络平台。所有用户的线上行为应严格遵守《中华人民共和国网络安全法》《中国教育和科研计算机网用户守则》等相关法规。

PART

1

第一篇

基本实验技术与方法

——

植物学来源于实践，且自身每次重大突破都"源"于工具（仪器设备）和技术（实验方法和手段）的革新和发展；且植物学作为一门实验学科，各种实验技术与方法在其学习与研究中具有不可替代的作用。对植物形态结构的观察、生长发育进程的追踪与研究，常常需要利用各种不同的制片技术、显微照相与延时拍摄技术、显微测量方法等；对植物物种的鉴别、多样性的调查与研究，则会用到标本采集与制作技术、植物照相与绘图技术、观察与描述植物体的方法、标本鉴别方法等。因此，在植物学实验教学中，加强对学生实验技术与方法的训练，就显得尤为重要。本篇汇集了植物学实验中常用的技术与方法，包括植物绘图与成像、植物制片技术、植物标本采集与制作、植物标本的观察描述与测量鉴别方法等。对基本实验技术与方法的训练是植物学实验教学的主要内容之一，将贯穿于整个实验教学过程中。

模块一
植物绘图与成像

——

植物绘图与成像是通过手绘或借助照相机、智能手机、显微数码成像系统等工具，再现植物典型形态结构特征、动态生长发育过程与生境的科学记录方法。绘图与成像获取的图片与影像资料，能够记录和长期保存植物个体或群体的生长发育、生存状况和形态结构组成特征，既有助于学生理解和掌握植物单一器官建成进程及不同器官的协同生长，也为教学、科研和交流等带来了极大的方便。

第一节
植物绘图技术

说课

植物绘图是一种科学记录方法，它通过绘图的方式，来形象描述植物外部形态和内部结构特征。植物绘图既有助于我们认识和理解植物，也有利于植物科学的研究与交流，因此，在植物学实验过程中，学习和掌握植物绘图的基本方法与绘图技巧是非常必要的。

一、绘图要求

（一）绘图原则

植物绘图原则是以研究植物特征为出发点，在对所描绘对象（植物细胞、组织、器官、外形等）深入细致地观察并充分了解其有关形态结构特征的基础上，对其仅用点和线进行准确、严谨、简要、清晰的绘制。所绘图形既要能够客观、准确、真实地反映植物材料的主要特征，又要兼顾形象、生动与美观，但绝不能臆造和美化，也不可涂黑。

（二）绘图要求

1. 观察细致
植物绘图之前，一定要借助显微镜、放大镜或智能手机等工具，对所描绘对象的形态结构组成特征进行全面、细致的观察，并区分正常与偶然（或人为）造成的假象。

2. 布局合理
植物绘图之前，先在图纸的左侧留出一定距离以备装订，再依据绘图纸的大小和需绘图的数目，确定各图在绘图纸上的位置和大小，并留出引线与标注的位置。整个布局着眼整体，在大局中体现饱满，切忌所绘之图过大、过小或偏在绘图纸的一角。

3．主体突出

植物绘图过程中，应在细致、认真观察的基础上，准确地运用"点和线"在植物绘图中的画法技巧，采用均衡与对称、对比和视点的构图原则，在画出所绘对象最本质、最典型、最真实的形态结构的同时，使得画面稳定、主体突出、分割感强，从而使绘成之图能够科学、美观、真实地呈现出所绘对象的形态结构特征。

（1）绘图对线条的要求　线条主要用来表现物体的外形轮廓、内部构造、脉纹、皱褶、纤毛等部位，图中线条要连续、均匀、光滑、流畅、整齐，无虚实之分。绘制线条时，不能够用直尺、圆规等工具，必须手绘完成；行笔要流畅，最好用力均匀地一笔画完（切忌中间停顿和提压），以保证画成的线条均匀、圆润光滑；如绘制较长长线条，可通过调整图纸角度，使运笔时能顺着手势由左下角向右上方做较大幅度的运动；如绘制多段线条连接完成的长线条，可执笔先稍离开纸面，顺着原来线段末端的方向，以接线的动作，空笔试接几次，待有了把握后，再把线段接上；如需表现毛发、褶纹等，则需根据自然形态，线条自基部向尖端逐渐细小，使物体描绘更加逼真。

（2）绘图对点的要求　点主要用来衬阴影，以表现细腻、光滑、柔软、肥厚、肉质、半透明、色块和斑纹等物质特点，图中的点要圆滑光洁、匀称协调、疏密适宜。绘制点时，要求使用的铅笔芯尖而圆滑，铅笔垂直上下，不可倾斜打点；画阴影时，由明部到暗部要逐渐过渡，点与点不能重叠，点的分布既不可盲目地一处浓、一处稀，也不可在同一明暗阶层中夹有粗细差别过大的点。

4．图注规范

植物图绘好后，必须用铅笔写上图注。在加图注时，应从拟标注结构部位用"实线"画出与图纸上、下边缘平行的引线，并在引线终端用铅笔简明扼要、准确、工整、平行地书写出结构名称；各引线应平行不交叉，引线终端最好对齐；注字最好在右侧或两侧排成竖行，上下尽可能对齐；图题一般在图的正下方，实验题目在绘图纸的正上方。

5．纸面简洁

绘成之图，图纸和版面要保持美观、清晰，图注应简明扼要、一目了然。

二、绘图用具

绘图用具包括铅笔（2H、3H、4H、2B、3B、4B等）、橡皮或可塑橡皮、直尺、三角尺、游标卡尺、绘图纸等。

三、绘图步骤

植物绘图一般包括准备、起稿、修改、成图、修饰和标注六大步骤。

1．准备

植物绘图准备指绘图用具的准备和对描绘对象（植物细胞、组织、结构、器官或外形等）的细致观察。通过观察，应做到对描绘对象的外部形态、内部构造及其各部分的位置关系、比例、附属物等特征有完整的感性认识，并能够区分正常与偶然（或人为）造成的假象，选择具代表性的典型部位起稿。

2．起稿

起稿就是构图、勾画轮廓的过程，一般用HB铅笔将所绘对象的整体及主要部分轻轻描绘在绘图纸上。起稿前应依据绘图纸的大小、绘图数目、图形放大倍数、图注和图题等合理布局，所绘之图一般尽可能地画大些。如绘的是细胞图,为了清楚表明细胞内部结构,所绘细胞数目不宜过多,一般绘1~2个即可,但细胞的各部分都可以按同一比例适当放大;如绘的是轮廓图或图解图,无须将整个切面(如根茎的横切面图)都绘出,一般由中心向边缘绘出1/2~1/8即可。在每个图的绘图区域,左边2/3用于绘图,右边1/3用于标注。

起稿时落笔要轻,线条要简洁,能看清线条即可;切忌落笔太用力,在图纸上留下过重的笔痕,这不利于后期对起稿的修改与擦去。

3. 修改

将起稿绘制的草图与描绘对象进行全面比对,并对其进行修正与补充。

4. 成图

对经修改、确认结构准确无误的草图,选用颜色、硬度适中的铅笔,按照点、线的绘制要求,以清晰的笔画将草图描画出来。

5. 修饰

用橡皮轻轻擦去草图,并用"点点衬阴"法来对成图进行修饰,彰显图像的立体感和生动性。修饰时,需对照描绘对象,用粗密点表示背光、凹陷或色彩浓重的部位,用疏点表示受光面或色彩淡的部位,用留白(用橡皮擦出)表示透明的部分。

6. 标注

植物图画好后,应再次与描绘对象进行对比,在确定无遗漏、无错误后,按照图注规范对其进行标注。图题应能够反映出该图所属植物、器官、组织的名称,以及取材部位或切片类型名称。

四、案例

(一)细胞图的绘制(以洋葱表皮细胞为例)

植物细胞图是以点和线生动真实地再现细胞的形态结构,是一种立体感强的轮廓图或示意图。

1. 绘图准备

以新鲜洋葱(*Allium cepa* L.)鳞叶表皮为材料,制成临时玻片标本,置于显微镜下仔细观察,找出能够清楚观察到细胞壁、细胞质、细胞核、液泡和白色体等结构的细胞,并将其移至显微镜视野中央。通过调节细准焦旋钮,仔细观察细胞及细胞器在不同焦平面上的形态、大小、排列与分布等特征,在脑海中建立起立体影像。同时,准备好绘图图纸和绘图用具。

2. 绘图起稿

依据图纸或实验报告纸的尺寸,在确定所绘细胞图的大小和在图纸上的布局后,用HB铅笔轻轻地画出细胞的基本形态和内部结构分区的大致轮廓,形成草稿。

3. 草稿修改

将绘成的草稿,与显微镜视野中的细胞图像进行对比,看草稿细胞轮廓的大小、宽窄、长短等是否与观察的细胞相符合,同时要注意细胞中的各种结构(如细胞壁的厚度、细胞核的大小等)与整个细胞的比例是否符合实际。如果不符,则需依实际情况对草稿进行修改,直至草稿与实物基本相符。

4. 草稿成图

草稿修改完成后,用粗细均匀、细而圆滑的线条(HB铅笔)描出细胞的轮廓和结构,用细圆、疏密的点画出细胞生活部分(如细胞质、细胞核等细胞器)的颜色深浅或折光率的差别。所绘细胞与相邻的其他细胞的连接处也要画出一些来，以表示该细胞不是孤立的。

5. 成图修饰

成图后，通过调节细准焦旋钮，再仔细观察细胞原生质体各组成部分的颜色深浅或折光率的差别，以及细胞壁的厚度变化，用点、线对其进行修饰，并用橡皮轻轻擦去草图。细胞结构颜色较深或细胞壁加厚的部分，可用铅笔对线条进行再次描绘，勾勒出结构转折或加厚部分的层次感；细胞原生质体中颜色不同或折光率变化比较大的部分，可用铅笔打点（颜色深、折光率变化大的部分"点"要打密，颜色浅、折光率变化小的部分"点"要打疏）或亮部留白（透明部分可不打"点"或用橡皮擦出空白），来勾勒出细胞结构的层次感与变化。

6. 成图标注

画好的细胞图，应再次与实物进行对比，在确定无遗漏、无错误后，从细胞壁、细胞核、细胞质和液泡等细胞结构处分别向右（如图注太多也可向左）引出与图纸上下缘平行的直线。各直线须相互平行（如2条相临引线太靠近影响注字，可在细胞结构处先画出1条短斜线，再用2条平行线与斜线相接），所有引线的终端都应对齐，并在引线终端工整书写出大小一致、整齐排列的结构名称。最后在图的下方标明图题——洋葱鳞叶表皮细胞装片。如有需要，在图的适当位置做简要说明，说明包含放大倍数、制作时间等。

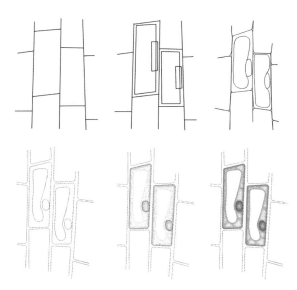

图1-1-1 植物细胞图绘制流程（从绘图起稿到成图修饰）

（二）植物结构图的绘制

植物结构图是以线条真实地再现植物器官各组织结构分布和细胞形态大小等特征，是一种具有层次性的轮廓图或示意图。结构图有简图和详图两种类型：简图主要呈现组织结构在器官中的整体层次分布，详图主要呈现部分器官截面中的细胞形态、大小和排列分布特征，有时还兼顾组织结构在器官中的层次分布。

1. 植物结构简图的绘制（以水稻节间横切面为例）

（1）绘图准备 取水稻（*Oryza sativa* L.）茎（节间）横切制片置于显微镜下，先在低倍镜下整体浏览切片，大致了解表皮、厚壁组织、薄壁组织、维管束和髓腔在茎中的分布位置和每一部分所占比例，再转高倍镜仔细观察各部分的分布式样和形态特征。同时，准备好绘图图纸和绘图用具。

（2）绘图起稿 依图纸或实验报告纸的尺寸，确定所绘结构图的大小和在图纸上的布局；然后用HB铅笔轻轻地按比例勾勒出各组织结构在茎中的大致分布位置和维管束的横断面式样（在维管束轮廓线内，画出2个后生木质部导管的形状），形成草稿。

（3）草稿修改 将草稿与显微镜视野中的结构图像进行对比，看草稿中各组织结构的分布位置、比例和横断面式样是否与实物相符。如果不符，则需依实际情况对草稿进行修改，直至草稿与实物基本相符。

（4）草稿成图 草稿修改完成后，将图中各组织结构的轮廓线和横断面式样，用粗细均匀、细而圆滑的线条（HB铅笔）描画出来。

（5）成图修饰　成图后，依据组织类型的不同，可选用不同色彩填充在各组织分割线之间，利用不同色彩间的视觉区分度和辨识度，来勾勒出组织结构在器官中的层次变化。

（6）成图标注　画好结构简图后，按照图注规范对其进行标注。

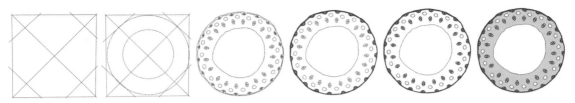

图1-1-2　植物结构简图绘制流程（从绘图起稿到成图修饰）

2. 植物结构详图的绘制（以水稻茎横切面中的1个维管束为例）

（1）绘图准备　取水稻茎（节间）横切制片，选择1个位于内环的结构完整且较大的维管束置于高倍镜下，先整体浏览维管束鞘、初生木质部、初生韧皮部的分布位置和各部分所占比例，再仔细观察各部分的细胞形态特征（尤其是细胞壁的加厚情况）。同时，准备好绘图图纸和绘图用具。

（2）绘图起稿　依据图纸或实验报告纸的尺寸，先确定绘图的大小和在图纸上的布局，再用HB铅笔轻轻地按比例勾勒出维管束大致轮廓、各组织在维管束中的分布位置和组成细胞的形态特征，形成草稿。

（3）草稿修改　将草稿与显微镜视野中的结构图像进行对比，看草稿中各组织结构分布的位置、比例和细胞形态是否与实物相符；如果不符，则需依实际情况对草稿进行修改，直至草稿与实物基本相符。用双线条表示厚壁细胞（制片中被染成红色）的轮廓线，即紧贴着表示厚壁细胞的轮廓线内侧再画1条线。

（4）草稿成图　草稿修改完成后，将图中各组织结构的轮廓线，用粗细均匀、细而圆滑的线条（HB铅笔）描画出来。

（5）成图修饰　成图后，依据组织类型的不同，可用不同色彩对组织结构进行修饰，来提升成图的视觉区分度和辨识度。

（6）成图标注　画好结构详图后，按照图注规范对其进行标注。

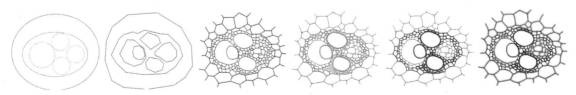

图1-1-3　植物结构详图绘制流程（从绘图起稿到成图修饰）

（三）植物形态图的绘制（以百合花枝为例）

植物形态图，是以点和线勾勒出植株或植物器官的形态质感或立体特征，可以是轮廓图或示意图。

1. 绘图准备

取新鲜百合花枝，先用肉眼观察茎、叶、花的形态组成和排列特征，再用放大镜或体视显微镜分别观察茎、叶、花的细微特征。同时，准备好绘图图纸和绘图用具。

2. 绘图起稿

依据图纸或实验报告纸的尺寸，确定绘图的大小和在图纸上的布局。用HB铅笔先画一个比较大的方框，定好花和花枝的位置，保证构图饱满；再在方框内画一较小的方框给花定位，并用长线条勾勒出花和花枝，用长短不一的直线画出叶片和花。仔细观察百合的叶片和花被，利用辅助线定位，用线条勾勒出干净、优美的轮廓曲线；用点元素给百合花枝中相对凹陷、处于下层、处于暗部和转折处的结构加阴影，来展现百合花的立体感，形成草稿。

3. 草稿修改

将绘成的草稿与实体形态图进行对比，看其与实物是否相符；如不相符，则依实际情况对草稿进行修改，直至草稿与实物基本相符。

4. 草稿成图

草稿修改完成后，将图中各器官形态组成特征的轮廓线，用粗细均匀、细而圆滑的线条（HB铅笔）描画出来。

5. 成图修饰

成图后，依据花枝中不同器官的色泽，可用不同色彩对其进行修饰，来提升成图的视觉区分度和辨识度。

6. 成图标注

画好形态图后，按照图注规范对其进行标注。

图1-1-4 植物形态图绘制流程（从绘图起稿到成图修饰）

第二节
植物摄影技术

说课

植物摄影是以植物为拍摄对象，用照相机或智能手机拍摄，以影像真实而客观地呈现植物体生活状态和形态特征的摄影技术。植物摄影形成的影像资料，能够"原汁原味"地记录植物个体或群体的生存状况和细节特征，并且能够长期保存，较好地解决了实体标本制作繁琐、容易褪色、不便携带等问题，给教学、科研和交流带来了极大方便。因此，了解并掌握植物摄影技术，已成为植物学实践教学中不可或缺的重要环节。

一、拍摄设备

1. 照相机与智能手机

随着科学技术的发展，拍摄设备已不再局限于传统的照相机，智能手机的摄影功能也日渐强大，大有与照相机相媲美的趋势，但相机与手机在一定时间内并不会相互取代，而是各司其职，满足不同人们的需要。

（1）照相机   光学照相机利用光学成像原理形成影像，并使用底片记录影像；数码相机则能够利用电子传感器把光学影像转换成电子数据，具有数字化存取、与电脑交互处理、实时拍摄与观看等特点。在目前的相机市场，尤其是单反、微单等专业高端的数码相机市场，基本上被日本品牌所占据，常见的品牌有尼康、佳能、索尼等；每个品牌又根据其感光器件、处理电路等核心器件分成若干系列，以满足不同的需要。

现代相机的分类，常以相机的取景方式及核心感光器件的尺寸作为划分标准。如全画幅单反相机是指：使用与传统35 mm胶片尺寸（36 mm×24 mm）相同的全画幅感光器件，单镜头取景拍摄，并安装有反光镜的相机，拍摄图像质量好，但其体积较大、不方便携带；微单（单电）相机，保留了全画幅单反相机的全画幅感光器件，取消了反光镜及光学取景的部分，使其体积大大缩小、携带使用更加方便，并且基本成像质量与单反相机类似，在近几年有取代全画幅单反相机的趋势。单反和微单相机都可以根据需要更换镜头（图1-2-1），在植物摄影中，不同类型的镜头可以大大丰富摄影的形式，更加完整地展现植物的形态，因此在植物摄影中，应选择专业相机（如单反或微单相机）拍摄。

图1-2-1   照相机类型

A. 单反相机；B. 微单相机

（2）智能手机   智能手机是指具有独立的操作系统和运行空间，可安装程序，并通过移动通讯网络实现无线网络接入的手机类型。手机的拍摄功能在近几年有了长足的进步，虽然在图像的精细度、宽容度等方面与相机还有一些差距，但在分辨率（像素数量）上甚至超过了专业相机，再加上其便携易用、随手可拍、随时分享等优点，智能手机在植物摄影上具有广阔的应用前景。

2. 基本部件

照相机主要由感光器件（CCD、COMS）、镜头、光圈、快门、取景器（液晶屏）、机械辅助设备和电子辅助设备组成。在拍摄过程中，只要对以下几个部件进行恰当操作，就能拍摄出焦距清晰、曝光正确、能反映植物典型特征的影像资料。

（1）感光器件   感光器件是相机的核心部件，其主要作用是将镜头收纳进来的光线转换成电信号，并进行信号的处理、压缩和存储。感光器件有CCD元件和CMOS器件两种类型，其主要衡量标准为尺寸和分辨率。感光器件的尺寸（图1-2-2）有全画幅、APS、m43画幅等，通常画幅尺寸越大，其成像质量越好；手机的感光器件尺寸较小，一般只有全画幅相机的几十分之一，但是其分辨率（像素）却并不比相机少，因此，手机不适合在光线较弱的条件下进行拍摄，画面质量相对专业相机来说也有一定差距。

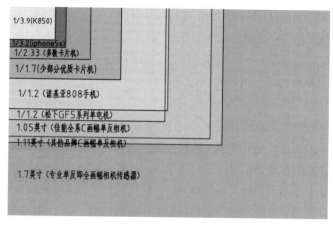

图1-2-2　相机、手机感光器件尺寸对比图

（2）镜头　镜头就是照相机上以光学透镜组成，用来收纳光线取景的装置。镜头主要衡量标准为焦距及光圈。焦距决定着视角的大小、取景的范围和拍摄的远近，按焦距可将镜头分为广角、标准和长焦镜头。广角镜头的焦距主要为15 mm、24 mm、28 mm、35 mm，拍摄视角大，范围广，场景层次丰富，适合用来拍摄植物所处的环境及植物的全貌；标准镜头的焦距为50 mm，拍摄视角、范围接近人眼日常所见，图像还原真实；长焦镜头的焦距为85 mm、105 mm、135 mm、200 mm、400 mm，拍摄视角较窄，范围较小，有放大细节及望远的作用，适合用来展现植物的细节特征或用来拍摄距离较远的植物。照相机通常配备的镜头为变焦镜头（图1-2-3），基本能涵盖以上的焦距。植物摄影追求科学真实地还原植物的面貌，正常情况下应选用标准镜头拍摄，但在需要呈现植物微小细节时，如条件允许，可考虑用微距镜头拍摄。

（3）光圈　光圈是镜头中改变通光孔径大小、调节进入光量的装置。光圈大小用F值表示，光圈F值 = 镜头焦距 / 镜头有效口径直径。完整的光圈值系列如下（图1-2-4）：f/1.0，f/1.4，f/2.0，f/2.8，f/4.0，f/5.6，f/8.0，f/11，f/16，f/22，f/32，f/44，f/64。F后面的数值越小，光圈就越大，进光量就越多，在快门速度（曝光速度）不变的情况下，画面就越亮；反之，则越小，画面也较暗。同时，光圈还决定图片景深的大小（可理解为背景的模糊程度），光圈越大，背景就越模糊，就更加容易突出主体，因此，植物摄影不必一味追求小景深，有时景深太小反而影响植物全貌的展现，应根据所拍摄的具体对象、环境等来决定景深大小。

图1-2-3　24～70 mm变焦镜头

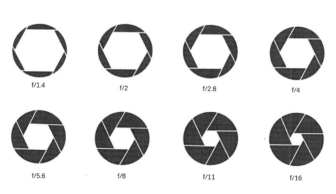

图1-2-4　光圈孔径大小

（4）快门　快门是照相机用来控制感光元件有效曝光时间的装置。快门速度单位是秒，一般而言，快门的时间范围越大越好。常见的快门速度有：1、1/2、1/4、1/8、1/15、1/30、1/60、1/125、1/250、1/500、1/1000、1/2000等；相邻两级（相差一级）快门速度的曝光量相差一倍。高速快门（数值小）适合拍运动中的物体，可轻松抓住急速移动的目标。植物摄影中一般拍摄静物，可用低速快门拍摄，但快门速

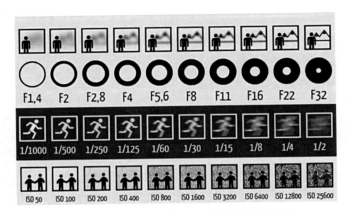

图1-2-5　常见光圈、快门、感光度对画面的影响

度过低时会因为手的抖动导致图像模糊，因此在有风时或者在运动中抓拍时，要用高速快门。拍摄时以较高速快门配合大光圈，可获得模糊的背景，拍出的照片主体更为突出、更具美感（图1-2-5）。

（5）取景器　取景器是照相机上通过目镜来监视图像的部分。取景器有光学取景器、TTL取景器和电子取景器等类型，其主要作用就是构图，也就是确定画面的范围和布局。有些取景器还能显示拍摄的参数及预测景深等，好的取景器能使拍摄者对照片的最终效果有一个直观的认识，方便拍出更完美的照片。衡量取景器的主要指标为取景器放大倍率（简称取景倍率）和取景范围。取景放大倍率大，取景时看到的景物接近原物，真实感强；取景放大倍率小，取景时容易看到全景。传统的单反照相机有光学取景器，但现在更多的是用方便操控的液晶屏取景。选择相机时，尽量选择取景器精度高、角度可以翻转调整的机型，并且在使用过程中也须注意到外界光线及观看角度对于液晶显示的影响，注意参照直方图等专业图表进行曝光。

二、拍摄方法

1. 持机姿势

正确的持机姿势有助于操作相机，合理构图，拍摄出优美的照片（图1-2-6）。因此，需要做到以下几点。

（1）端正相机　拍摄时，相机要端正，不能过仰、过俯或左右倾斜，否则会使拍摄对象上大下小、上小下大，或使景物有东倒西歪的感觉。具体拍摄时，可参照液晶屏中的构图辅助线和画框进行调整。

（2）稳定相机　拍摄时，相机要拿稳。一般右手握住相机的机身手柄，左手则托住镜头。不可两手都握住机身，否则会使相机抖动，出现双影或模糊不清的影像。按快门时不要用力过猛，需轻轻地按下快门。快门速度低于1/30 s时更需注意稳定，低于1/15 s时最好使用三角架或将相机依托在固定物上拍摄。

（3）手机持握　拍摄时，用两只手把持住手机的边框，注意手指不要

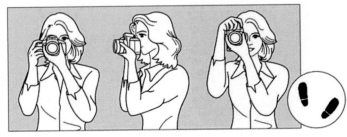

图1-2-6　持机姿势

遮挡手机镜头。尽量找到支撑物撑住胳膊，也可用手机夹与三脚架等连接固定。

2. 白平衡

白平衡的意思就是对白色的平衡，是相机中确保被拍摄物体的色彩不受光源影响的设置，是决定拍摄图像（照片）色彩能否正确还原呈现的重要因素，是描述相机显示器中红、绿、蓝三基色混合生成的白色精确度的一项指标，通过调节白平衡可解决色彩还原和色调处理的一系列问题。

由于相机与手机的液晶屏都是彩色的，在不同的光线下可能存在偏色情况，从而影响对所拍摄植物图像色彩的正确还原，因此，拍摄时须调节白平衡。白平衡的调节有自动、模式和手动三种方式。

自动白平衡指相机中自带对白平衡的调整功能，一般的相机都能在2 500～7 000 K的色温条件下进行自动白平衡调节。在光线条件较为简单的情况下采用自动白平衡即可，但是依然建议在开机后将镜头对准白色物体进行取景试拍，让相机适应现场光线，以获得准确的色彩还原。在拍摄过程中，应随时将拍摄照片与实物进行对比，检查白平衡是否有问题。

模式白平衡是相机中自带的包含晴天、阴天、多云、荧光灯、白炽灯等不同光线条件下的白平衡模式，可根据需要选择使用。但在拍摄过程中，建议将照片与实物进行对比，以确定白平衡的准确性。

手动白平衡需要较多的经验积累（具体操作需参照每类相机关于自定义白平衡的说明），简单来说，冷色的光线条件选用色温高（数值大）的白平衡，暖色的光线条件选用色温低（数值小）的白平衡。

3. 曝光

照片给人呈现的第一印象就是它的明暗程度，照片过亮或过暗都是曝光不正确造成的。光圈、快门和感光度（ISO）是影响曝光的三个主要因素。在拍摄过程中，需结合拍摄要求来选择"光圈、快门和感光度"参量的组合，实现正确曝光。

图1-2-7　选择曝光程序

（1）曝光程序的选择　照相机顶部有一个仪表盘，通过旋转它，可选择相机拍摄程序（图1-2-7）。

光圈优先（AV档）：由拍摄者确定光圈后，照相机根据光照强度自动选择快门速度，常用于需要通过光圈来确定景深（即前景和背景的模糊程度）的拍摄。

速度优先（TV档）：由拍摄者确定快门速度后，照相机根据光照强度确定光圈大小，常用于需要选定快门速度来表现被摄物体动感的拍摄。

程序曝光（P档）：由照相机根据光照强度自动调整光圈和快门速度，但拍摄者可自主选择不同的光圈与快门进行搭配，使用起来比较方便，是顺光条件下最常用的拍摄模式。

全自动（Auto档）：完全由相机根据光照强度自动确定光圈大小和快门速度，使用方便，但拍摄者几乎不可调整光圈与快门，既难以适应复杂的拍摄条件，也难以体现相机的功能优势，只在抓拍时使用，一般不推荐。

手动曝光（M档）：完全由拍摄者自主选择光圈、快门及感光度，来控制照相机的曝光量并决定拍摄照片的亮度，常用于较为复杂的光线条件（如逆光），对于拍摄经验和水平要求较高。建议初学者可采用手动曝光，尝试不同的曝光组合来积累经验。

（2）测光方式的选择   相机曝光量是否合适，如何确定？这就涉及对相机测光方式的选择。

点测光：又称重点测光，是对照相机取景范围中1%～5%区域内的光线进行测量，来决定照相机的曝光值。点测光适合在取景框内光线分布不均、反差很大的场合（尤其是在逆光等特定场景）采用。

平均测光：测量照相机取景范围内全景画面的光线并计算出平均值，来决定照相机的曝光值。

中央重点测光：对照相机取景范围内的中央及其他部分分别进行测光，然后经相机的处理器对这两组数值加权平均，得到拍摄的相机测光数据。这种方式通常在主体比较突出又需兼顾背景的场合中采用，适合拍人像特写、建筑和花卉这类主体居中的题材。

评价测光：又称平均测光、矩阵测光等，是先将相机取景范围的全景画面纵横等分64或128个区域，并对每个小区域的光线进行测量、计算、平均，得到画面的亮暗平均值，来决定照相机的曝光值。它是以自动对焦时所用的自动对焦点为中心，注重合焦被摄体的同时考虑到画面整体平衡进行测光，采用高级算法计算得到曝光值，可应用于大部分拍摄场景。

植物拍摄最常用的是评价测光，有时因环境光线的特殊性，可通过曝光补偿来调整照片的亮暗。

（3）感光度的设置   感光度（ISO值）就是相机中感光器件对于光线的敏感度，常用的ISO值有50、100、200、400、1 000等。感光度与所需的曝光量成反比，即在相同的光圈下，ISO值越大，所需的曝光时间也就越短。低感光度的设定，可获得更加清晰、细腻的照片，但对光照亮度条件的要求比较高；高感光度的设定，会降低成像质量（在画面上会形成噪点），但可在光照不足的情况下使用。目前主流数码单反相机，建议使用ISO 100～400进行拍摄，在保证画面清晰及亮度合适的前提下，选择较低的感光度。

4. 对焦

对焦（聚焦）就是通过对照相机焦点距离的调整，让被摄物体在相机感光器件上清晰成像。它是摄影图像成功与否的关键因素。相机对焦方法有自动（AF）和手动（MF）两种方式，自动对焦又分为单点对焦、人工智能追踪等类型。

拍摄植物时，常选用单次中心点自动对焦方式，其操作流程为：将相机对准拟拍摄的植物体，多次半按相机快门，直至在取景器或液晶屏中看到清晰的植物成像即完成对焦。在光线暗或有前景遮挡等情况下，使用自动对焦始终不能清晰成像时，则应采用手动对焦方式，其操作流程为：转动对焦环并仔细观察，直至取景器或液晶屏中的图像边缘清晰锐利即完成对焦。

对焦时，应注意镜头的最近对焦距离（具体参照说明书）。若镜头与植物体的距离小于最近对焦距离，则无论自动对焦还是手动对焦，镜头都不能聚焦。

5. 构图

植物摄影的构图，是运用各种造型手段，使拍摄对象真实、生动、完美，整体画面寓意深刻、富有韵味。构图的基本要求是追求真实、兼顾美感、全面展示、突出重点。拍摄时，主要从以下几个方面来进行构图。

（1）选择视点   视点是观察者所处的位置点，其选择的准确与否，是决定一幅照片意境与美感的关键，正如苏轼的诗句"横看成岭侧成峰，远近高低各不同"，同一景物由于观察者选择的视点不同，在人们眼中所呈现的样子也就不一样，充分说明了视点选择对植物摄影构图的重要性。

在拍摄植物时，可以从不同的角度（如正面、侧面、背面等）、不同的高度（如俯拍、平拍、仰拍等）对植物进行细致观察，在全面了解植物形态和色彩"美"的基础上，再确定取景框或液晶屏中的构图画面。

（2）突出主体　主体突出是植物摄影构图（取景）的基本要求与首要任务。在拍摄取景过程中，可显示取景框或液晶屏中的九宫格辅助线，以确定画面的中心区域及各个部分的比例。再将拍摄主体放置于画面的中心位置，且占有较大的比例，尽可能排除主体周围无关的内容，使画面简洁明了。构图时，需注意植物在图片中的方向，一般以客观真实记录为主，但也需兼顾美观，植物可在画框中呈现出竖直、水平、对称、对角线等分布方式。

（3）简化背景　简化背景的目的也是为了突出主题，让观看者体会到大自然和谐的美感。在植物摄影构图时，选择一个合适的背景进行衬托尤为重要。

在构图时，可以天空等为客体，来衬托植物的色彩和形态特点。实拍时，可通过用微距镜头拍摄和调整光圈大小，来取得一定的虚实效果；可通过调节快门速度，来捕捉植物在动态过程中的准确形态。

（4）变化景别　景别就是照相机在距拍摄对象不同距离或用变焦镜头摄成的不同范围的画面，一般分为五种，由近至远分别为特写、近景、中景、全景和远景。特写或微距可呈现植物的细节，近景可呈现植物某个特定部分或器官，中景可呈现植物各部分之间的关系，全景可呈现植物的全貌，远景可呈现植物所处的生态环境系统。

在拍摄植物时，可通过调节焦距或更换镜头，来改变画框中的拍摄范围，获取植物不同景别的系列图片，真实、完整、全面、客观地呈现出植物的样貌或细节。

6．光线

光线既是摄影成像的必要条件，也是决定画面清晰度和美感的重要条件。因此，在摄影过程中，是否能合理地运用光线，决定着植物摄影的成败。

（1）光线的质感　光线具有软、硬之别，即通常所说的软质光和硬质光，或称散射光和直射光。软质光是一种漫散射性质的光，如阴天和雾中的太阳光，没有明确的光源方向性，具有强度均匀、光线柔和等特性。景物在软质光下不产生明显的阴影，各部分的亮度也比较接近，反差较小，影调平柔。硬质光是一种强烈的直射光，如晴天的太阳光（日出与日落时除外），具有明显的方向性。景物在硬质光下有鲜明的受光面、背光面及投影，合理运用硬质光是建构景物立体影像的有效方式。

植物摄影时，为了展示植物的细节，一般不在硬质光下拍摄，以免造成过于浓重的阴影。

（2）光线的方向　从照相机的采光角度来分类，通常将自然光分为正前光、侧后光和逆光等类型。

正前光指光源位于相机后方，光线的方向与镜头所指方向基本一致，是正面光与前侧光的统称。如正前光偏侧照明时，其效果明亮且具有一定的光影。在植物摄影时，如需真实表现植物的色彩、线条、质感，宜采用正面光进行拍摄。

侧后光的光源位于被摄物体侧后方，是侧面光与侧逆光的统称。侧后光照明时，会在景物四周的大部分范围形成轮廓光，这是表现景物的轮廓特征、形成景物间界限的有效手段。轮廓光能使主体与背景分离，加强画面的立体感、空间感。在植物摄影时，侧逆光容易突出植物轮廓，但是易造成曝光不足，需补光或者进行曝光补偿，保证正面细节的明亮清晰。

逆光的光源位于相机前方，光线的方向与镜头所指方向相反，被摄主体恰好处于光源和照相机之间，这种状况极易造成被摄主体曝光不充分。逆光会在景物四周都形成轮廓光，从而使景物间界限不明显。在植物摄影时，一般不在逆光下拍摄，如无法避免，可采用闪光灯补光或进行曝光补偿，即便如此，也会造成背景泛白等问题。但是部分较薄的叶面、花瓣等在逆光下能呈现较为清楚的肌理，可根据需要进行拍摄。

均匀光是利用灯光在静物拍摄箱（以白色或黑色等纯色为箱内背景）中人为创造、光线从四周照向被摄物体的拍摄光源（软质光），具有光源强度一致等特点。在植物科学摄影时，可将拟拍摄的植物体从大自然中采集放置在静物箱中，利用箱中的均匀光源，所拍摄的图片既简洁、明了、美观，又能较好地呈现出植物的细节特征，是一种理想的拍摄方法（图1-2-8）。

图1-2-8　静物拍摄箱

三、相机拍摄操作

1. 在相机中安装好电池和存储卡，注意：存储卡不可在开机状态下拔插。

2. 打开相机电源，检查电池和存储卡状态，选择拍摄格式为RAW格式，方便后期进行调整处理。

3. 观察当前光线，调节白平衡，可利用白纸或其他白色物体进行对比。

4. 选择拍摄角度，注意光线的方向。

5. 调节焦距，确定景别，对准植物主体进行取景。应根据植物形态进行构图，构图时须注意突出主体，可采用竖幅或横幅构图。

6. 确定拍摄模式，测光并调节感光度、光圈及快门，可参考直方图。

7. 半按快门或采用手动方式进行对焦，保证焦点清晰。

8. 持稳相机或固定相机，按下快门。

9. 回看图片，检查图片的清晰度，以及曝光、色彩是否准确。

10. 改换角度、景别、构图等继续拍摄，直至该植物被完整、真实、客观地记录。

11. 及时对所摄图片进行备份、筛选、整理、存储。

四、手机拍摄操作

手机拍摄主要用于日常摄影，强调易用性。手机的拍摄原理及流程与相机基本相同，但也有其自身的特点，现对其与植物拍摄相关的特色部分作简要说明。

1. 自动模式

拍摄时，须关闭手机拍摄的修饰功能，用其自带的相机程序进行拍摄，保证图片的真实性，以防偏色、变形。

在自动模式下，打开手机相机，会在手机屏幕中央出现一方框，点击该框即可进行对焦和测光

（图1-2-9）。操作时，一般需点击画面主体及亮度合适的地方，以确保焦点和曝光的准确；也可长按此框，分离焦点和曝光的框，此时会在曝光的框旁出现显示为一类似太阳的图标，上下拖动该图标可改变画面亮度，此功能适用于在逆光等复杂光线条件。

2. 手动模式

手动模式在手机中也被称为专业模式（图1-2-10），一般安卓系统的手机多提供此模式功能。

在专业模式下，拍摄者可自行调节白平衡、感光度、快门速度及曝光值，这给了拍摄者较大的选择空间，也对拍摄者的经验技术提出了更高的要求。

下面以华为、荣耀品牌手机中的相机为例，介绍专业模式的使用。

在相机界面，滑动最下方的选项到最右侧，在更多选项界面中选择PRO模式。

专业模式界面中，由左至右分别是测光模式、感光度、快门速度、曝光值、对焦方式和白平衡（图1-2-11）。点击相应按钮，即可选择设置。

3. 大光圈模式

部分手机提供了大光圈模式，可以使背景模糊。此功能多由程序算法完成，某些品牌此功能处理的图片不够自然，拍摄者可根据需要自行判断。

安卓系统的手机在"更多"选项页面中，选择"大光圈"模式即可（图1-2-12）。

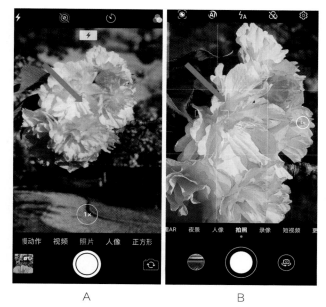

图1-2-9　手机自动拍摄模式界面
A. iOS系统相机；B. 安卓系统相机（EMUI系统）

图1-2-10　手机手动拍摄模式界面

iOS系统中新加入了人像模式（图1-2-13），即可实现大光圈模式，如要打开在下方选择即可，还可选择不同光效，可根据实际拍摄需要选择。

4. 变焦功能

焦距变化一直是手机的弱项，大大限制了手机的取景范围、微距、拍摄远处物体或放大拍摄细节的能力。但是近年来，通过多个镜头及潜望镜式的镜头组合，高档手机也初步具备上述功能。因此，建议拍摄者在光学镜头焦距范围内进行焦距的选择和变化，一般不宜采用数码变焦的模式进行拍摄（此模式相当于对图片进行放大裁剪）。

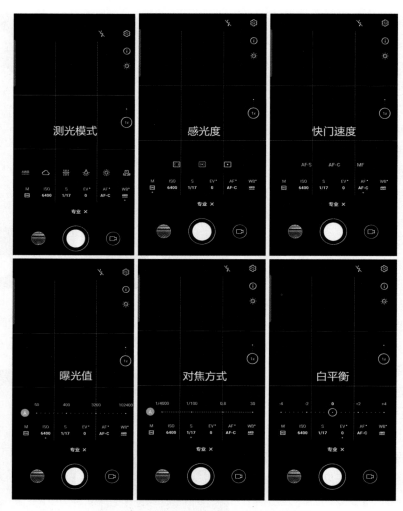

图1-2-11   手机手动拍摄模式部分功能界面

图1-2-12   "大光圈"模式拍摄模式界面

图1-2-13   iOS系统中人像模式拍摄界面

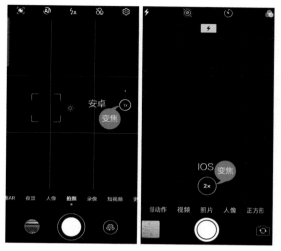

图1-2-14　智能手机变焦功能界面

图1-2-15　智能手机HDR功能设置界面

在手机的相机中，都有变焦按钮（图1-2-14），直接拖动即可，注意了解相机基本性能参数，尽量不要用数码变焦。

也可采用两指捏合的方式进行缩放，更为直观，但是依然尽量避免使用数码变焦。

5. HDR功能

HDR即高动态范围功能，可让手机在光线反差较大的情况下拍摄出曝光准确、亮暗部层次清晰的图片。拍摄者可在逆光等条件下采用此功能，但是在拍摄过程中，需要一定时间的曝光及合成，在此过程中，拍摄者要尽可能持稳手机。

安卓系统中，在更多选项页面打开即可；而在IOS系统中，默认拍摄即为HDR模式，拍摄时候持稳手机即可（图1-2-15）。

6. 其他功能

夜景、低速（流光）快门等模式对于植物摄影意义不大，在此不再赘述。

第三节
植物显微数码摄影技术

说课

显微数码摄影是指利用显微摄影装置，真实而客观地将显微镜观察到的影像，拍摄成可用磁盘、闪存等设备存储的影像文件。它能够"原汁原味"地记录和保存微观对象发生的各种过程，并能在屏幕上多次再现，是教学实践、科学研究和经验交流中不可缺少的基本资料之一。因此，了解并掌握显微数码摄影技术，已经成为植物学实践学习中不可或缺的重要环节之一。

一、显微数码摄影原理

显微数码摄影是利用光的直线传播性质和光的折射与反射规律，以光子为载体，把被摄物体某一瞬间的光信息量，经照相机镜头传递给感光材料，最终形成可视的影像资料。

二、显微数码摄影流程

与传统摄影相比，显微数码摄影有许多不同之处：一是需要多个装备协同完成，通常包含显微镜、拍照设备（照相机、CCD或智能手机等）、图像输出设备与图像处理软件等；二是摄影镜头不同，镜头是由若干个透镜组合而成、能将被摄物体高倍放大的专业物镜；三是拍摄对象不同，多为肉眼无法直接看到的结构；四是拍摄光源独特，为显微镜自带光源；五是拍摄方法不同，通过电脑上的控制软件完成拍摄过程。其摄影作品在追求百分之百"真实"还原的同时，拍摄者还可以通过前期对标本染色来丰富画面的色彩，实现科学与艺术的完美结合。现以植物显微结构图片的拍摄为例，介绍显微数码摄影流程。

（一）样品的准备

在进行植物显微结构拍摄前，需将组织样品制作成临时或永久装片。在样品制作过程中，需注意以下几个方面。

1．选取标准的载玻片和盖玻片

载玻片和盖玻片是由纯白玻璃经特殊工艺处理后制造而成的防脱玻片系列产品。制片时，如选用的载玻片太厚会影响聚光器效能，太薄则容易断裂；不用盖玻片或盖玻片厚度不合适，也会影响成像质量，故制片时一般都选用厚1.1~1.2 mm的载玻片和厚0.17 mm的盖玻片。在制片过程中，还须注意消除载玻片、样品组织和盖玻片之间的气泡，以便光线能够均一地透过样品组织。

2．样品选择具有代表性

依据教学与研究的目的，选取具有代表性、典型结构的样品作为拍摄对象。如观察根尖细胞染色体形态，就要考虑到取样位置和染色体处于合适的时期。拍摄时，通常先在显微镜下找到根尖的分生区，再在分生区中寻找处于分裂中期的细胞作为拍摄对象，就能够呈现出染色体和细胞的典型形态特征。所摄作品再经过后期处理、加工，将染色体相互分散开来，既能保证所有染色体都在一个水平面上，又不失含有完整的细胞轮廓。

3．染色恰当、反差清晰

制作的组织样品，在确保其切片厚薄均一（原则上越薄越好，有利于透光和染色）的同时，还需选用合适的染色剂进行染色。通过控制染色"深浅"，使样品中的各组织结构清晰地呈现出来。样品染色过深，则染料堆积，组织模糊成一团，难以辨别细节；染色过浅，则反差不大，影像不易辨认。

（二）显微镜的调优

1．选择显微镜

常用的显微镜包括体视显微镜、普通光学显微镜、相差显微镜、倒置显微镜、荧光显微镜和激光共聚焦显微镜等。在教学与科研工作中，需选用合适的显微镜用于显微摄影。

2．选择物镜与目镜组合

选择合适的物镜与目镜组合，能有效消除象差和色差，提高影像的分辨率和清晰度。一般从类别上选择物镜和目镜组合，如平象复消色差物镜与摄影目镜或平象目镜组合使用。

在选配物镜和目镜时，需考虑到有效放大率、分辨率、焦点深度和视野宽度等。显微镜的视野宽度与总的放大率成反比，物镜的数值孔径越大，分辨率越高，物象就越清晰，但焦点深度和视野宽度会降低。拍摄时，当焦深和视野宽度不足时，需调换物镜，降低数值孔径或放大倍数。

3. 显微摄影光路调优

显微摄影采用中心亮视野透射照明法，照明光束中轴与显微镜的光轴在一直线上。光路系统始于光源，经视野光阑、孔径光阑、聚光镜、透明制片标本、物镜和目镜，将物体影像投射在暗箱的焦平面上。

摄影前，通过聚光器的调节，使光路合轴；调整光源灯位置，使视野中亮度均匀；选用合适的滤色镜（一般选用与被摄物体吸收的色光同一颜色的滤色镜，如组织染色发黄或染色偏红时可用蓝色滤色镜），来提高反差，达到理想的影像。

（三）显微拍摄操作流程

显微拍摄设备系统中所用的图像采集与处理软件，因生产厂商、版本的不同而有所不同，但其基本拍摄流程大致相似。现以Leica Application Suite软件为例，来介绍显微拍摄流程。

1. 接通电源

接通显微成像系统中的显微镜、CCD和电脑等设备的电源。

2. 调节显微镜影像

依照显微镜操作规程，选择合适的物镜和目镜，调节视野亮度、瞳距和左右目齐焦及聚光镜孔径光栏，确保视野亮度适当、左右眼图像重合、左右视场中标本的像同时齐焦清晰。将拟拍摄的样品组织移入视野中央，调节粗、细调焦螺旋，使视野中的物体影像清晰。点击显微镜侧面的红色按钮，打开CCD拍照设备，待拍照按钮（⊚）显示为绿色（图1-3-1）。

图1-3-1　打开显微镜上的拍照装置

3. 安装软件

通过电脑USB接口，将Leica Application Suite软件导入电脑，确保其能在电脑上稳定运行，并在电脑桌面上建立软件快捷方式（图1-3-2）。

4. 打开软件

在拍摄样品位置确定后，点击桌面上的软件图标，打开Leica Application Suite软件（图1-3-3）。

图1-3-2　电脑桌面上的软件图标

图1-3-3　打开软件

5. 图像采集

（1）样品预览 点击软件界面的"采集"按钮，随后点击下面的"摄像头"按钮，计算机通过显微镜上的CCD完成图像采集，并将图像显示在屏幕上。在预览样品时，可调节显微镜的细准焦旋钮使屏幕图像清晰。点开"曝光调节"菜单，设置"曝光"和"饱和度"（图1-3-4）。

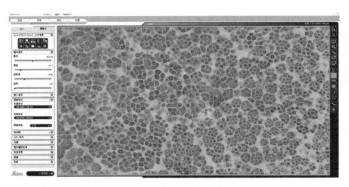

图1-3-4 样品预览参数设置

（2）比例尺设置 图像预览时，点击右上角的"标尺"，选中弹出的"比例尺"和"显示比例尺/注释"，此时页面会弹出一个关于比例尺的视窗，可自行设置比例尺大小，最后选中"显示"和"合并全部"（图1-3-5）。

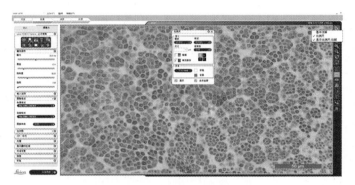

图1-3-5 比例尺设置

（3）图像拍摄 根据实验需求，点开"图像格式"菜单，设置"采集格式"和"活图格式"；再点击左下角的"采集图像"按钮，对当前预览图像及时拍照。与此同时，标尺信息就会印在该图像上（图1-3-6）。

6. 图像存储

图像拍摄后，会同时弹出保存对话框，此时可对拍摄图像进行命名，并存到指定文件夹中。图像默认保存格式为"TIFF"默认保存格式，也可选择合适的保存格式再保存（图1-3-6）。

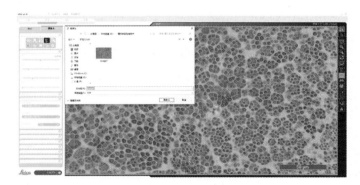

图1-3-6 拍照与图像保存

7. 图像导出

选用合适的存储设备（硬盘、闪存），将存储在电脑中的拍摄资料导出备用。

8. 切断电源

显微图像采集完成并导出后，应先将显微镜亮度调至最小，再关闭电源并套上防尘罩；关闭软件，关闭电脑。

（四）备注

显微数码摄影，除了用CCD拍摄外，还可用照相机和智能手机等设备进行拍摄；各类设备的拍摄流程与CCD拍摄流程基本一致，但图像采集稍有不同。

1. 照相机拍摄

在显微镜的三通接口上安装照相机，可利用照相机完成显微数码摄影。其操作流程为：①依显微镜的操作规程，确定显微镜下标本的拟拍摄区域和放大倍数，并将其调至最清晰。②依照相机的操作流程，确定拍摄速度、光圈、曝光度和图像缩放比例等。③通过照相机的取景窗口，对显微镜下拟拍摄标本影像进行定位。④用照相机快门或借助快门线完成对图像的采集，采集后的图像自动保存在照相机的存储卡上。⑤导出照相机中的影像资料，存储在电脑或闪存等数字存储设备中。

2. 智能手机拍摄

对无三通接口的显微镜，可借助智能手机完成显微数码摄影。其操作流程为：①依显微镜的操作规程，确定显微镜下标本的拟拍摄区域和放大倍数，并将其调至最清晰。②打开智能手机的照相或摄影模式，将其摄像头对着显微镜目镜镜头，将手机屏幕上的影像调至最清晰。③利用智能手机的缩放功能，确定拟采集图像的拍摄大小。④采集图像，图像采集后会自动保存在智能手机的文件夹中；⑤导出智能手机中的影像资料，存储在电脑或闪存等数字存储设备中。

第四节
植物器官建成观测方法

植物器官建成观测方法就是借助照相设备，通过延时（定时）摄影，采集植物器官建成连续、系列图片，并运用相关软件合成植物生长"动态"影像资料的方法，是观测与研究植物不同器官协同生长和单一器官动态发育进程的实验方法，能够较好地解决器官生长发育进程微小、连续、不易观测、地下部分不可见、各器官协同生长不易观测等问题。现以植物营养器官建成为例，介绍其影像的制作流程。

一、拍摄装置准备
1. 搭建摄影棚

用管径20 mm、管壁厚4 mm的钢管搭建长、宽、高各3 m左右的摄影棚，并用黑绒布将其顶部、底部和四周包裹成封闭空间。在摄影棚一侧的黑绒布上留一布帘作为进出门，在其顶部安装升降杆，并将10支50瓦的LED灯管固定在杆上，每支灯管通过"控时开关"与电源连接，同时预留摄影用电源接线盒。

2. 搭建植物生长空间

（1）依实验需要，选择大小适宜、透光性好的玻璃缸，经洗净、杀菌后作为植物生长的容器。

（2）选用透水效果较好的黑布，将其裁剪成比玻璃缸壁稍小的一块，经洗净、杀菌后备用。

（3）选用质地较疏松的营养土（或沙质土壤）作为植物生长基质，杀菌后加水，使其含水量为30%～40%（用手一捏成团但不滴水，手松后很快松散）备用。

（4）用喷壶向玻璃缸的内壁喷水，将裁剪好的黑布用水浸湿后，仔细平铺贴在玻璃缸已喷水的内壁上。贴布时，黑布的上沿需比玻璃缸低1～3 cm，并使黑布平顺无褶皱，黑布与玻璃缸壁之间无气泡。

（5）用保鲜膜封住黑布上沿，防止土壤颗粒进入黑布与玻璃缸内壁之间。

（6）将土以5～10 cm的厚度分层加入玻璃缸中，直至加满整个玻璃缸；每加一层土，都需压实，并从玻璃缸外侧仔细观察黑布中是否出现气泡与褶皱，如果出现应赶走气泡、拉平黑布。

（7）用镊子在玻璃缸内壁和保鲜膜之间制造一个深2～3 cm的通道，其底部须略低于黑布上沿。将完全成熟、籽粒饱满完整的种子置入通道底部，移去保鲜膜、将土从侧面压实。浇足水分，将玻璃缸移至摄影棚。

（8）依植物体预期高度，用升降杆调节LED灯管的位置，将灯具放置于离植物约1.2 m处。接通电源，通过增减LED灯的数量，将摄影棚内植物处的光强调至6 000～10 000 lx。

3. 摄像器材安置

（1）将照相机安装在三脚架上，根据拍摄植物体预期高度与玻璃缸摆放的位置进行构图，确定照相机的摆放位置。构图时，要确保取景器画面中的物体横平竖直，并选用合适的镜头焦段来保证植物体一直在画面中。

（2）切忌在拍摄过程中触碰和移动相机及三脚架，以防所摄影像构图出现前后不一的现象。

二、植物器官建成图像采集

1. 相机的基本设置

（1）从照相机电池盒中取出电池，并将电源转换器（将交流电转变为直流电的装置）插入相机电池盒，接通电源，以保证长时间、连续对照相机供电。

（2）将相机参数设置为低感光度、小光圈和长曝光模式，确保曝光准确、画质细腻，大范围景深可使拍摄过程中植物形态得到完整记录。参考参数：模式选择为手动挡，将感光度（ISO）设置为100（低的感光度画面细腻，高的感光度照片颗粒感很强），曝光时间设置为2.5 s、光圈f/13。

（3）依据需要设定间隔拍摄时长，如营养器官建成一般每15 min拍摄一张照片。

2. 带间隔拍摄功能的相机拍摄设定流程（以尼康D5为例）

（1）按机身背面的MENU按钮，进入菜单栏设置（图1-4-1）。

（2）选择液晶屏幕左上侧的照片拍摄菜单，按导航方向键中间的确定按钮，进入到右侧选项，下翻至间隔拍摄选项，点击确定，进入间隔拍摄选项设置（图1-4-2）。

（3）选择间隔时间设置，点击确定，然后设定拍摄时间，设置完成后点击确定（图1-4-3）。

图1-4-1 进入菜单栏设置界面

图1-4-2 选择照片拍摄菜单中的间隔拍摄

图1-4-3 设置间隔拍摄的时间

（4）选择次数×拍摄张数/间隔设置，点击确定，将拍摄次数设置为最大9 999，拍摄张数设置为1，点击确定（图1-4-4）。

（5）选择曝光平滑设置，点击确定，将选项选择为开启，点击确定（图1-4-5）。

（6）选择开始选项，点击确定。如需立即开始拍摄，则选择第一个立即选项（图1-4-6A），点击确定，界面回到间隔拍摄选项设置，选择第一项——开始（图1-4-6C），相机进入间隔拍摄，开始第一张照片的拍摄。

（7）如需定时拍摄，则选择开始日期和开始时间设置（图1-4-6A），点击确定，可设定开始日期和开始时间（图1-4-6B）。设定完成后，界面回到间隔拍摄选项设置，选择第一项——开始（图1-4-6C），相机进入间隔拍摄。当时间到了设定的开始日期和开始时间，开始第一张照片的拍摄。

图1-4-4 设置拍摄的次数及间隔　　　　图1-4-5 打开曝光平滑设置

图1-4-6   选择立即开始拍摄或者定时拍摄

3. 不带间隔拍摄功能相机拍摄流程（以索尼 a7s Ⅱ 照相机 + 品色 T6快门线无线定时遥控器为例）

（1）用数据线将品色（Pixel）T6遥控器与照相机连接。

（2）打开相机电源开关，然后打开品色T6遥控器并选择TX模式（在发射模式下工作）（图1-4-7）。

（3）按动遥控器五向按钮的向右键，将遥控器屏幕上的选项调整至INTVL1，按中间的OK键进入间隔拍摄时间设置，此时遥控器屏幕上的数字会闪动。通过五向按钮的向左、向右键选择时、分、秒设置，通过五向按钮的向上、向下键设置时长，按中间OK键即完成设置，此时遥控器屏幕上的数字不再闪动（图1-4-8）。

图1-4-7   选择遥控器模式并与相机连接   图1-4-8   设置间隔时间

（4）按五向按钮向右键，此时遥控器屏幕上显示N1，进入拍摄张数设置，点击OK键，此时遥控器屏幕上的数字会闪动。数字000代表拍摄无限张数，张数设置完成后，点击OK键确定，屏幕上的数字不再闪动（图1-4-9）。

（5）按动遥控器五向按钮的向左键，将遥控器屏幕上的选项调整至DELAY，可设置定时拍摄时间，即按下遥控器上的开始键后，多长时间开始拍摄第一张照片（图1-4-10）。

（6）选择遥控器屏幕下方的最左侧按键，即可设置拍摄照片模式为单张拍摄（一次只拍一张）（图1-4-11）。

（7）设置完成后，按动遥控器上的启动或暂停按钮，遥控器即开始工作，到达设定的时间便启动拍摄。在遥控器工作过程中，按一下此按钮表示暂停（图1-4-12）。

（8）按动遥控器上的停止按钮，遥控器便停止工作。

三、合成植物器官建成视频

植物器官建成"动态"发育进程影像资料，可通过相关软件完成。现以Windows 10操作系统 Adobe Premiere cc2019软件为例，介绍其合成流程。

图1-4-9　设置拍摄张数　　　　图1-4-10　选择定时拍摄模式

图1-4-11　设置单张拍摄模式　　图1-4-12　启动与停止拍摄

1. 照片导入电脑

在电脑存储盘内，新建一个文件夹并命名（如20190725-0830棉花生根）；在其下新建一个"拍摄照片"文件夹，将照相机存储卡中拍摄的照片，拷贝到该文件夹内（图1-4-13）。

2. 打开Adobe Premiere 软件及新建项目

双击Adobe Premiere图标打开软件，点击新建项目，名称修改为"棉花生根延时"，位置选择浏览，找到20190725-0830棉花生根文件夹，单击鼠标左键选择文件夹，单击确定，进入软件界面（图1-4-14）。

3. 照片导入Adobe Premiere软件

在文件菜单，找到导入选项并单击鼠标左键，找到"拍摄照片"文件夹。双击鼠标左键打开文件夹，单击鼠标左键，选择拍摄的第一张照片，在窗口的左下角有一个图像序列选项，单击鼠标左键确定这一选项，然后在窗口右侧单击打开选项，可以看到拍摄的照片已经作为图像序列导入软件的项目窗口（图1-4-15）。

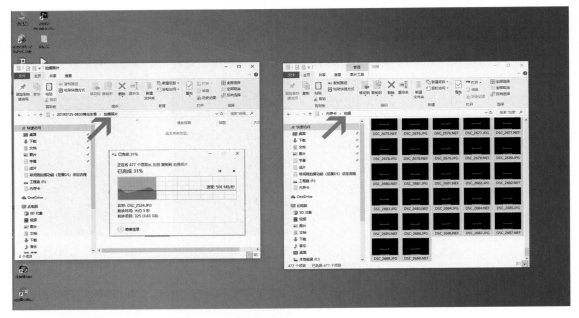

图1-4-13　素材拷贝

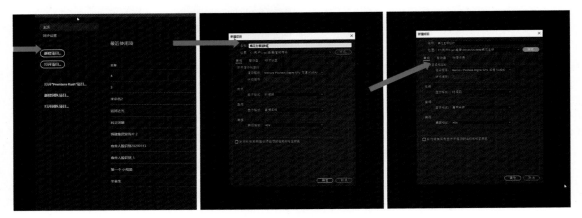

图1-4-14　新建项目

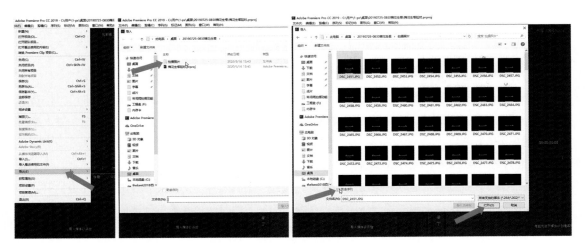

图1-4-15　导入素材

4. 创建图像序列

在项目窗口用鼠标左键选中导入的图像序列，长按并拖动到时间轴面板的提示处（在此放下媒体以创建序列），创建一个工作序列，单击键盘上空格键可以播放导入的图像序列（图1-4-16）。

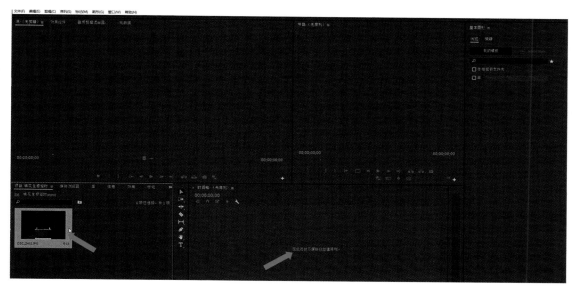

图1-4-16 创建序列

5. 导出视频

找到软件左上角的文件菜单选项，单击鼠标左键；找到导出选项，单击鼠标左键；选择第一个选项媒体，单击鼠标左键（图1-4-17）。

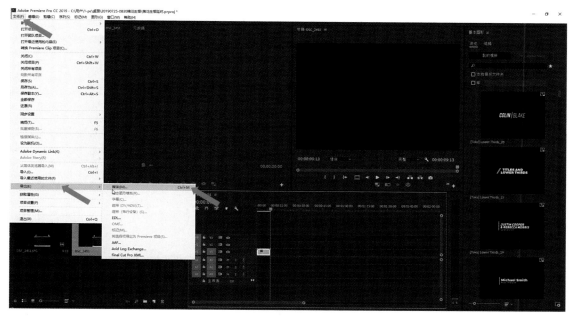

图1-4-17 导出媒体

软件弹出导出设置面板，面板格式选项，下拉菜单选择为H.264格式，在面板右侧上方有一个输出名称，在其右侧高亮蓝色显示出单击鼠标左键，弹出另存为窗口，找到视频文件需要存放的文件夹位置，并在窗口左下角文件名处修改视频名称，操作完成后，用鼠标左键单击保存（图1-4-18）。

图1-4-18   设置格式与文件名

在导出设置面板右侧下方，用鼠标左键单击导出（图1-4-19）。软件执行编码操作并提示导出所需时间（图1-4-20）。编码操作完成后会跳回软件界面，此时代表视频已经导出完成。可以在之前设置的存储位置找到视频。

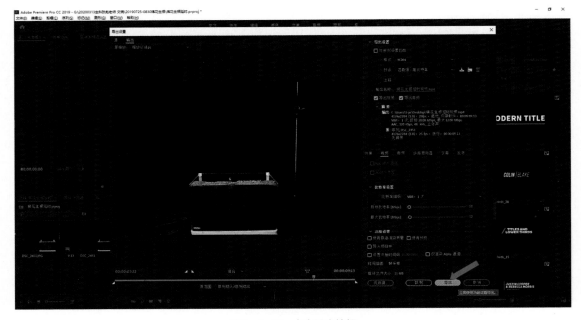

图1-4-19   点击导出按钮

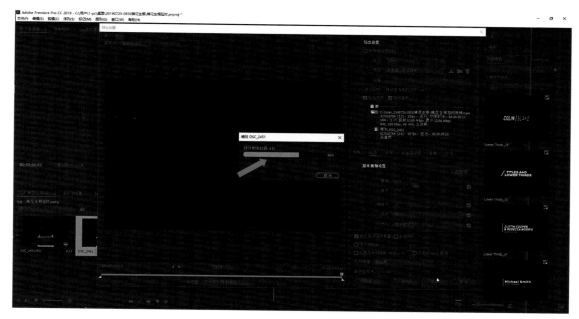

图1-4-20 显示导出的进度

6. 项目保存与关闭软件

执行文件-保存操作，即可将此项目保存。执行文件-退出操作，即可关闭软件。

模块二
植物制片

植物制片技术是随着显微镜的出现而发展起来的技术，是人们认识与研究植物体结构的最基本的实验方法。目前已有许多种植物制片技术，现简要介绍在光学显微镜下观察，常用的几种制片技术。

第五节
临时装片法

说课

临时装片是用少量的新鲜材料（如表皮、单细胞或丝状体的藻类、植物体幼嫩器官切成的薄片等）放置在载玻片上的溶液中，加盖盖玻片制成的玻片标本。其制片过程简单、方便、快捷，可观察到植物材料中细胞与组织的活体状态和自然色泽，一般多用于临时观察显微结构或试剂与组织的化学反应。现以洋葱鳞叶为供试材料，介绍临时装片法的制片流程（图1-5-1）。

图1-5-1　临时装片法的制片流程

1. 清洁玻片
用左手大拇指和食指卡住玻片两边，右手两个手指持干净的绸布或软布夹住玻片的上下两面，朝一个方向擦拭，直到擦净为止。擦盖玻片时，用力要轻而均匀，以免擦碎盖玻片。对有油污的玻片，需用乙醇清洗或用碱水煮后，再用清水洗净擦干。

2. 滴液
用吸管吸取蒸馏水或其他溶液，滴1~2滴于平放桌面上的载玻片中央。

3. 取材
用刀片在洋葱鳞叶表面浅刻"井"字，然后用镊子撕取一小片表皮。将撕下的表皮立即放入载玻片的水滴中，并用镊子和解剖针将材料展平，勿使材料重叠或皱褶。

4. 封片
用镊子轻夹盖玻片的一边，先使盖玻片的另一边斜着与小水滴边缘接触，再慢慢放下盖玻片，尽量避免产生气泡。气泡在显微镜下为具黑边、中间发亮的小球体。如有气泡，可用镊子从盖玻片的一侧揭起，再重新慢慢地盖上盖玻片；或用镊子在盖玻片的中央轻轻敲打，排出气泡。

5. 调整水分

制作好的玻片标本，要求盖玻片与载玻片之间恰好被水分充满。若盖玻片或材料在水滴上浮动，或有水溢出盖玻片外，可用吸水纸从盖玻片的一侧吸走多余的水；若水未充满盖玻片，可用滴管从盖玻片一侧的边缘滴少许水，直至盖玻片与载玻片之间被水分充满为止。上述制好的临时装片即可上镜观察或经染色后再上镜观察。

6. 染色与保存

对组织反差小、结构显示不清晰的材料，可选择合适的染料或药剂对标本进行染色，其染色步骤为：在盖玻片的一侧滴加2～5滴染色液，在盖玻片另一侧用吸水纸吸盖玻片边缘的水分，促使染液漫过材料，并将其染色。

对选作示范教学或科研分析用的临时玻片标本，可选择合适的途径对其保存。对拟短期保存的玻片标本，可用10%的甘油水溶液代替清水封片；封片后的玻片标本，应平放于培养皿中，加盖以减少蒸发，可保持1周左右。对拟长期保存的玻片标本，则可用化学试剂对其进行固定、染色、脱水、透明、树胶封藏等步骤来实现。对保存的玻片标本，应在载玻片上贴上注明材料名称、取材位置、制片者姓名和日期等信息的标签。

第六节 徒手制片法

说课

徒手切片就是用刀或徒手切片器具将新鲜材料切成薄片并制成玻片标本的方法。该方法具有简便、快捷、易学、易于保存材料的天然色泽和活体状态等优点，一般多用于观察显微结构或鉴定细胞组织化学成分，但也存在切片不完整、不连续、厚度不均一，对过小或过软或过硬的材料处理比较困难等缺点。其制片方法与步骤如下。

1. 制片前准备

在培养皿中盛上清水（或蒸馏水），准备好毛笔、刀片、载玻片和盖玻片等所需用具。

2. 取材和修整

依据实验目的，选取有代表性的新鲜材料，用解剖刀或刀片将软硬适度的圆柱形材料（如根茎）切成2～3 cm长的小段，将软、薄、大的扁平材料（如叶片）沿主脉切成宽5～6 mm、长1～2 cm的长方形小块，置于培养皿中待用。对幼根和叶片等细小、柔软材料，应同时考虑夹持物，即将胡萝卜（*Daucus carota* L. var. *sativa* Hoffm）和萝卜（*Raphanus sativus* L.）肉质根、马铃薯（*Solanum tuberosum* L.）块茎修整成3～5 cm长、0.5 cm宽的长方体，并在其中央纵切一缝，再将切好的材料夹入缝中，与夹持物一起切片。

3. 切片

徒手切片应保持刀口锋利和材料湿润。用左手的大拇指、食指和中指夹住材料，拇指要略低于食指，并使材料上沿稍稍突出于手指之上2～3 mm，同时要使材料的上截面与水平面平行；用右手拇指和食指捏住刀片，平放在左手的食指之上，刀口向内，并与材料的纵轴垂直或材料的断面平行（图

1-6-1）。切片时，左手尽量保持平稳不动，持刀的右手用臂力（不要用腕力或指关节的力量）带动刀口，从左前方向右后方快速切割下材料，切忌中间停顿或拉锯式切割。如此连续切下数片后，用湿毛笔将其轻轻移入盛水的培养皿中备用。

图1-6-1　徒手切片姿势

4. 装片

从切好的材料中，用毛笔挑出完整的、薄的（薄的切片一般应该是透明的）、切面正的切片，制成临时玻片标本，放置在显微镜下观察。

5. 染色与保存

为了更清晰地观察制片的组织结构，可对切片材料进行染色处理，常用的染料有0.1%亚甲基蓝和1%番红水溶液等。如需短期保存徒手切片标本，可用10%甘油水溶液封片；如需长期保存，可用化学试剂，对其进行固定、染色、脱水、透明、树胶封藏等步骤。对拟保存的玻片标本，应在封片时，及时在载玻片一端贴上注明材料与器官名称、取材部位、切片方向、制片者姓名和制作日期等信息的标签。

第七节
解离制片法

说课

解离制片是借助物理（机械）或化学方法将植物组织细胞间的胞间层溶解，使组织中的细胞彼此分离，并制成玻片标本的方法。该方法能够获得单个完整的细胞，方便观察细胞的立体形态结构，但也由于细胞彼此分离、细胞之间关系无法显示而不利于对整个组织结构的了解与掌握。其制片方法与步骤如下。

1. 取材

将硬组织器官（木材、枝条、果壳等）或软组织器官（叶片、幼根、幼茎等），切成长1~2 cm、横断面或直径3~10 mm的小块。

2. 离析

将所切取的组织块放入培养皿或玻璃管中，加入合适的离析液（配制方法见附录十），材料与离析液之比约为1∶20。盖紧盖子，将其放置于室温或30~40 ℃恒温箱中1~2 d，离析时间因材料质地和大小而异。如2 d后材料仍未解离，可换新的离析液，再放置几天；对通气组织发达或木质坚硬的材料，可通过抽气或加热的方式，来促进离析液的渗透。

3. 检查

定期取出少许离析材料，将其放置于载玻片上，加盖玻片后，用解剖针或镊子末端轻轻敲压，若细胞之间易于分离，则表明离析时间已够，否则材料需要继续离析。

4. 水洗

将离析好的材料移出离析液或倒去器皿中的上清液，用清水浸洗干净，转至50%或70%的乙醇中保存备用。若需长期存放离析好的材料，应及时贴上注明离析材料名称、离析液名称、解离日期和制作者姓名等内容的标签。

5. 制片

用镊子或解剖针取少许离析好的材料，制成临时玻片标本，放置在显微镜下观察。

6. 染色与保存

为更清晰地观察离析好的细胞形态，可用1%番红或其他染料对离析材料进行染色处理。如需短期保存离析制片标本，可用10%甘油水溶液封片；如需长期保存，可用化学试剂，对其进行固定、染色、脱水、透明、树胶封藏等步骤。对拟保存的标本，应在封片时，及时在载玻片的一端贴上注明离析材料名称、制片者姓名和制作日期等信息的标签。

说课

第八节
整体装片法

整体装片是指将完整植物体（或器官、组织）经适当处理、整体封藏制成玻片标本的方法。该方法操作简便快捷、无需切片就能够显示植物体（器官、组织）的完整形态与结构，一般多用于观察研究植物器官发育和空间分布，多适用于微小、透明的植物材料，如藻类植物体、胚珠、子房、花药和胚胎等。现以水绵（*Spirogyra communis* Kütz）为供试材料，介绍其制片流程。

1. 取材

取新鲜水绵丝状体，用水洗净并将其放置到染色缸或平皿中。

2. 透明

将不少于材料体积10倍的10%甘油水溶液加到染色缸或平皿中，并将其放在无尘避风处，使其慢慢蒸发，使材料逐渐脱水并透明。甘油蒸发期间，既不宜将染色缸或平皿放置在过高的温度下，也不宜向容器中再添加10%甘油，以防材料由于甘油浓度骤变而收缩。

3. 镜检

用镊子取出少许水绵，放在干净的载玻片中央，在显微镜下检查材料是否有收缩或变形。

4. 装片

在镜检合格的材料中央，滴一滴纯甘油，并用解剖针将丝状体分开，盖上盖玻片。装片时，甘油不能多到从盖玻片边缘溢出，否则会影响封固；如甘油从盖玻片边缘溢出，可移开盖玻片，用吸管将多余的甘油吸掉，再盖上盖玻片。

5. 封固

用加拿大树胶沿着盖玻片四周封边。对封固好的玻片标本，应及时在载玻片的一端贴上含有材料名称、制片者姓名和制作日期等信息的标签。

6. 染色

如需对材料进行染色，可在取材后，向染色缸或平皿中加入约为材料体积20倍的酪酸＋醋酸固定液，对材料进行固定；固定24 h后，用水浸泡、冲洗，每隔4～5 h换水一次；换4～5次水后，用蒸馏水浸泡、冲洗材料5～10 min；用1%伊红水溶液对材料染色12 h后，用蒸馏水洗去多余的染料，在显微镜下检查染色是否适中；染色检查合格后，再重复上述2、3、4、5步骤，完成制片。

说课

第九节

压片制片法

压片法是将植物的器官或组织经过适当处理后，在载玻片上压碎的一种非切片制片方法。该方法操作简便快捷、无需切片就能够显示植物器官与组织的完整形态结构组成，多用于观察细胞分裂过程中染色体的形态和数量。现以植物根尖染色体制片为例，介绍其制片流程。

1. 取材

切取0.5～1 cm长的根尖，放入试管中。

2. 预处理

将二氯苯饱和水溶液倒入试管，浸没材料，浸泡1～3 h。

3. 固定

将材料转至卡诺氏固定液中，固定2～24 h。若制片，则从固定液中取出材料，并经浓度逐级下降的乙醇直至纯水中；若不制片，则将材料移入70%乙醇中保存。

4. 洗涤

用水浸洗材料2次，每次5～10 min。

5. 解离

在一试管倒入1 mol/L HCl，将其放入水浴锅中预热到60 ℃后，将材料放入试管中，解离10～15 min。

6. 水洗

解离时间一到，立即倒出HCl，向管中加水浸洗材料2次，每次5 min。

7. 染色

将材料浸入1%醋酸洋红中20～30 min。

8. 压片

挑选染色适度的材料放在载玻片上，距根尖2～3 mm处切下并将其切成碎片；将已切碎的小块放置在另一载玻片上，滴1滴45%醋酸，盖上盖玻片；用解剖针或镊子轻轻敲打，使根尖细胞分散；在盖玻片上垫上2层滤纸，用橡皮铅笔的橡皮端不断敲打，并用大拇指加压，直到根尖细胞均匀地分布于载玻片上即可。

9. 镜检

用吸水纸吸去盖玻片四周多余的醋酸，平放于桌上，10 min后进行镜下观察。

10. 封片与保存

好的压片标本，可用树胶封固保存。对封藏的玻片标本，应及时在载玻片上贴上注明材料名称、制片者姓名和制作日期等信息的标签。

说课

第十一节
半薄切片法

半薄切片法是以树脂为包埋剂，用旋转薄切片机将经过一系列处理的材料切成 0.5～1 μm 厚的切片，并制成永久玻片标本的方法。该方法制得的玻片图像清晰度、分辨率远优于石蜡切片，视野大于超薄切片，克服了超薄切片的盲目性和电镜视野的局限性，有利于获得高质量的光镜图像，常用于胚胎学、病理学和细胞学研究中。其制片流程包含取材→固定→漂洗→脱水→渗透→包埋→修块→切片→染色→封藏等步骤。现以植物材料为例，简述半薄切片技术流程。

1. 取材

依据实验目的与要求，用锋利的双面刀片将新鲜、健全而有代表性的植物器官或组织切成 2 mm×2 mm×2 mm 的小块（取样过程要快，且不能使所取组织变形）。

2. 固定

将 2.5% 的戊二醛固定液从 4 ℃ 冰箱中取出，用吸管取至做好标记的器皿中（EP 管或小瓶）。轻轻夹取切好的材料并立即放入固定液中（固定液用量是样品体积的 10～15 倍），浸没 24 h。

3. 漂洗

用吸管移出固定液，加入 0.1 mol/L 的磷酸缓冲液，静置 20 min，重复 3 次，彻底洗去固定液。

4. 脱水

用浓度为 30%、50%、70%、90%、100% 的乙醇，依次进行梯度脱水，每级静置 20 min；在无水乙醇中需静置 2 次，每次 1～1.5 h。

5. 渗透

先用 1/4LR White 树脂 + 3/4 无水乙醇、1/2LR White 树脂 + 1/2 无水乙醇、3/4LR White 树脂 + 1/4 无水乙醇的混合液，在 4 ℃ 冰箱中依次逐级置换、渗透，每级静置 12 h；再用 100%LR White 树脂置换、渗透 3 次，每次静置 24 h。

6. 包埋

用镊子夹住材料样品，放入做好标记的包埋容器（3 号明胶胶囊）的底部中心，用吸管向包埋容器中注入纯 LR White 树脂并浸没样品。根据自己需要的切面，用解剖针轻柔地将样品位置摆正，用吸管继续向包埋容器内注入纯 LR White 树脂，直至胶囊接近充满。静置 3 h，排出树脂内气泡；盖紧胶囊盖子，转移至 60 ℃ 烘箱中，聚合 48 h。

7. 修块

从烘箱中取出包埋块夹在样品夹中，使有材料的一端朝上，并在体视显微镜下用双面刀片粗修（主要是修掉胶囊外壳和材料端过厚的树脂）。将修整后的包埋块固定在切片机的样品夹中，露出少许样品部位，用锋利的双面刀片沿横向、纵向去除样品顶部和周围多余的树脂，并使样品在顶部裸露、在周围保留少许树脂。将切片厚度设置为 500 nm，转动切片机手轮，用新制的玻璃刀对样品包埋块进行精修，最终在样品表面形成光滑的镜面。

8. 切片

将切片厚度设置为 1.5 μm，左手将铜钩放置在玻璃刀刀刃上方约 2 mm 处。切片时，右手缓慢且匀速地顺时针转动手轮，在样品缓缓压向刀刃时，用铜钩轻轻按压住切片，防止其上卷贴到树脂块上。随着切片面积的增大，用铜钩轻轻挑起切片，防止其贴在玻璃刀刀面上。切片完成后，用铜钩将切片与玻璃刀刀刃分离，转移到载玻片水滴上，进行展片。

9. 染色

用记号笔在载玻片上圈出切片的位置，待记号笔印迹完全干燥后，将玻片置于48 ℃烤片台上。用1%番红染色液将目标切片完全浸没，48 ℃染色12 min；染色后，将切片置于浅底染色缸中，用自来水流动冲洗约5 min，待多余染色剂彻底冲洗干净后，将玻片置于48 ℃烤片台上烤干。再用0.5%甲基紫染色液浸没切片，染色2 min；用自来水流动冲洗约5 min，待染色剂冲洗干净后置于48 ℃烤片台上烤干。在显微镜下，检查标本的染色情况。

10. 封藏

用中性树胶为封藏剂进行封片。封片后的切片标本自然风干后，在玻片一端贴上注明材料名称、制片时间等信息的标签，置于切片盒中避光保存、备用。

模块三
植物观察与鉴别

———

　　植物观察与鉴别技术是随着人们认识植物、了解植物和利用植物而逐步发展起来的对植物标本进行观摩与解剖、描述与鉴别的实验方法。学习并掌握观察与鉴别植物的"规范化"实验流程与方法，既有助于人们认识植物、了解植物、利用植物，也有助于人们发掘与利用"前人"的科研成果。现简要介绍植物物种观察与鉴别常用的几种方法。

第十二节
植物标本的形态观察与描述

说课

　　对某一物种形态结构特征观测的准确性和规范性，是后续对其进行检索鉴别与研究的关键所在。对标本的观察与描述，关键是要能够采集到性状齐全的标本，并对其进行认真细致的观察、测量与记录；同时还要尽可能多地了解标本在采集地区的名称、用途、生境和花果期等信息，以便后续鉴别与开发利用。现以被子植物为例，简要说明植物标本的观察与描述方法。

一、观察与描述

　　对一株完整植物体的观察与描述，一般是先从形态上看植物根、茎、叶和花序的组成特征和类型，再从形态和解剖结构上看植物花和果实的组成特征与类型，并用规范术语对其进行描述与记录。其具体步骤如下。

　　1. 植物类型

　　根据茎的质地，确定标本属于草本植物、木本植物或藤本植物。

　　2. 根的多样性

　　观察根的组成，判断根系是属于直根系还是须根系；观察根的形态，判断根变态的类型。

　　3. 茎的多样性

　　（1）枝条类型　依据节间的长短，确定枝条类型；观察一株植物中主枝与侧枝的空间分布与形成方式，确定分枝方式类型。

　　（2）茎的类型　依据茎的生长习性，判断茎是否属于直立茎、平卧茎、缠绕茎、攀援茎、匍匐茎等。

　　（3）茎的变态　依据茎的形态特征，判断茎变态的类型。

　　4. 叶的多样性

　　（1）叶的类型　依据叶柄是否分枝、分枝次数、小叶数目及其空间分布特征，先判断出叶是单叶还是复叶；如为复叶，则进一步判断出复叶的类型。

（2）叶序类型   依据叶在茎或枝条上的排列方式，确定叶序类型。

（3）叶片的形态   依据叶片的长宽比、最宽处所在位置与整体形态、边缘是否具有缺刻及缺刻形状、裂片的深度与1/2叶片宽度的比例、裂片在整个叶片上排列形态、叶片顶端与基部的形态特征，用规范术语描述叶形、叶缘、叶裂、叶尖和叶基等。

（4）叶的变态   依据叶的形态特征，判断叶变态的类型。

5. 花着生方式与花序多样性

以整株为单位，依据花轴长短、软硬度、膨大度、分枝情况，以及1花轴上花的数目、着生位置和开放顺序，来判别花的着生方式与花序类型。

6. 花的多样性

（1）整体观察   以1朵花为单位，整体观察并记录花的大小、颜色、对称性，花被片轮数、有无萼片与花瓣之分，雌雄蕊的有无、数目、位置分布，有无附属物等。

（2）剥离观察   以1朵花为单位，由外向内依次剥离，先观察并记录花萼、花冠、雄蕊和雌蕊的数目、排列、离合状态、形状与大小等，再观察花托的形态、雌雄蕊在花托上的排列方式、花各组成部分的相对位置关系、花丝的长短、子房位置、花轴与柱头开裂情况、子房外侧的沟槽数目等。

（3）解剖观察

①花被在花芽中的排列方式   取一朵花蕾，从中部横切成薄片，或在体视显微镜下由外向内依次剥离观察，看各花被片边缘覆盖与否，来确定花被片在花芽中的排列方式。

②花的结构组成观察   以1朵花为单位，先沿花的中心面将花纵切成两半，观察花托的形状、花被与雌雄蕊在花托上的排列方式、子房位置、着生胚珠的子房中轴是否到达顶部、胎座类型等；再沿子房的中部将子房横切成两半或横切成薄片，观察子房室数目、胎座类型、胚珠数目、胚珠类型、心皮数目等。

7. 果实的多样性

先通过对子房、幼果和成熟果实的形态与解剖观察，判别果实的结构与来源；再通过对果实形态、果皮质地、成熟后果皮是否开裂、裂果的开裂方式、果皮与种皮离合等的观察与记录，判别果实的类型。

8. 种子的多样性

通过对种子外部形态、色泽、纵剖面和横剖面的观察，记录种子的形状、大小、颜色、子叶数目、胚乳有无，来确定种子的类型。

二、走访与调查

在开展植物多样性调查时，由于时间与条件的限制，1次很难采集到完整的标本，也很难完全掌握相关标本的全生命周期的信息，因此，在采集标本的同时，要通过对当地老农、药农、科技人员等的走访咨询或长期定点观察，来获取所采标本的生长周期、花期、果期、用途和俗名等信息，为后续鉴别与开发利用提供第一手素材。

三、归纳与总结

对标本观摩与调查所获取的信息，按照植物类型、根、茎、叶、花序、花、果实、种子、花期、果期、产地、生境、分布和用途等用科学规范的术语进行归纳和总结。通常用"，""；""、""。"将描述植物的内容分开，以表示前后内容之间的关系。现以牵牛为例，说明描述的顺序和方法。

牵牛（*Pharbitis nil* Choisy）

一年生草本，全株有刺毛。茎细长，缠绕，有分枝。单叶，互生，无托叶；叶片宽卵形或近圆形，通常3裂至中部，长4~15 cm，宽4.5~14 cm，中间裂片长卵圆形而渐尖，侧裂片较短、三角形、裂口锐或圆；叶柄长2~15 cm。花序有花1~3朵，腋生，花序梗长短不一，长1.5~18.5 cm，通常短于叶柄；苞片2，线形或叶状，被开展的微硬毛。花梗长2~7 mm；小苞片线形；花萼5裂，萼片狭披针形，长2~2.5 cm，外面被开展的刚毛、基部更密；花冠漏斗形，长5~7 cm，蓝色或紫红色，管部色淡；雄蕊5，不伸出花冠外，花丝不等长、基部稍阔、有毛；心皮3，子房3室，每室有2胚珠，花柱1，柱头头状；中轴胎座。蒴果近球形，直径0.8~1.3 cm，3瓣裂。种子5~6棵，卵状三棱形，长约6 mm，黑褐色或米黄色，被褐色短绒毛。花果期7—9月。

原产热带美洲，生于海拔100~200 m的山坡灌丛、干燥河谷路边、园边宅旁、山地路边，或为栽培。现已广植于热带和亚热带地区；中国除西北和东北的一些省外，大部分地区都有分布。除栽培供观赏外，种子为中药，含牵牛甙成分，具有泻下、利尿、消肿、驱虫等功效；因种子有黑褐色和米黄色两种，故有黑丑和白丑之称。

说课

第十三节
心皮数目的判别

心皮是组成雌蕊的基本单位，掌握心皮数目的判别方法，是正确书写花程式、开展物种调查与鉴别所必备的基本实验技能之一。对心皮数目的判别，并不能像花萼、花冠和雄蕊一样，通过形态观察就能够实现，有时还需结合解剖、换算才能实现，因此必须搞清楚心皮是怎样发育成雌蕊的，以及心皮与雌蕊在组成结构上的对应关系。

一、心皮与雌蕊的关系

心皮是适应于生殖的变态叶。在1张心皮中通常有3个维管束，位于心皮中央的1个维管束为心皮背束，位于心皮边缘的2个维管束为心皮腹束。

雌蕊是由心皮边缘向内卷曲并愈合在一起发育而成的，其上端为柱头，中央为花柱，下部膨大部分为子房。其子房部分，由心皮围成、位于外侧的保护结构为子房壁；由心皮围成的空腔为子室；心皮两边缘愈合处为腹缝线，2个心皮腹束愈合为1个子房腹束；腹缝线处膨大、着生胚珠的区域为胎座；心皮中央维管束处转化为背缝线，其维管束转化为子房背束。

二、心皮数目的判别方法

对一朵花中组成雌蕊的心皮数目的判别，通常按照取材→分离→观摩→解剖→换算→校正的顺序依次展开。

1. 取材

寻找并采择一朵含雌蕊并完全开放的花朵。

2. 分离

用镊子剔除位于花部外侧的花萼、花冠、雄蕊群等器官，数出花中的雌蕊数目。如花中有2枚或2枚以上的雌蕊，则该雌蕊类型为离生单雌蕊，每个雌蕊由1张心皮构成。

3. 观摩

如果花中仅有1枚雌蕊，观察其形态组成，统计其花柱、柱头和子房外侧的沟槽数目。如它们的数目在2或2个以上，那么其花柱、柱头或子房外侧的沟槽数目，即组成该雌蕊的心皮数目。

4. 解剖

取花柱为1、柱头不开裂和子房外侧光滑的雌蕊，用刀片在子房中部作1横切面，肉眼或镜下统计其子室数量。如子室数目在2或2个以上，则其子室数目即该雌蕊的心皮数目；如子室数目为1，但胎座数目在2或2个以上，则胎座数目即该雌蕊的心皮数目；如子室数目、子房壁上的胎座数目都为1，可再取1雌蕊做纵切面，观摩子室中的胚珠数目与分布，如多个胚珠纵向分布在子房壁的一侧，则为单雌蕊，其心皮数目为1。

5. 换算

对只有1室、1胚珠的雌蕊，需通过子房横切面数出子房壁中腹束和背束的数目，两者数目总和除以2，即该雌蕊的心皮数目。在计数维管束时，需先确定子房位置的类型，如为上位子房，则可直接计数子房壁中的维管束；如为下位子房或半下位子房，则需先分出子房壁与"托杯"的界限，再计数子房壁中的维管束。

6. 校正

在做心皮数目判别时，最好将几种方法一起应用，相互验证，来确保其准确性。如浙贝母（*Fritillaria thunbergii* Miq.）的柱头3裂、子房3室、维管束（背束＋腹束）数目为6，其组成雌蕊的心皮数目为3。

说课

| 第十四节
花程式的书写与花图式的绘制

　　花作为进化程度最高、受环境饰变最小的植物器官，其形态结构组成特征是物种鉴别最重要的依据，而通过花程式的书写与花图式的绘制，能简单明了地表现出一朵花的结构组成、排列位置和相互关系。这既可解决花期受地域与季节影响不易采集的问题，又可解决花朵不易保存的问题，因此，掌握花程式的书写与花图式的绘制方法，能够使植物物种调查与鉴别过程收到事半功倍的效果。

一、花程式的书写

花程式是将花的组成、排列、位置、对称性及各组成部分的关系用简单的字母、符号和数字来表示。

（一）花程式中字母、符号、数字的含义

1. 字母

字母表述的是花部器官名称，一般用花各部分拉丁名词的第一个字母来表示。书写花程式时，会用到P、K、C、A、G等字母。

（1）P表示花被，是拉丁文Perianthium的略写。

（2）K表示花萼，是德文Kelch的略写（也有用Ca表示的，是拉丁文Calyx的略写）。

（3）C表示花冠，是拉丁文Corolla的略写（也有用Ca表示花萼的，而用Co表示花冠）。

（4）A表示雄蕊群，是拉丁文Androecium的略写。

（5）G表示雌蕊群，是拉丁文Gynoecium的略写。

2. 符号

符号表述的是花部形态组成特征。书写花程式时，会用到↑或†、＊或○、（ ）、＋、—、♂、♀、☿、"♂、♀"、♂/♀等符号。

（1）↑或†表示两侧对称花。

（2）＊或○表示辐射对称花。

（3）（ ）表示联合。

（4）＋表示某部分排列的轮数关系（1轮以上）。

（5）—（短横线）表示子房位置，—写在G下方（G）为子房上位，—写在G上方（G）为子房下位，—写在G上、下两方（G）为子房半下位。

（6）☿表示两性花（两性花的符号有时省略不写），♂表示雄花，♀表示雌花，♂、♀表示雌雄同株，♂/♀表示雌雄异株。

3. 数字

数字表述的是花各部分数目。书写花程式时，会用阿拉伯数字0，1，2，3，……10及∞或×来表示：∞表示多数，不定数；×则表示少数，不定数；0表示缺少或退化。通常写在花部各轮每一字母的右下角，表示其实际数目。雌蕊之后如果有三个数字，第一个表示心皮数目，第二个表示子房室数，第三个表示每室胚珠数（一般只用第一和第二个数字），并用"："将这三个数字隔开。

（二）花程式书写顺序

按照花性、对称性、花萼、花冠、雄蕊和雌蕊的顺序从左至右书写，彼此之间用"；"隔开，并在字母右下方用数字表示各部分的数目。

（三）获取花程式书写数据

通过解剖花来获取书写花程式所用的数据，对花的解剖可按照采集→做面→找寻→剥离→计数→校正的顺序依次展开，并做好解剖记录。

1. 采集

在物种调查的区域，寻找并采集某一物种完整、完全开放的花朵。

2. 做面

整体观察采集到的花朵，过花部中心作对称面。在一朵花中，能够做出2个或2个以上对称面的花为辐射对称、整齐花；只能够做出1个对称面的花为两侧对称、不整齐花；1个对称面也做不出的花为不对称花。

3. 找寻

在花中找寻性器官，如雌雄蕊都能找到的花为两性花，都找不到的花为无性花；只能找到其一的花为单性花，其具雄蕊的花为雄花，具雌蕊的花为雌花。再在具雌蕊的花朵中找寻子房，并观察子房与花托（或托杯）的位置关系和愈合情况，如子房底部着生在花托的最高处，则为上位子房下位花；如子房底部着生在凹陷花托（或托杯）中，与托杯全部愈合的花为下位子房上位花，与托杯部分愈合的花为半下位子房周位花，完全不愈合的花为上位子房周位花。

4. 剥离

将花各组成部分，由外至内依次剥离，并观察萼片、花瓣、花丝、花药、柱头、花柱和子房的连合情况。

5. 计数

对分离的各器官，直接计数；对连合的器官，如组成雌蕊的心皮数目，则可通过横剖子房，数出子房壁中的维管束数目并换算出心皮数。

6. 校正

再取完全开放的花朵，对获取的花部形态结构数据进行校验与修正。

（四）花程式的书写案例与解读

利用校正好的数据，写出花程式的表达式。现以苹果（*Malus pumila* Mill.）、紫藤（*Wisteria sinensis* Sweet）和桑（*Morus alba* Linn.）为例，介绍花程式的书写格式并解读其含义。

1. 苹果花

（1）花程式　$\male\female$；$*$；$K_{(5)}$；C_5；A_{∞}；$\overline{G}_{(5:5:2)}$

（2）含义　两性花；辐射对称；萼片5枚，合生；花瓣5枚，分离；雄蕊多数，分离；单雌蕊，子房下位，由5枚心皮联合形成5室子房，每室两个胚珠。

2. 紫藤花

（1）花程式　$\male\female$；$\uparrow$；$K_{(5)}$；$C_{1+2+(2)}$；$A_{(9)+1}$；$\underline{G}_{1:1:\infty}$

（2）含义　两性花；两侧对称；萼片5枚，合生；花瓣5枚，分离，排成3轮，其中有2个花瓣连合；雄蕊10枚，9枚连合、1枚分离成二体雄蕊；子房上位，1心皮，1室，每室胚珠数不定。

3. 桑花

（1）花程式　$\male$；$*$；P_4；A_4　$\female$；$*$；P_4；$\underline{G}_{(2:1:1)}$

（2）含义　单性花。雄花：辐射对称；花被片4枚，分离；雄蕊4枚，分离。雌花：辐射对称；花被片4枚，分离；子房上位，2心皮，1室，1个胚珠。

二、花图式绘制

花图式是用花的横切面简图来表示花各部分的数目、离合情况及在花托上的排列位置，也就是花的各部分在垂直于花轴平面所作的投影图。

（一）花图式中各种图形的含义

"0"表示花轴，有一突起的新月形空心弧线表示苞片，具突起的和具短线的新月形弧线表示花萼，黑色的实心弧线表示花冠，花药的横切面表示雄蕊，子房的横切面表示雌蕊。

（二）花图式的绘制规则

1. 花轴绘在花图式的上方，苞片绘在花轴的对面或侧面。如为顶生花，则花轴、苞片和小苞片都不必绘出。

2. 花的其他部分绘在花轴和苞片之间。

3. 花萼、花瓣绘制时，要注意其离合情况。如为离生，各弧线彼此分离；如为合生，则以虚线连接各弧线。同时还要注意萼片与花瓣各轮的排列方式（如镊合状、覆瓦状、旋转状）与相互位置关系（如对生、互生），以及是否有距。如有距，则以弧线延长来表示。

4. 雄蕊群绘制时，应表示出雄蕊的排列方式和轮数、分离或连合，以及雄蕊与花瓣之间的相互关系（对生、互生）。如雄蕊退化，则以虚线圈表示。

5. 雌蕊群绘制时，应表示出心皮的数目、结合情况（离生或合生）、子房室数、胎座类型及胚珠着生的情况等。

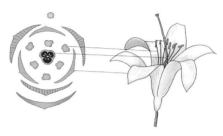

（三）花图式的绘制案例

现以百合花为例，绘制其花图式（图1-14-1）。

图1-14-1　百合花与花图式

三、花程式和花图式的特点与应用

花程式书写快捷、方便，能够较好地表述花各部排列组成位置的彼此关系，但不能完全表达花的形态。花图式能够较好表述花的形态特点，但不能完全表达子房位置等，且绘制相对繁琐。正是由于花程式和花图式有各自的特点与不足，故在开展某一区域植物物种多样性调查时，可通过花程式和花图式的配合应用来扬长避短，既有利于现场描述与记录花各组成部分的位置关系与形态特征，也有利于后续对花"原生态"特征进行溯源，同时提升野外调查的效用和物种检索与鉴别的准确性。

第十五节
植物检索表的编制与使用

说课

检索表是识别和鉴别植物物种不可或缺的工具。学习植物分类的学生或从事植物分类研究的人员都应学会如何编制和正确使用检索表。

一、检索表的编制方法

检索表的编制原理是根据法国人拉马克（Lamarck）提出的二歧分类原则，基于对植物标本形态特征的比较，采取"由一般到特殊"和"由特殊到一般"的方法，即非此即彼、两两相对的原则概括归纳而制成。

检索表的编制方法为：仔细观察、记录、绘图和描述一组植物标本，在深入了解各物种特征后，先将各标本按生长习性、根、茎、叶、花、果实和种子的特征进行汇同辨异，列出它们的相似特征和区别特征，找出它们之间突出的区别点和共同点。再依据划分门、纲、目、科、属、种的标准和特征，选择一对明显不同的性状，将所有植物标本分为两类，然后在每类植物标本中又选择一对明显不同的性状，再将其划分为两类，以此类推，直到分出门、纲、目、科、属、种。为了便于使用，在各分支的前面按其出现的先后顺序加上数字或符号，相对应的两个分支前的数字或符号应是相同的。

需要注意的是，在编写检索表之前，一定要对植物标本的特征有全面的认识，并进行仔细地分析与归类，不可忽略任何特征，否则可能会导致检索表编制错误。例如，对成对性状的选择，应选用相反或容易区别的特征（如单叶和复叶、草本和木本等），而不采用似是而非或不确定的特征（如叶大、叶小等）。如果由于生境条件的不同，在同一物种中出现了不同的性状（如乔木和灌木），在编制植物检索表时，就应在相应的条目下，将它们都包含进去，以确保能检索到它们。

二、植物检索表的类型

目前广泛采用的检索表有两种类型，即定距检索表（等距检索表）与平行检索表（二歧检索表）。它们的排列方式有一定的差异，现分别介绍如下。

（一）定距检索表

在这种检索表中，每两个相对应的分支之前编写相同的序号，且都书写在与书页左边距离相同的地方；每个分支的下边，又出现两个相对应的分支，再编写相同的序号，并且比之前的分支序号缩进一个字格，如此往复，直到要编制的终点为止。例如：

1. 植物无种子，以孢子繁殖
  2. 植物体结构简单，仅有茎叶之分（有时仅为叶状体）；不具有真正的根和维管束 ……………………………………………………………………………………苔藓植物门（Bryophyta）
  2. 植物体有根茎叶的分化，具有维管束……………………… 蕨类植物门（Pteridophyta）
1. 植物有种子，以种子繁殖
  2. 胚珠裸露，不包于子房内……………………………………裸子植物门（Gymnospermae）
  2. 胚珠包于子房内………………………………………………… 被子植物门（Angiospermae）

（二）平行检索表

在这种检索表中，每两个相对应的分支之前编写相同的序号，并且平行排列在一起。在分支末端再编写出名称或序号。此名称为已查到对象的名称（中文名和学名），序号为下一步需查阅的分支序号。例如：

1. 植物无种子，以孢子繁殖 ……………………………………………………………………2
1. 植物有种子，以种子繁殖 ……………………………………………………………………3
2. 植物体结构简单，仅有茎叶之分（有时仅为叶状体）；不具有真正的根和维管束 ………………………………………………………………………………苔藓植物门（Bryophyta）
2. 植物体有根茎叶的分化，具有维管束…………………… 蕨类植物门（Pteridophyta）
3. 胚珠裸露，不包于子房内 ………………………………………裸子植物门（Gymnospermae）
3. 胚珠包于子房内………………………………………………… 被子植物门（Angiospermae）

三、检索表的使用

在使用检索表之前，应对被鉴别标本的生长环境、植物体各部分特征做详细的观察与记录，并按照标本生长习性、根、茎、叶、花、果实、种子的顺序列出特征或写出描述报告。

检索时，要根据观察到的标本特征，从前向后依次检索，绝不允许跳过一项去查另一项；在查对某项描述时，最好将检索表中相对的另一项也对比一下，确定待查标本与哪一项最符合，以免发生错误。

四、检索结果的验证

当检索完成后，应在植物志、图鉴等文献中查找出对应的物种或科属，并利用其中的描述文档与图谱，与标本的特征进行对比，以保证检索的准确性。

第十六节
植物标本鉴别

说课

植物标本鉴别是建立在细致的形态学观测基础之上，借助植物检索表、植物志、植物图鉴、科属专著等专门的工具书或文献，核对出某一标本身份的过程。对某一标本进行鉴别时，必须准确掌握其形态特征，然后依据检索表逐条进行性状对比，直至检索出目标类群名称。检索完成后，再参照文献资料对检索结果进行验证，有必要的话，还可以借阅馆藏植物腊叶标本进行实物对比，以增加鉴定的准确性。其基本流程如下。

一、全面了解植物标本的性状

只有少数性状的话，要鉴别陌生的植物标本是有难度的。在检索鉴别标本时，花果的形态特征对分科具有极为重要的价值，而分科检索鉴别是分属、分种检索鉴别的基础。幼叶与老叶、幼茎与老茎之间往往存在明显的差异，同一物种的根、茎、叶在不同的生境下有时也会出现较大的差异，这些性状对物种的鉴别具有重要参考价值。同一标本在新鲜与干燥两种不同的状态下，花色、花形、叶色等性状也会有差异。因此，尽力采集性状齐全的植物标本，并对标本的形态特征、生长习性与生活环境进行全面细致地观测、客观准确地记录与绘图、科学规范地描述，就显得尤为重要，这是标本鉴别准确与否的关键。

二、选择合适的检索表

植物检索表是按照特定格式编制而成的，是用于植物标本鉴别的专门书籍或资料。现有的植物检索表，或单独出版成书，或附录于植物志、科属专著中。不同的检索表包含的范围各不相同，有全球的、全国的、某一地区的、某一类植物的……现常用的植物分科检索表有《世界有花植物分科检索表》《中国高等植物科属检索表》等。因此，依据鉴别目标选择合适的检索表，往往能够事半功倍。

当你收到一份标本，仅仅知道是采集于中国国内，而不知道具体采集地点、名称时，你可能需要查询《中国高等植物科属检索表》《中国植物志》《中国高等植物图鉴》等全国性文献；当你收到一份标本，知道具体采集地点时，你可以利用《XX地方植物志》《XX地方植物手册》中的检索表，比如标本采自南京紫金山，就可以选择《江苏植物志》《江苏南部种子植物手册》等文献；当你收到一份标本，知道它是用于园林花卉种植时，则可选用《世界园林植物花卉百科全书》《园林植物手册》等文献；当你收到的是一份木本植物标本时，则可选《木本植物志》等文献。随着信息技术与互联网技术的快速发展，《中国植物志》等经典工具书已实现了电子化，转化成在线文献数据库，我们可通过智能手机、计算机等网络终端设备，在线访问如"FRPS《中国植物志》全文电子版iPlant"等数据库，即可在线查阅相关文献。

三、植物标本的检索与鉴定

利用选择的检索表，按照检索表的编排顺序，由前向后逐条将检索表中记载的植物性状与标本性状进行对比，直至检索出相应的类群名称。在检索过程中，一是要防止先入为主、主观臆断和倒查；二是要克服急躁情绪，一定要依序、小心细致地逐条对比；三是最好能够多表协同使用、相互验证，以确保结果的准确性。检索鉴定结束后，还应与相关专著或文献中的图文数据或实体标本的形态特征核对，来验证检索结果的正确性。如检索无结果，则应设法寻找更全面、更权威的检索表对标本进行检索鉴别，经多方检索均无结果，可考虑标本是否为新种，并对其做更细致的研究。

模块四
植物标本采集与制作

———

　　植物标本是指将新鲜植物的整体或部分，经采集和适当处理后制成的可长期保存的植物样品。它既是记录和保存植物形态特征的一种重要方式，也是人们对物种进行鉴别、追踪溯源的重要依据，更是植物学教学、科研和学术交流的基本资料之一。现简要介绍腊叶标本、浸渍标本和原色标本的采集与制作流程。

第十七节
腊叶标本制作

说课

　　腊叶标本是将采集来的新鲜植物整体或部分器官，经整理、压干、消毒、装订、贴上野外采集记录标签和定名标签而制成的标本。其制作流程大致可分为：标本采集前准备→标本采集→标本压制→标本制作→标本保存等。

一、标本采集前准备

　　标本采集前的准备工作主要有：明确标本采集目的、选择采集地点、确定采集时间、收集文献资料和工具书、准备采集器具。

　　标本采集用器具主要有：标本夹、采集箱（采集袋）、小铁铲、枝剪、锯子、小标签、野外植物采集记录签、定名签、吸水纸（标芯纸）、尺、刀片、解剖针、镊子、放大镜、测高表、GPS、照相机、望远镜、绳、纸袋、台纸、托盘、升汞（$HgCl_2$）、乙醇（95%）等。

二、标本采集

（一）采集原则

　　依据标本制作的目的和要求，以采集到典型、完整（含各组成器官）、有代表性的健康个体或器官的植物标本为原则。

（二）采集注意事项

　　1. 标本采集前，必须依据植物的生长期（特别是花、果期）和该植物标本的制作目的，来确定标本的采集时间。

　　2. 标本采集时，必须考虑到植物的生活环境（如海拔高度、坡向、林间和林缘、池塘和陆地、阳面和阴面等）和该植物标本的制作目的，来确定采集地点，并用照相机或手机拍摄不同视角下的植物生境、群体生活状态、个体形态、典型器官的形态特征等，做好记录。

3. 标本采好后，必须及时在标本上挂上写有采集编号的标签，并在记录本上记录采集地点、时间、生境、定位及一些特有性状等。记录时，同一标本的标签编号、记录本编号、相机图片编号必须一致；对必须分割采集的较大标本，各分割标本应使用同一采集号，并在采集号后标注顺序。

4. 采集好的标本要快速放入采集袋中，对于离开土壤或母株后易失水萎蔫的植物标本应做好保湿处理。

5. 每个物种应采集、制作3～5份（亦可酌情而定）标本，以供鉴定、交换、存放等用途；每份采集的标本，应以能够容纳在一张台纸上为宜。

6. 野外采集时，应认真观测所采标本的生活环境、产地、性状、颜色、气味等特征，并通过对当地老农、药工等有经验人员的走访调查，了解植物的分布面积、生长期、用途、当地的土名（俗名）等信息，并认真记载在野外植物采集记录签上（图1-17-1），尽可能地做到随时采集、随时观察、随时记录、随时编号、随时挂牌。

XX 植物标本室野外植物采集记录签

XX 植物

采集号数：			年　　月　　日
采集地点：	海拔高度：		m
产地：			
环境：			
性状：			
植株高度：	cm	胸高直径：	cm
叶：			
花：			
果实：			
俗名：	中文名：		
科名：			
学名：			
附记：（特殊性状）			

图1-17-1　野外植物采集记录签样式

（二）标本采集方法

1. 草本植物标本的采集

矮小草本（株高＜40 cm）可用小铲采集带根茎的全草；匍匐草本须采集定根和不定根，对匍匐枝过长的可用枝剪分段采集，但不能缺少枝的顶端；高大草本植物可选其形态上有代表性的部分，分上、中、下三段分开采集。

2. 木本植物标本的采集

用枝剪剪取健康完整、具代表性、带花或果并保留顶端的枝条，切记不要用手折。同时在记录本上记录植物的株高、胸径、冠幅、树皮颜色等信息。当新枝和老枝上的叶形、被毛状态不同时，须同时采集新枝和老枝；对较大的乔木，须同时采集（剥取）一小片树皮。

3. 藤本植物标本的采集

藤本植物采集时，需用枝剪剪取带有花或果的一段藤枝。对有叶型变化的物种，需要同时采集和记录不同叶型的标本。对缠绕茎的标本，要记录被缠绕植物的名称及茎的缠绕方向等；对攀援茎的标本，要采集带有不定根的藤枝。

4. 孢子植物标本的采集

孢子植物如苔藓植物和蕨类植物应尽量采集带有孢子囊的植株；苔藓植物植株较小，可带土采集，整体装入独立的小型采集袋（可用信封代替）中并编号；蕨类植物要连同根状茎一起采集。

5. 水生植物标本采集

对具沉水叶和浮水叶的物种，要同时采集水面叶和水中叶；对出水后容易缠绕成团、不易分开的标本，采集时可先将植物标本在水中展平，并用一张较硬的吸水纸将标本从水中托出，倾斜吸水纸使水滴流完，再连同吸水纸一起压入标本夹内，这样可保持植物体形态特征的完整性。

6. 寄生（或附生）植物标本的采集

寄生（或附生）植物标本应连同寄主一起采集，并分别注明寄生（或附生）植物及寄主植物。

7. 雌雄异株（或异花）植物

对雌雄异株或异花的物种，应设法采集到雌株和雄株、或雌花和雄花的标本，并分别注明它们之间的关系。

8. 地衣植物标本的采集

对地衣植物，应尽量连同其所生存的基质一起采下。

9. 植物体过小标本的采集

对过小的植物体，可用纸包将植物体全部包好，连同纸包一起压制。

10. 植物器官过大标本的采集

对单个器官过大的植物标本（如芭蕉科、天南星科植物的叶片或花序），可用分段采集法，即可在器官顶部、中部和基部分别采集部分标本或采集特殊部位标本，并详细记录整个器官的长宽、厚度、高度、直径和形状等数据。

三、标本压制

（一）标本初步整理

对采回的新鲜植物标本，可用剪刀等工具剪去多余的枝叶、花果，用水洗去根部的泥土，用枝剪将木本植物的枝条末端剪成斜口，以便观察髓部，最终将标本修剪成适宜的大小。

（二）标本压制

标本压制是指将标本平展于吸水纸间，用标本夹压紧，使之尽快失水干燥、平整固形的过程。现以自然干燥法为例，来讲述标本压制流程。

1. 将标本夹的一块木板放平，上置4～5层吸水纸。

2. 将植物标本平展于吸水纸之上并稍加整形，尽量使枝、叶平展，较长的标本可将其弯成V形、N形或W形。

3. 对标本进行精细整理，并做到：①把折叠的叶理平，翻转部分叶片使同一标本既有正面叶又有背面叶。②疏去相互覆盖的多余叶片，但要保留叶柄和叶基。③如果叶子非常大，可将叶子的一侧剪去一些，但叶尖必须保留。④花、果实应完全露出，不被覆盖。⑤花序、果序应按其野外生长状态压制，如原来是下垂的，不可压成直立的。⑥花可侧压，尽量展现花柄、花被等部位的形态，并取1～2朵花解剖或侧切，以露出花的内部结构。⑦肉质植物和比较大的果实标本，在压制前可先在80～90 ℃水中烫3～4 min，也可将它们切开后再压制。⑧大型块根、块茎或果实，可在压制前将其切成薄片，用沸水烫死处理。

4. 在每层标本上，放置2～3层吸水纸（潮湿标本或肉质标本可多用几层吸水纸）。

5. 整"夹"标本放置时，应不断调换标本粗大部分的位置，使其保持平整。当标本达到一定高度后，放4～5层吸水纸，盖上标本夹的另一块木板，用绳适度勒紧上下两层标本夹（过紧标本易变黑，过松不易干），置于通风干燥处干燥。

6. 新压制的标本，每天至少要换一次吸水纸，待标本含水量减少后（一般3～4 d后），可1～2 d换纸一次，直到标本干透为止。换下的吸水纸应及时晾干或晒干，可重复利用。在换吸水纸过程中，若有叶、花、果实脱落，应随时将脱落部分装入纸袋中，并记上采集号，附于该份标本之上，切不可随便丢掉。

四、标本制作

（一）标本消毒

对压制好的干标本，应通过消毒处理，来杀灭附着在标本表面的真菌孢子、虫和虫卵等，以利于标本的长期保存。植物标本常用的消毒方法有两种，即液体浸泡消毒和气体熏蒸消毒。

1. 液体浸泡消毒

取升汞（$HgCl_2$）1 g，溶于1000 mL的70%乙醇中，配成消毒液。将适量消毒液小心倒入大号平底搪瓷盘中。从标本夹中取出压制好的干标本，将标本放入消毒液中浸泡3～5 min后，取出自然晾干或置于吸水纸中压干。用升汞消毒时应特别注意：升汞为剧毒药物，配制过程和消毒过程应特别小心，操作全程必须戴好口罩和手套；使用过的消毒液应回收到专门的废液瓶中，严禁倒入下水道中。

2. 气体熏蒸消毒

依据消毒箱的容积，取一定量的四氯化碳和二硫化碳放置在培养皿中混合，配成消毒剂。将压好的干标本和消毒剂都置于消毒箱（或密封房屋和容器等）中，密封3～4 d，利用消毒剂的挥发性气体，对标本进行熏杀消毒。消毒结束后，打开消毒箱，自然通风，此时，人一定要站在通风口的上侧，以防消毒剂对人体产生伤害。

（二）上台纸

1. 台纸的准备

台纸用于承托植物标本，是用质地坚硬的白色道林纸或白板纸制成的长约38 cm、宽约27 cm

（8开）纸片。

2. 标本的定位

取一张台纸平放于桌面，将标本摆放于台纸中部的适当位置，空出左上角和右下角用于贴野外采集记录签和定名签，力求台纸上的标签和标本达到最和谐、最美观。

3. 标本固定

标本定位后，在标本的背面用毛笔涂上一薄层胶水，并将其贴在台纸上。再用针、线将标本的根、枝、叶柄、果实、种子等处订牢（果实和种子也可装入纸袋内，并连同纸袋一起贴在台纸上）。用线固定时应注意：线应在台纸背面打结；同一个固定点，线在台纸的背面和腹面往返时，最好通过同一个针孔；第一个固定点订好后，不用打结，在腹面直接将线转到下一个固定点。

4. 贴标签

在台纸的左上角贴上野外采集记录签，在右下角贴上定名签（图1-17-2）。在贴定名签时，应完成对标本的鉴定。

XX 植物标本室

中文名：		标本室号：	
学名：			
科名：			
采集号：		采集者：	
采集日期：		鉴定者：	
采集地点：		鉴定日期：	

图1-17-2　植物标本定名签样式

5. 标本压平

将制好的标本夹在旧报纸中，放置在压夹中（或用重物）压制，直到将其压平。

五、标本保存

制成的腊叶标本应保存在干燥密闭的标本橱内，供学习研究用。在标本橱中，最好放置一些杀虫剂（如樟脑丸等），以防标本被虫蛀，有利于对标本的长期保存。

第十八节
浸渍标本制作

说课

将新鲜的植物材料浸渍保存在化学药品配制的溶液中，制成的标本称为浸渍标本。浸渍标本具有立体感强、形态逼真等特点，其制作流程可分为：制作前的准备→标本采集→标本制作→标本保存等。现以福尔马林浸渍法为例，简要介绍其制作流程。

一、制作前的准备

依据拟制作标本的大小，准备合适的标本瓶（缸）和保存液。

二、标本采集

采集具有典型形态特征的器官或植物体。

三、标本制作

1. 配制保存液

取市售的福尔马林（作为100%母液），用清水配成5%或10%的福尔马林水溶液。

2. 标本制作

将采集好的植物标本清洗干净，放入标本瓶（缸）中。向标本瓶（缸）中倒入保存液，直至将标本全部浸泡在药液中。对在保存液中不能完全下沉的标本，需用玻璃制品或瓷器等重物将标本压入浸渍药液中。盖上瓶盖并封口，在标本瓶的外面贴上注有标本名称、特征及浸渍日期等信息的标签。在标本制作时，需要注意：①对含淀粉、糖分比较多的植物［如马铃薯、番茄（*Lycopersicon esculentum* Miller）等］标本，在标本制作前须用清水浸泡1～3 d，每天换水1～2次。②封口必须严密。③对一些柔软的标本，可用玻璃板或玻璃棒做成支撑物，使标本展开。

四、标本保存

将制成的植物标本置于阴凉无强光照射的地方保存。

说课

第十九节
原色标本制作

原色标本是指经化学药剂处理后，制成的保有植物天然色泽的标本。现以绿色、红色和紫色标本制作为例，介绍其制作流程。

一、绿色标本制作

（一）制作原理

以化学试剂中的铜离子置换出天然叶绿素分子中的镁离子，形成以铜离子为中心，结构稳定、可使绿色长时间保存的"新叶绿素"分子。

（二）标本处理

1. 快速绿色固定（以冰乙酸-乙酸铜混合固定保存为例）

（1）母液的制备　将乙酸铜晶体徐徐加入50%的冰乙酸溶液（由于乙酸铜在乙酸中的溶解度较低，可稍加热）中，以玻棒搅拌溶解直至饱和，即得母液（冰乙酸-乙酸铜饱和溶液）备用。

（2）标本处理 选取符合目的和要求的植物器官。取母液，在烧杯中按1∶4比例稀释，制成固色液，并将溶液加热至沸腾。将标本浸入浸渍液中继续加热并不断翻动标本，此时应仔细观察标本颜色的变化，当标本由绿色变褐色（此为乙酸与叶绿素作用，形成植物黑素的缘故），再由褐色恢复成绿色（此为植物黑素与乙酸铜作用，形成以铜为中心的"新叶绿素"分子的缘故）并接近原色时，立即停止加热。取出植物标本，用清水充分漂洗干净。

2. 慢速绿色固定（硫酸铜固定保存为例）

选取符合目的和要求的植物器官，将标本投放到10%～15%的硫酸铜水溶液中，浸渍、固定10～15 d。待植物标本由绿色变褐色，再由褐色变回绿色时，将其从固定溶液中取出并用清水漂洗干净。

（三）标本制作

处理好的标本如要制成浸渍标本，可将标本浸渍在盛有1%亚硫酸水溶液的标本瓶（缸）中，封盖保存，并在标本瓶上贴上注明植物名称、制作日期、制作时间等信息的标签；如要制成腊叶标本，依照制作流程将其制成标本。

二、粉红色标本制作

选取符合要求的植物器官［如桃（*Amygdalus persica* L.）、玫瑰（*Rosa rugosa* Thunb.）、四季海棠（*Begonia cucullata* Willd.）等植物花］，将其放入0.2%～0.3%的亚硫酸溶液中，浸渍、固定5～10 h。待粉红色被亚硫酸漂白后，及时加少量的福尔马林，1～2 h后，标本又复原为粉红色。取出标本，如要制成浸渍标本，可将其浸渍在盛有0.2%～0.3%亚硫酸水溶液的标本瓶（缸）中封盖保存，并在标本瓶上贴上制作信息标签；如要制成腊叶标本，依照制作流程将其制成标本。

三、红色标本制作

选取符合要求的植物器官，并将其浸渍到固定液（1%福尔马林＋0.2%硼酸混合水溶液）中。浸渍、固定1～3 d，待标本由红色变为褐色时，将其取出洗净。将标本浸渍到盛有保存液（1%福尔马林＋0.2%硼酸混合水溶液）的标本缸中保存；如标本还带有绿色，可在保存液中加入少量硫酸铜，待标本绿色部分颜色加深时，取出标本洗净后，再将标本浸渍到盛有保存液（1%～2%亚硫酸＋0.2%硼酸水溶液）的标本缸中保存。在标本瓶（缸）上贴上注明植物名称、制作日期、制作时间等信息的标签。如需制成腊叶标本，依照制作流程将其制成标本。

四、紫色标本制作

选取符合要求的植物器官，将标本浸渍到3%氯化钠＋2%～3%福尔马林水溶液中固定2～3个月后，取出洗净，然后浸渍到盛有1%～2%福尔马林溶液的标本缸（瓶）中保存。在标本瓶上贴上注明植物名称、制作日期、制作时间等信息的标签。如需制成腊叶标本，依照制作流程将其制成标本。

PART
2

第二篇

基础实验

———

随着学科的发展、信息技术与实验教学的深度融合，植物学实验教学的内容体系规模在扩大，要素在增多，同时实验教学的组织形式与学习方式也产生了深刻的变革。本篇选编的22个基础实验，内容涉及植物细胞和组织的基本组成、植物器官不同发育阶段的经典形态结构特征、植物界的主要类群、被子植物的物种鉴别和植物群落调查方法等，既有用实体供试材料介绍如何验证相关理论知识的实验方法，解决了对相关实验技能学习训练等问题，确保了实验教学内容的系统性，又结合"互联网＋"，利用虚拟仿真教学系统、数字切片教学系统、虚拟标本教学系统开展在线实验学习，解决了单一实体实验教学中由于条件限制而使部分实验内容做不出、做不全等问题，确保了实验教学内容的完整性。借助本教材中的相关资源，通过对"虚实"实验教学资源的结合应用，在实现学生自主性实验学习目标的同时，采用观摩、对比等教学方法，实现了部分实验教学内容由"验证性"向"综合性"转变。

模块一
植物细胞与组织

实验一
植物细胞
——

说课

　　植物细胞是植物生命活动的结构与功能的基本单位，由细胞壁和原生质体两部分组成。植物细胞一般很小，高等植物的细胞直径通常为10～100 μm，具细胞壁、液泡、质体等结构，其数目增加、体积增大、功能分化是植物个体生长和繁衍的基础。尽管因物种的不同、生境的差异，植物细胞的形态特征表现出较大的差异，但其基本结构组成是一致的。

一、目的与要求
1. 掌握植物细胞在光学显微镜下的基本结构。
2. 了解质体的类型、形态结构及细胞的原生质流动。
3. 观察细胞壁上的纹孔和胞间连丝，建立细胞间相互联系的概念。
4. 了解并识别植物细胞中几种常见的后含物。
5. 了解植物分裂的类型与过程。

二、器具与材料
1. 器具
生物显微镜、镊子、盖玻片、载玻片、滴瓶、刀片、培养皿、吸水纸、I_2-KI溶液、苏丹III乙醇溶液。
2. 材料
柿胚乳（胞间连丝）制片、马铃薯块茎制片、花生子叶制片、蓖麻种子纵切制片、松木贯心纵切制片、水稻愈伤组织切片、夹竹桃叶横切制片、洋葱根尖纵切制片、洋葱花粉涂片等，洋葱鳞叶、葱莲叶、红辣椒、马铃薯块茎、小麦籽粒、花生种子、洋葱幼根等新鲜材料。

三、内容与方法

（一）光镜下的细胞结构
　　观察重点：植物细胞的形态与结构组成。
　　观察方法：先在低倍镜下整体浏览制片，并将拟观察的细胞移至视野中央；再在高倍镜下通过细准焦螺旋和聚光光阑调节焦距与视场亮度，来观察细胞壁、细胞核、液泡等结构与后含物的形态组成特征。

1. 细胞的结构组成

取一洋葱葱头，纵剖几瓣，剥取一片成熟适度的鳞片叶，制成3 mm×3 mm左右的叶表皮临时装片标本。在低倍镜（4×或10×）下观察，可见其是由多个不太规则的长方形或正方形细胞组成的网格结构，每1个网格为1个细胞，网格边缘透亮的线状部分为细胞壁，网格内（细胞壁内）的网眼部分为原生质体（图2-1-1）。选择图像清晰、结构完整的细胞（或区域），移到视野中央，换高倍镜（40×），调节细准焦螺旋和聚光光阑，观察细胞不同厚度层上的剖面影像，来建立细胞立体结构的概念，并观察不同层面的细胞结构组成（图2-1-2）。

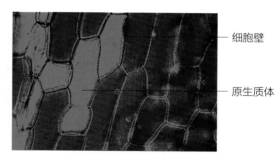

图2-1-1　洋葱鳞叶表皮装片一部分
（示10×物镜下的细胞结构）

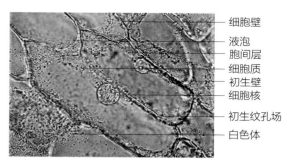

图2-1-2　洋葱鳞叶表皮装片一部分
（示40×物镜下的细胞结构）

（1）细胞壁　位于细胞最外侧的"线"状长方形轮廓，为相临细胞的分界面。微调细准焦螺旋，可见："线"中央较亮的部分为胞间层，两侧较暗的部分为初生壁，初生壁上的凹陷区域为初生纹孔场。

（2）液泡　位于细胞中央（在较成熟的细胞中，液泡体积最大，为一中央液泡）或分散在细胞质中（幼嫩细胞中液泡较小而多），其外有液泡膜包被，内含细胞液。微调细准焦螺旋，可见细胞中央有1至多个均一的无颗粒状的细胞层面为液泡，其外侧与细胞质之间明显的"线"状界面为液泡膜。

（3）细胞质　位于细胞壁与液泡之间，除核区外的半透明、胶状、颗粒状物质的总称（在幼嫩细胞中较稠密，在较老的细胞中被中央液泡挤成贴壁的一层）。微调细准焦螺旋，可见紧贴细胞壁和细胞核区域的细胞质较为黏稠。

（4）细胞核　位于细胞质中的1个折光性强、卵圆形或圆形的较大球体。将细胞核移至视野中央，微调细准焦螺旋，可见：球体外侧与细胞质之间明显的"线"状界面为核膜，核膜上不连续或凹陷区域为核孔，核膜内侧一两个或多个圆球形颗粒为核仁。

2. 质体类型

（1）有色体　取辣椒（*Capsicum annuum* L.）红色浆果，撕取一小长条果皮，制成3 mm×3 mm左右的临时装片。先在低倍镜下观察，可见镜下标本是由多个长方形或不太规则的细胞组成的网格结构，其网格边缘透亮的线状部分为细胞壁，中央部分为原生质体。将图像清晰的红色细胞（或区域）移到视野中央，再换高倍镜观察，调节细准焦螺旋，可见细胞内有许多橙红色棒状或球状的颗粒，即有色体（图2-1-3）。同时，可见其细胞壁呈现串珠状，为什么？

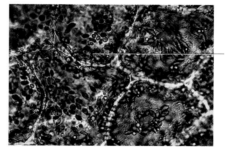

图2-1-3　红辣椒果皮装片一部分（示有色体）

（2）叶绿体　取葱莲（*Zephyranthes candida* Herb.）叶徒手横切制片，先在低倍镜下观察，可见镜下标本是由不太规则的细胞组成的网格结构，其网格边缘透亮的线状部分为细胞壁、中央含绿色颗粒的部分为原生质体；将看起来绿色颗粒不太多的部分，移到视野中央；再换高倍镜观察，可见细胞内有许多扁圆形、贴壁分布的颗粒，即叶绿体（图2-1-4）；在部分细胞中可见较大、圆形或椭圆形的结构为细胞核，透亮部分为液泡。与此同时，可观察到部分细胞中的少量叶绿体沿着细胞一侧向同一方向缓慢、不断地移动，这就是胞质运动现象。

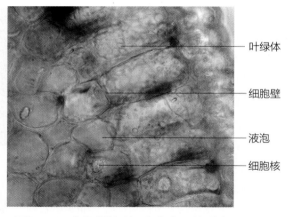

图2-1-4 葱莲叶横切片一部分（示叶绿体）

（3）白色体 取洋葱鳞叶表皮临时装片观察，通过微调细准焦螺旋，在细胞质中（尤其是在细胞核周围）可见许多折光性强的颗粒状物质，即白色体（图2-1-2）。

3. 细胞壁的组成

（1）胞间连丝 取柿（*Diospyros kaki* Thunb.）胚乳细胞（胞间连丝）永久制片，先在低倍镜下浏览，可见其由许多多边形的细胞构成。将细胞切面较整齐的部分移至视野中央，再换高倍镜观察，并调节细准焦螺旋和聚光光阑，可见：视野中有许多呈多边形的深色线状"亮"带，为胞间层；胞间层两侧到椭圆形"腔"之间"很厚"的部分，为初生壁；椭圆形"腔"为空腔或内含一些深色的物质，为原生质体部分，它是制片过程中原生质体丢失变成空腔或被染成深色而

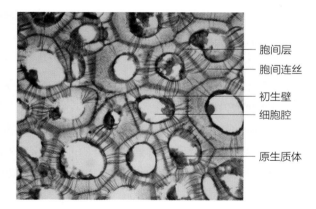

图2-1-5 柿胚乳切片一部分（示胞间连丝）

成；在两个相临椭圆形"腔"之间，有许多由细胞腔向外呈辐射状排列、穿过"厚厚"细胞壁的暗黑色的细丝，为胞间连丝，通过胞间连丝连接彼此相邻的细胞腔，使多细胞的植物体连成整体（图2-1-5）。

（2）纹孔

①单纹孔 取小麦（*Triticum aestivum* L.）颖果浸泡48 h左右，用镊子撕取一小块果皮制成临时装片标本。先在低倍镜下浏览，可见其由许多长方形的细胞构成。将细胞较整齐的部分移至视野中央；再换高倍镜观察，并调节细准焦螺旋和聚光光阑，可见：长方形的细胞外侧被1条"亮带"包围，此亮带即胞间层和初生壁部分；在此之上，细胞壁进行强烈的次生增厚且不均匀，但增厚区域的边缘比较整齐，没有增厚的区域为单纹孔；两个细胞单纹孔成对排列，即纹孔对（图2-1-6）。

②具缘纹孔 取松（*Pinus sylvestris* Linn.）木茎贯心纵切永久制片，先在低倍镜下浏览，可见其由许多长管状的细胞构成。将管壁上有"同心圆"且切面较整齐的部分移至视野中央、再换高倍镜观察，并调节细准焦螺旋和聚光光阑，可见管壁上有许多由3个同心圆组成的结构，此为具缘纹孔（图2-1-7），其中外圆为纹孔腔边缘，内圆为纹孔口的边缘，中间为纹孔塞边缘。

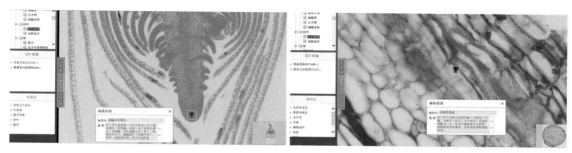

图2-2-6　植物分生组织数字切片虚拟仿真教学系统的部分功能界面

🔍 观察与思考

1 观察细胞有丝分裂的分裂相可以选择侧生分生组织吗？为什么？

2 在嫁接的过程中为什么要使砧木与接穗的维管形成层相互靠合？

（二）成熟组织

观察重点：成熟组织的形态结构与排列特点。

观察方法：先在低倍镜下整体浏览制片，将拟观察的成熟组织移至视野中央，再在高倍镜下仔细观察各类成熟组织组成细胞的形态结构特征与排列分布特点。

1. 保护组织

覆盖于植物体外表，由1至数层细胞构成的行使保护功能的细胞群。依其来源和形态结构的不同，分为初生保护组织（表皮）和次生保护组织（木栓层）两种类型。

（1）初生保护组织　位于（幼）根、（幼）茎、叶、花、果、种子的表面，通常由1层生活细胞构成。其以表皮细胞为基本组份，此外，在地上部分的器官中还包含有气孔器、毛状体等结构。

取蚕豆（*Vicia faba* L.）叶下表皮永久制片或新鲜蚕豆叶下表皮临时装片观察，可见表皮细胞形状不规则，细胞之间排列紧密、相互嵌合、无胞间隙，胞内无叶绿体；气孔器分布在表皮细胞之间，由2个成对存在的肾形保卫细胞构成；保卫细胞内侧壁（气孔侧）厚，内含叶绿体，两保卫细胞间的胞间层裂解后形成的开口为气孔（图2-2-7）。

取小麦叶下表皮永久装片或新鲜小麦叶下表皮临时装片观察，可见表皮细胞为近矩形的细胞，有长、短细胞之分；长细胞的长轴与叶片的纵轴平行，侧面的细胞壁以细小的波纹相嵌；短细胞的长轴与叶片的纵轴垂直，分布在长细胞之间；气孔器分布在长细胞之间，由两个哑铃形的保卫细胞及其外侧两个近菱形的副卫细胞组成，其长轴与叶脉平行，呈整齐的1~2纵列分布；保卫细胞的中部狭窄，部分细胞壁厚，两端球状部分壁

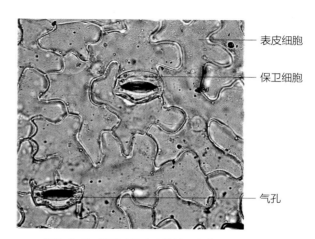

图2-2-7　蚕豆叶下表皮装片一部分

表皮细胞

保卫细胞

气孔

薄，两保卫细胞间的胞间层裂解后形成的开口为气孔（图2-2-8）。

（2）次生保护组织　位于老根和老茎的表面，通常由多层中空、细胞壁厚而栓化、排列紧密的死细胞构成。在老茎中还包含有皮孔等组份。

取桑老茎横切永久制片，先在低倍镜下整体浏览制片，可见茎的外周有多层排列紧密的细胞，这些就是木栓层。将木栓层移到视野中央，转高倍镜观察，可见其由多层长方形、排列紧密、细胞壁木质化加厚、细胞中空无内容物的死细胞叠生而成（图2-2-9A）。在部分制片中，可见有木栓层中断形成的开口，为皮孔（图2-2-9B），皮孔下方为大型薄壁细胞组成的填充组织。

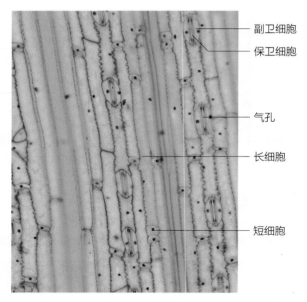

图2-2-8　小麦叶下表皮装片一部分

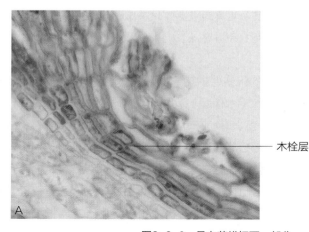

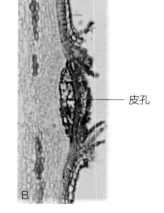

图2-2-9　桑老茎横切面一部分

2. 基本组织

广泛存在于各类植物器官中，其共同特征为细胞较大，细胞壁薄，排列松散，胞间隙明显。依其功能可分为同化组织、吸收组织、贮藏组织和通气组织等。

（1）同化组织　主要位于叶片的叶肉、叶柄、幼茎或幼果近表层的皮层部分，细胞内含有比较多的叶绿体。

取凤眼莲（*Eichhornia crassipes* Solme）叶片横切永久制片或新鲜凤眼莲叶片徒手横切制片，先在低倍镜下浏览制片，将结构完整、清晰的"绿色"区域移至视野中央，换高倍镜观察，可见在表皮内侧分布有大量形态不一、较大、细胞壁薄、细胞内含较多叶绿体、排列整齐或松散的细胞，由此构成的细胞群为同化组织（图2-2-10），是植物进行光合作用的主要场所。

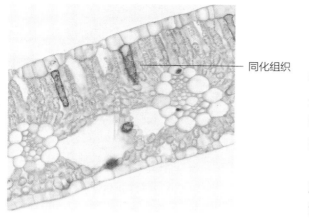

图2-2-10　凤眼莲叶片横切一部分

同化组织

（2）吸收组织　主要位于植物幼根根毛区的表面。

取水稻幼根横切、纵切永久制片或取经种子萌发5～10 d的根尖实体制成临时装片，先在低倍镜下浏览制片，将具根毛的区域移到视野中央，再换高倍镜观察，可见根表皮的许多细胞，其外壁向外突起形成管状的"毛"，为根毛（图2-2-11）。根毛细胞的细胞壁较薄，细胞核位于根毛的先端，具大液泡，由此构成的组织为吸收组织，是植物从土壤中吸收水分和无机盐的主要区域。

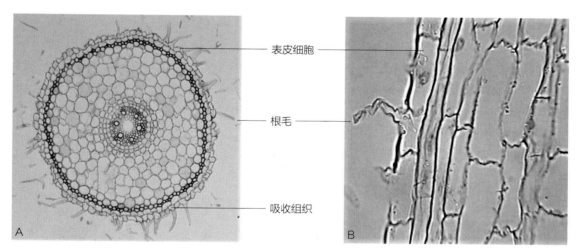

表皮细胞

根毛

吸收组织

图2-2-11　水稻幼根横切（A）、纵切（B）一部分

（3）贮藏组织　主要位于根茎的皮层和髓、果实的果肉、种子的子叶和胚乳中，其细胞较大而近等径，内部积贮大量后含物。

取甘薯（*Dioscorea esculenta* Burkill）块根横切永久制片或新鲜甘薯块根横切徒手制片，先在低倍镜下浏览制片，可见周皮内侧有许多大型、内含许多颗粒状结构的薄壁细胞。将其区域移至视野中央，换高倍镜观察，可见细胞大而壁薄，排列疏松，胞间隙明显，内含大量卵圆形颗粒（为淀粉、油滴或糊粉粒）和少量晶体，由此构成的细胞群即贮藏组织（图2-2-12），是植物积贮营养物质的主要场所。

（4）通气组织　常见于水生植物和湿生植物的根、茎、叶中，是植物器官内的薄壁细胞在缺氧环境下形成的气隙、气室或互相贯通的气道。

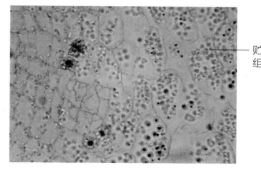

贮藏组织

图2-2-12　甘薯块根横切一部分

取水稻老根横切永久制片或新鲜水稻老根横切徒手制片置于显微镜下观察，可见皮层细胞排列疏松，胞间隙发达，许多薄壁细胞已经解体，形成呈蜂巢状排列的大气腔（或气道），是空气进入根的通道或贮藏场所（图2-2-13），此类组织为通气组织。

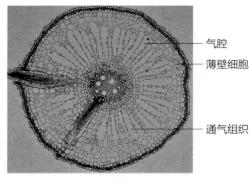

气腔
薄壁细胞

通气组织

图2-2-13 水稻老根横切

3. 机械组织

机械组织主要存在于陆生植物的成熟器官中，其组成细胞的细胞壁有不同程度的加厚，具抗压、抗张、抗曲挠性能，起支持和巩固作用。机械组织依细胞壁加厚方式的不同，分为厚角组织和厚壁组织两种类型。

（1）厚角组织 位于幼茎、叶柄、花梗、大叶脉的表皮内侧，主要存在于尚在伸长或常摆动的植物器官中；由细胞稍长、端壁平或稍偏斜、细胞壁部分加厚的生活细胞群构成。

取南瓜（*Cucurbita moschata* Poiret）茎横切（纵切）永久制片或新鲜南瓜茎横切（纵切）徒手制片，先在低倍镜下浏览制片全貌，可见紧贴表皮内侧由几层近似长柱形（纵切面上）或不规则椭圆形（横切面上）、排列紧密的细胞构成的细胞群，即厚角组织（图2-2-14）。选择图像清晰、结构完整的区域，移至视野中央，换高倍镜观察，可见其细胞壁厚薄不均，在几个相邻细胞角隅处的细胞壁较厚且有"光泽"变化（在徒手制片中尤其明显）。

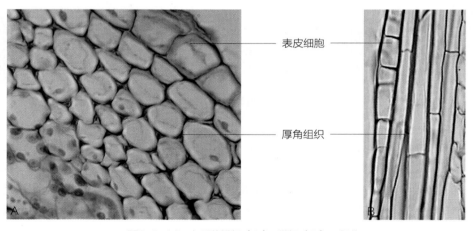

表皮细胞

厚角组织

图2-2-14 南瓜茎横切（A）、纵切（B）一部分

（2）厚壁组织 厚壁组织可单个、成群或成束分散于其他组织之间，其组成细胞的细胞壁呈均匀的次生加厚，常木质化，细胞腔很小，成熟的细胞为死细胞，可加强组织、器官的坚实程度。依其形态分为纤维和石细胞两种类型。

①纤维 纤维广泛分布在种子植物中，其细胞细长，两端尖锐，具有较厚的次生壁，壁上有单纹孔，成熟时多为死细胞，在植物体中主要起机械支持作用。

取南瓜茎横切（纵切）永久制片或新鲜南瓜茎横切（纵切）徒手制片，先在低倍镜下浏览制片全貌，可见在厚角组织与维管束之间的基本组织中，有几层形状狭长、末端尖锐、呈长纺锤形（纵切面上）或的所有部分，是茎的基本组成部分，由薄壁组织、厚角组织、厚壁组织和通气组织（髓腔）组成（图2-2-24A、B）。

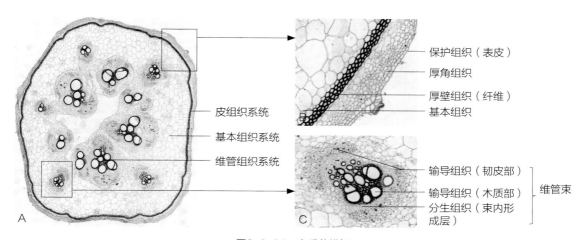

图2-2-24　南瓜茎横切

A. 示不同组织系统；B. 皮系统和基本组织系统局部放大；C. 维管束局部放大

（2）南瓜茎纵切观察　取南瓜茎纵切永久制片，观察皮组织系统、基本组织系统和维管束组织系统在植物体内的分布及细胞组织形态与结构（图2-2-25）。

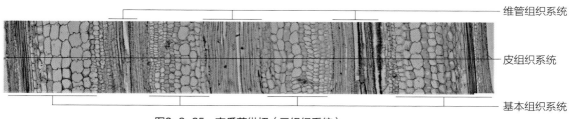

图2-2-25　南瓜茎纵切（示组织系统）

🔍 观察与思考

1 植物器官的组织构成，因物种、器官类型和发育阶段的不同而不同，但无论何种植物器官，其所含的组织类型都可归并入3类组织系统中，为什么？

2 你是如何理解"植物的形态结构与其功能具有统一性"？试举例说明。

四、作业

1. 观察南瓜茎横切永久制片，绘制其结构简图，并标注各部分名称。

2. 观察南瓜茎纵切或解离永久制片，绘制所观察到的导管（不少于3种类型）和筛管结构详图，并标注各部分名称。

3. 观察数字切片标本，在线标注细胞组织结构名称，并简述不同物种、不同器官、不同发育阶段在组织构成上的异同。

模块二
被子植物营养器官建成

实验三
种子与幼苗
———

说课

　　种子是种子植物的繁殖器官，在种子植物的生活周期中，它既是前一世代的终点，又是新一世代的起点。在被子植物中，尽管因物种的不同，成熟种子的形态表现出较大的差异，但基本结构还是一致的，其萌发所形成的幼苗器官也是相同的。

一、目的与要求

　　1. 掌握种子的基本结构与类型。

　　2. 了解种子萌发的过程与幼苗类型。

二、器具与材料

1. 器具

　　生物显微镜、显微-数码互动成像系统、照相机、体视显微镜、盖玻片、滴瓶、水、载玻片、镊子、刀片、纱布、吸水纸、番红。

2. 材料

　　蚕豆种子、蓖麻种子、棉种子、慈姑籽粒（果实）、小麦籽粒（果实），或其他植物的种子或籽粒（果实）。

三、内容与方法

　　（一）种子的结构和类型

　　观察重点：种子的结构。

　　观察方法：先整体观察，再分离或解剖观察种子的结构。

1. 双子叶无胚乳种子的结构

　　（1）蚕豆种子外表观察　取蚕豆种子或浸泡2~3 d的蚕豆种子观察，可见种子呈长椭圆形，中间内凹，外侧有1层革质、灰绿色至棕褐色的保护结构为种皮（图2-3-1）。在种子一端凹陷处的种皮上有1条黑色条状疤痕为种脐（图2-3-1），它是种子成熟后，从种柄上脱落后在种皮上留下的痕迹。擦去种皮上的水，用手挤压种子两侧，有水和气泡从种脐的一端溢出，溢水部位即种孔（图2-3-1B），是种子萌发时胚根突破种皮的部位。与种孔相对的一侧种皮上，有1条隆起的黑色斑为种脊（图2-3-

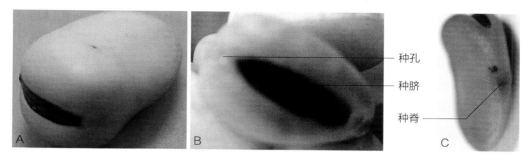

图2-3-1　蚕豆种子形态

1C），它是倒生胚珠的外珠被与珠柄愈合形成的珠脊，在种子成熟后留在种皮上的痕迹。

（2）蚕豆种子解剖观察　剥去种皮，剩下部分为胚（图2-3-2）；胚中两片肥厚的"豆瓣"为子叶；剥开"豆瓣"，可见两片子叶成对着生的轴状物即胚轴，子叶着生处为子叶节；胚轴上端，包裹在两片"豆瓣"之间、由幼叶和生长锥组成的芽状物为胚芽；胚轴下端，"豆瓣"外侧光滑的锥形物为胚根；胚根到子叶节之间的轴状物为下胚轴，胚芽到子叶节之间轴状物为上胚轴。

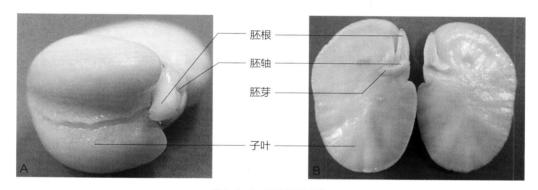

图2-3-2　蚕豆胚的结构

2. 双子叶有胚乳种子的结构

（1）蓖麻种子外表观察　取蓖麻种子观察，可见种子呈微扁平的椭圆形，外侧有1层坚硬、平滑、具淡褐色或灰白色斑纹的种皮（图2-3-3A、B、C）；在种子较扁平一面的中央，有1条纵向隆起为种脊（图2-3-3B）；在种子较窄的一端，有1个白色似海绵的突起为种阜（图2-3-3），是种皮延伸而成的有较强吸水能力的垫状结构；种阜内侧的1小块暗色疤痕为种脐（图2-3-3B）；种阜内侧的圆锥形小突起的顶端小孔为种孔（图2-3-3D）。

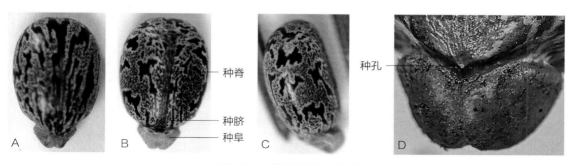

图2-3-3　蓖麻种子形态组成

A. 背面观；B. 腹面观；C. 侧面观；D. 种阜端放大

（2）蓖麻种子解剖观察　剥去坚硬种皮，可见最外侧有1层乳白色、柔软的薄膜质包裹物，为珠心组织的残余（内种皮）（图2-3-4A）。沿短径将其切开，可见其内白色肥厚的部分为胚乳，胚呈薄片状被包裹在胚乳中央；近种阜端的短轴为胚轴，胚轴顶端（远离种阜端）的2片薄而长的结构为子叶，胚轴顶端、夹于2片子叶之间的结构为胚芽，胚轴近种阜端的圆锥状小突起为胚根（图2-3-4B）。沿长径将其切开，可见胚乳内侧有2片具脉纹的薄片状物，即子叶；近种阜端，有1个着生子叶的短轴，为胚轴；胚轴近种阜端，有1圆锥状小突起，为胚根；胚轴远种阜端，夹于2片子叶之间的小突起，为胚芽（图2-3-4C）。

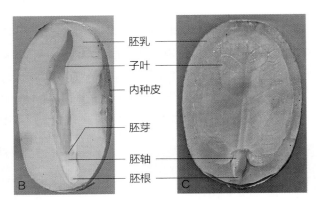

胚乳
子叶
内种皮
胚芽
胚轴
胚根

图2-3-4　蓖麻种子的结构

3．单子叶有胚乳种子的结构

（1）小麦颖果外表观察　取1粒小麦籽粒（颖果），可见其呈卵圆形或椭圆形，较细一端有一小丛茸毛（图2-3-5A）；背面微凸，位于背侧基部、凹陷内尖呈波纹状的部分为胚（图2-3-5B）；腹面较平，中央有1凹陷的纵沟，为腹沟，其长度几乎与麦粒等长，深度近麦粒中心（图2-3-5C）。

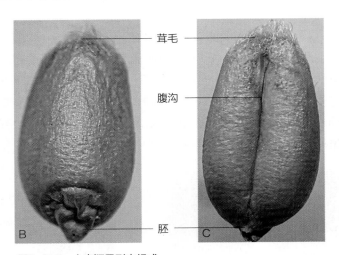

茸毛
腹沟
胚

图2-3-5　小麦颖果形态组成
A．侧面观；B．背面观；C．腹面观

（2）小麦颖果解剖观察　用刀片过腹沟纵向切开麦粒，在显微镜下观察其结构，可见其最外侧有1层厚皮，为果皮和种皮愈合而成。皮以内乳白色、占绝大部分的糊状物为胚乳；位于背侧基部一

（1）表皮　位于幼根的最外面，由1层排列紧密、长方形（砖形）的薄壁细胞组成。表皮上有些细胞的外壁向外突出形成管状结构，即根毛。

（2）皮层　表皮以内中柱以外的部分，在幼根横切面上所占比例较大，由多层薄壁细胞组成。由外至内，其细胞呈"小-大-小"排列分布。

①外皮层　位于皮层最外侧，紧贴表皮的1至数层较小、多边形、排列紧密的细胞。

②皮层薄壁细胞　位于外皮层与内皮层之间，由多层较大、多边形（近圆形）、排列疏松、胞间隙明显的细胞构成。

③内皮层　位于皮层最内方的1层较小、多边形（近长方形）、排列紧密而整齐、无胞间隙的细胞，它环绕在中柱的外侧。在高倍镜下仔细观察，可见内皮层部分细胞的细胞壁上有"条带或点状"增厚（常被染成红色），为凯氏带在根横切面上的呈现。在细胞壁上，以"带状"呈现的，被称为凯氏带；以"点状"呈现的，则被称为凯氏点（图2-4-9）。

（3）中柱　位于皮层以内的中轴部分，细胞小而密集，由中柱鞘、初生木质部、初生韧皮部和薄壁细胞等组成（图2-4-9）。

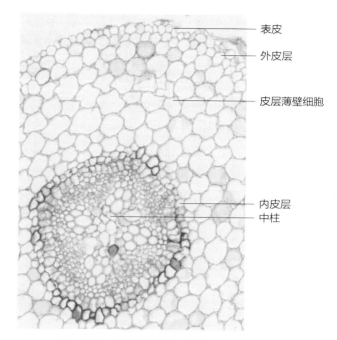

图2-4-8　棉幼根横切面一部分

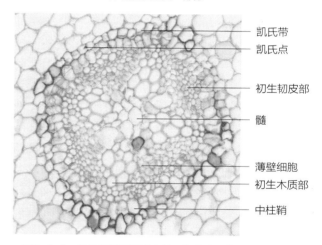

图2-4-9　棉幼根横切面（中柱及部分皮层）

①中柱鞘　中柱的最外层，紧贴内皮层。通常由1层较小、多边形（近长方形）、排列紧密而整齐的薄壁细胞组成。其组成细胞具有较强的潜在分裂能力，随着根的发育，细胞可分化形成侧根原基、木栓形成层和维管形成层的一部分。

②初生木质部　位于中柱鞘内侧，常被染成红色，排列成几束（棉多为4束）呈辐射状分布。初生木质部由导管、管胞及少量木纤维和薄壁细胞组成。选取1束，在高倍镜下仔细观察，可见其导管的孔径由外向内逐渐增大。外侧（近中柱鞘）孔径较小的导管，分化发育成熟较早，为原生木质部；内侧（近中心）孔径较大的导管，分化发育成熟较晚，为后生木质部。

③初生韧皮部　位于初生木质部的2个放射角之间，与初生木质部相间排列，由筛管（多边形）、伴胞（较小，呈三角形或方形）及少量薄壁细胞组成。

④薄壁细胞　位于初生木质部和初生韧皮部之间的1至几层细胞，具有较强的潜在分裂能力，随

着根的次生生长，细胞可脱分化形成维管形成层的一部分。

⑤髓　位于幼根中柱中心的"大型"薄壁细胞。随着根的生长，髓部的薄壁细胞一般都分化为大的导管。

2. 单子叶植物根的初生结构

取新鲜小麦根（根毛区）徒手横切制片或小麦根横切永久制片，先在低倍镜下，由外至内分辨出表皮、皮层和中柱（图2-4-10）；再在高倍镜下，选取2个较大的导管（后生木质部），并由此开始逐步向外，依次观察各结构在根中的分布位置，以及组成细胞的层数、形态结构和排列方式。

（1）表皮　位于幼根的最外侧，由1层扁平、排列紧密的薄壁细胞组成。细胞的外壁上常见有突起的根毛。

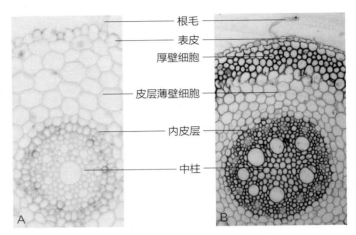

图2-4-10　小麦根横切面一部分
A. 幼根；B. 老根

（2）皮层　位于表皮以内、中柱以外的部分，由大型薄壁细胞组成。由外至内，细胞排列呈"小–大–小"分层分布。

①外皮层　靠近表皮的1~3层较小、排列紧密的细胞（图2-4-10A）。在较老的根中，其细胞壁常木质化或栓质化增厚，起着支持、保护作用（图2-4-10B）。

②皮层薄壁细胞　位于外皮层与内皮层之间，由多层较大、排列疏松、胞间隙明显的细胞构成。

③内皮层　位于皮层最内侧的1层较小、排列紧密而整齐、无胞间隙的细胞。在横切面上，可观察到大多数细胞的细胞壁呈马蹄形加厚（径向壁和内切向壁加厚），而对着原生木质部放射角处的细胞常不加厚，保持薄壁状态，称通道细胞（图2-4-11）。

（3）中柱　位于皮层以内的中轴部分，细胞小而密集，由中柱鞘、初生木质部和初生韧皮部等结构组成（图2-4-11）。

①中柱鞘　紧贴内皮层，通常由1层较小、排列紧密而整齐的薄壁细胞组成。正对原生木质部"角"处的中柱鞘细胞较小，常为2层。

②初生木质部　位于中柱鞘内侧，厚壁细胞成束（小麦多为10束以上），并呈辐射状分布。外侧（近通道细胞）的几个导管较小、成束排列，构成初生木质部的辐射角，为原生木质部；内侧（近髓）的几个大导管，通常3~7个绕髓排列，为后生木质部。

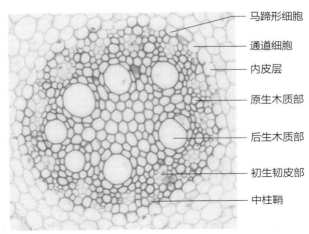

图2-4-11　小麦根横切面（中柱及部分皮层）

③初生韧皮部　位于两束原生木质部之间，与原生木质部相间排列。韧皮部主要由数个筛管和伴胞组成。

④髓　位于中柱中央部分的细胞。其早期为薄壁细胞（称为髓），但到发育后期，细胞壁木化增厚，形成机械组织。

3. 数字切片

观察不同物种根初生结构的数字切片（图2-4-12），对比不同物种根初生结构组成的异同点。

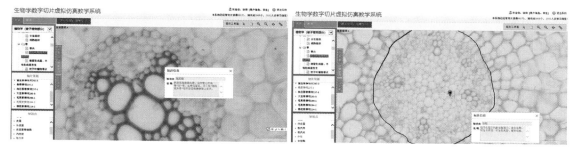

图2-4-12　根初生结构数字切片虚拟仿真教学系统的部分功能界面

4. 虚拟标本（3D）

观察棉花根初生结构3D虚拟标本（图2-4-13），了解根表皮、皮层、中柱细胞的形态特征、分布位置与排列方式。

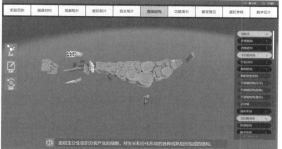

图2-4-13　棉根初生结构虚拟标本（3D模型）的部分功能界面

🔍 **观察与思考**

1 在双子叶植物根的横切面中，环状凯氏带为什么只能够观察到1条带或1个点？你观察到的带或点分别位于内皮层细胞哪面的细胞壁上？凯氏带能够行使什么生理功能？

2 在根横切面中，能够观察到孔径小的导管位于外侧、孔径大的导管位于内侧，这是什么样的发育方式？它对植物生长发育有什么好处？

3 在单子叶植物根的横切面中，内皮层由5面加厚的马蹄形细胞和通道细胞组成。其马蹄形细胞是哪5面加厚？通道细胞有什么特点和功能？

（三）侧根的发生

观察重点：侧根发生的起始位置，侧根在母体内生长与发育过程，侧根与母根维管组织的连接方式。

观察方法：选取不同侧根发育阶段的制片观察。在侧根原基分化起始阶段，重点观察中柱鞘细胞和内皮层细胞的变化；在侧根生长发育阶段，重点观察侧根在母体内的生长变化和它们之间的维管组织连接情况。

1. 侧根的发生过程

截取一段（从根毛区到侧根突破表皮）新鲜棉幼根制作徒手横切制片或取该段横切（或纵切）永久制片，并将具侧根发生的横切制片置于显微镜下观察。先在低倍镜下，将中柱鞘或侧根移置视野中央；再在高倍镜下仔细观察部分中柱鞘和内皮层细胞的分裂和生长情况，侧根生长发育、深入皮层和突破表皮情况。

（1）侧根原基　正对着原生木质部的中柱鞘细胞脱分化，恢复分裂能力，进行切向（平周）分裂，增加细胞层次（此为侧根发生的起始）（图2-4-14A）；新形成的细胞，再进行平周分裂和径向（垂周）分裂，形成1处向外的突起物，即侧根原基（图2-4-14B）。

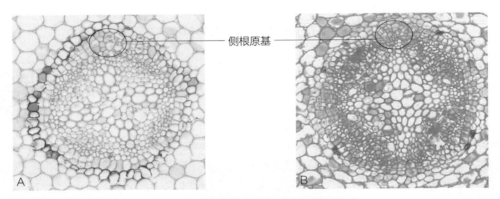

图2-4-14　棉根横切面一部分（示侧根原基）

（2）侧根形成　侧根原基中的细胞继续进行各个方向的分裂，使原有的突起继续生长，并在突起物的顶端建成具有一定组织样式的生长点（由一团等径、核大的细胞构成的原分生组织）和根冠，此具有原分生组织并覆有根冠的突起物即侧根（图2-4-15A）。此时，紧贴根原基的内皮层细胞进行径向（垂周）分裂（图2-4-15B），增加内皮层的长度，来适应根原基的增大。

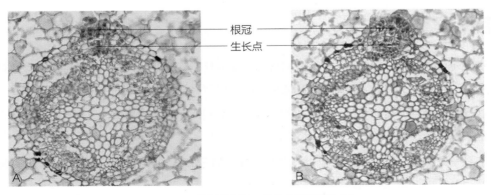

图2-4-15　棉根横切面一部分（示侧根形成）

（3）侧根生长发育　生长点的细胞继续分裂、增大和分化，并逐渐分化出侧根的初生分生组织（原表皮、基本分生组织和原形成层）（图2-4-16A）。此时，内皮层细胞继续进行垂周分裂形成消化袋（包在生长锥外面的袋状结构）（图2-4-16B），侧根进一步长大，逐渐深入皮层。

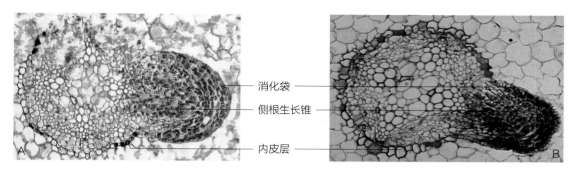

消化袋

侧根生长锥

内皮层

图2-4-16　棉根横切面一部分（示侧根生长发育）

（4）侧根与母根维管组织的连接　侧根初生分生组织分裂形成的细胞，进一步增大和分化，形成侧根初生成熟组织（表皮、皮层和中柱），并实现侧根与母根各组织系统的连接（图2-4-17）。此时，侧根进一步生长，突破皮层、表皮，伸出体外。

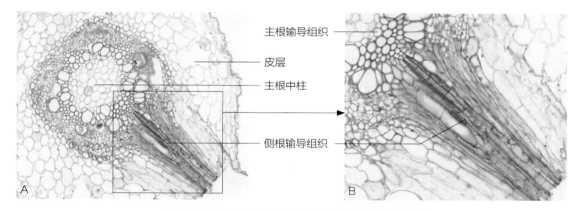

主根输导组织

皮层

主根中柱

侧根输导组织

图2-4-17　棉根横切面一部分（示侧根与主根的连接）

2. 数字切片

观察不同物种、不同发育阶段的侧根发生数字切片（图2-4-18），了解不同物种侧根发育的异同点。

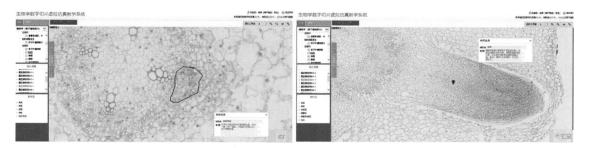

图2-4-18　侧根结构数字切片虚拟仿真教学系统的部分功能界面

3. 虚拟标本（3D）

观察棉花主根与侧根3D虚拟标本（图2-4-19），了解侧根与母根维管组织的连接方式。

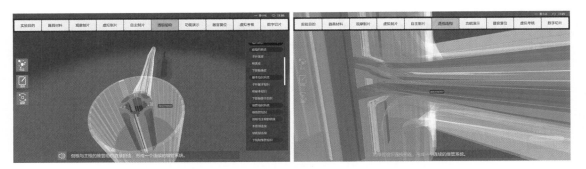

图2-4-19   棉花主根与侧根连接虚拟标本（3D模型）的部分功能界面

🔎 观察与思考

1 通过观察，可知侧根起源于中柱鞘细胞，请问它是属于内起源，还是外起源？为什么？

2 通过观察，可知棉侧根起源于正对原生木质部辐射角处的中柱鞘细胞，其他物种的侧根是否也都源于原生木质部外侧的中柱鞘细胞？侧根起源有什么规律？

（四）双子叶植物根的次生结构

1. 形成层发生

观察重点：形成层发生的起始位置，维管形成层的发育进程。

观察方法：在维管形成层分化起始阶段，重点观察初生韧皮部内侧的薄壁细胞变化；在形成层生长发育阶段，重点观察初生木质部与初生韧皮部之间薄壁细胞和中柱鞘细胞的变化。

（1）形成层的发生过程   截取一段（从根毛区"中上部"到根表皮"破裂处"）新鲜棉根制作徒手横切制片或取"该段"横切永久制片"系列"标本，并将具形成层发生的横切制片，置于显微镜下观察。先在低倍镜下，将中柱部位移至视野中央；再在高倍镜下仔细观察初生韧皮部内侧薄壁细胞、初生木质部与初生韧皮部之间薄壁细胞和中柱鞘细胞的分裂和生长情况。

①带状维管形成层片段   位于初生韧皮部内侧（髓外侧或后生木质部上方）的几个薄壁细胞脱分化，平周分裂，形成1行由扁平、细胞核明显的细胞带，此即为维管形成层发生的起始位点（图2-4-20）。

②弧形维管形成层片段   与带状维管形成层片段两端相邻的初生射线细胞（位于初生木质部与初生韧皮部之间）先后恢复分裂能力，并逐步向原生木质部方向延伸，而使维管形成层片段呈弧形（图2-4-21）。

③波形维管形成层环   位于原生木质部外侧的中柱鞘细胞，在弧形维管形成层发育后期进行平周分裂，形成数层细胞。其靠内侧的一层细胞产生形成层片段，并与两侧相邻的两个维管形成层片段汇合，而使维管形成层连接成波形环（图2-4-22）。

口径大的导管群组成（图2-4-31）。初生木质部的导管口径比次生木质部导管口径小，没有木射线，能够判别出原生木质部和后生木质部。

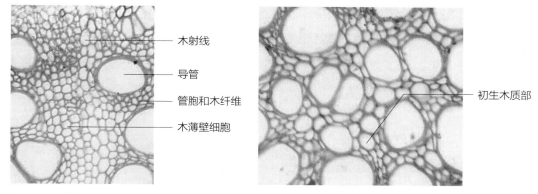

图2-4-30　棉老根横切面一部分
（示次生木质部）

图2-4-31　棉老根横切面一部分
（示初生木质部）

3. 数字切片

观察不同物种根次生结构的数字切片（图2-4-32），对比不同物种根次生结构组成的异同点。

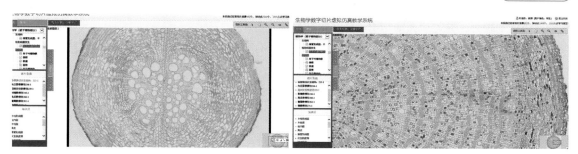

图2-4-32　根次生结构数字切片虚拟仿真教学系统的部分功能界面

4. 虚拟标本（3D）

观察棉花根次生结构3D虚拟标本（图2-4-33），了解根周皮和次生维管组织细胞的形态结构、分布位置与排列方式。

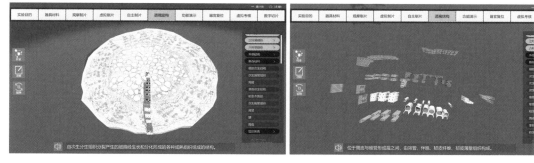

图2-4-33　棉根次生结构虚拟标本（3D模型）的部分功能界面

🔍 观察与思考

1 在根的横切面中，筛管与韧皮薄壁细胞形态相似，不容易区分。你在实验观察时，是如何区分它们的？

2 在根的横切面中，如何能够快速地找出初生木质部所在的位置。

3 在根次生结构中，木栓层细胞排列紧密、不透水、不透气，那根又是如何从土壤中吸取养分并将其输送到地上部生长中心的？

（五）根的三生结构

观察重点：次生木质部导管周围细胞的形态结构及其分化情况。

观察方法：由外向内观察切片全貌，再重点观察导管周围细胞的形态特征。

1. 根的三生结构

用甘薯开始膨大的新鲜块根徒手横切制片或取甘薯块根横切永久制片。先在低倍镜下，由外至内，分辨出周皮、次生韧皮部、维管形成层、次生木质部、三生结构和初生木质部（图2-4-34），再在高倍镜下仔细观察三生结构细胞的形态特征。

（1）周皮   位于块根最外侧的次生保护结构，由木栓层、木栓形成层和栓内层组成。

（2）次生韧皮部   位于周皮和维管形成层之间，由筛管、伴胞和韧皮薄壁细胞组成。韧皮薄壁细胞占比相对较大，并贮藏大量淀粉、蛋白质等营养物质。

（3）维管形成层区   位于次生木质部与次生韧皮部之间的几层扁平、排列紧密的细胞，其中有1层细胞为维管形成层（图2-4-34A、B）。

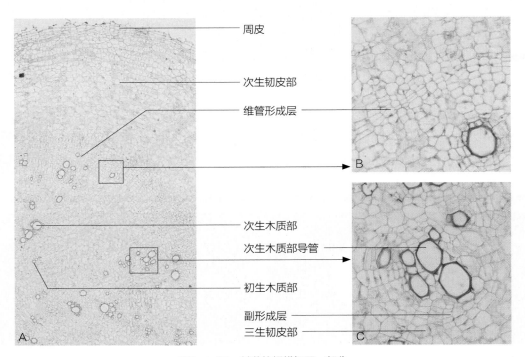

图2-4-34　甘薯块根横切面一部分

（4）次生木质部 位于初生木质部与维管形成层之间，由导管、管胞和木薄壁细胞组成。其中木薄壁细胞占比相对较大，并贮藏营养物质。

（5）三生结构 围绕在次生木质部导管周围的扁平、排列紧密的多层细胞，由副（额外）形成层、三生木质部和三生韧皮部组成（图2-4-34A、C）。其副（额外）形成层，是由次生导管周围的木薄壁细胞脱分化、恢复分裂能力而成。

（6）初生木质部 位于根中心（次生木质部内侧），由几个外始式发育并呈辐射状排列的导管束，以及其内侧的薄壁细胞组成。

2. 数字切片

观察肉质直根和块根的数字切片（图2-4-35），了解它们之间的异同点。

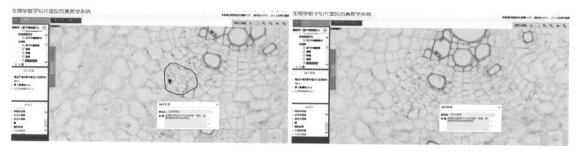

图2-4-35 根三生结构数字切片虚拟仿真教学系统的部分功能界面

🔍 观察与思考

通过实验观察，请说明副形成层产生的三生结构有何特点？与维管形成层产生的次生结构有何异同？

（六）根瘤

观察重点：根瘤和拟菌体的形态特点。

观察方法：由外向内观察切片全貌，再重点观察根瘤周围细胞和拟菌体的形态特征。

1. 根瘤结构组成

取大豆（*Glycine max* Merr.）根（具根瘤）横切永久制片或大豆根（具根瘤）横切徒手制片，先在低倍镜下观察大豆根和根瘤的形态结构与分布位置（图2-4-36），再在高倍镜下仔细观察根瘤的形态

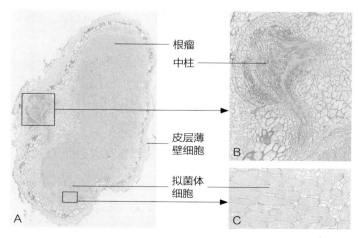

图2-4-36 大豆根（具根瘤）横切面

结构特点。

（1）根结构　由表皮、皮层、周皮和维管组织构成。

（2）根瘤　外围被栓质化的细胞包裹，其内为皮层薄壁细胞，中央部分为拟菌体细胞。

2. 数字切片

观察不同物种根瘤的数字切片（图2-4-37），了解它们之间的异同点。

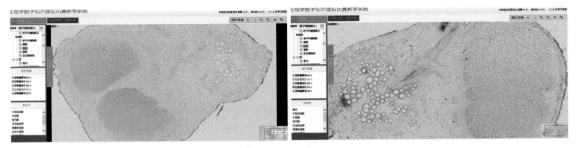

图2-4-37　根瘤数字切片虚拟仿真教学系统的部分功能界面

🔍 观察与思考

通过实验观察，明显可以看到根瘤比根的本体还要大，这是如何形成的？根瘤与根的本体在结构上有何不同？

（七）菌根

观察重点：菌根和菌丝体的形态特点。

观察方法：由外向内观察切片全貌，再重点观察菌丝体的形态与分布特征。

1. 菌根的结构

取颜色泛黄的新鲜蕙兰（*Cymbidium faberi* Rolfe）根徒手横切制片或蕙兰菌根横切永久制片，由外向内，先在低倍镜下观察菌根的形态结构和菌丝体的分布位置（图2-4-38），再在高倍镜下仔细观察菌丝体的形态特征。

（1）根被　根外部由若干层径向延长的细胞所构成的组织，是由真菌菌丝体在幼根外表形成的菌丝鞘或菌套结构。根被可从周围空气中吸收水分。

（2）表皮　位于根被内侧的1层排列紧密、长柱形的细胞。

（3）皮层　位于表皮以内、

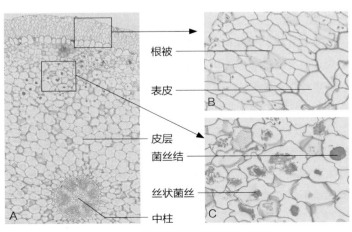

图2-4-38　蕙兰菌根横切横切面一部分

中柱以外的部分，由外至内，皮层细胞呈"小-大-小"分布。其最内侧的内皮层细胞的细胞壁5面加厚呈马蹄形，外侧多层细胞中分布有菌根的菌丝体。

（4）菌丝体　位于外侧皮层细胞内。侵入皮层细胞的菌根菌丝体，多集中在皮层细胞的细胞核周围，并以丝状菌丝、菌丝结（细胞核膨大而成）和菌丝结残片的形态存在。

（5）中柱　位于根的中心，由中柱鞘、初生木质部、初生韧皮部和髓组成。初生木质部与初生韧皮部之间无薄壁细胞，初生韧皮部外侧包裹着厚壁组织。

2. 数字切片

观察不同物种菌根的数字切片（图2-4-39），了解它们之间的异同点。

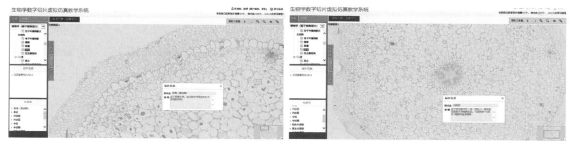

图2-4-39　菌根数字切片虚拟仿真教学系统部分功能界面

🔍 观察与思考

通过实验观察，可知兰花菌根的菌丝体多分布在皮层外侧的几层细胞中，那么，是否可以由此推断出菌根的菌丝体一定是分布在皮层细胞中？

四、作业

1. 观察永久制片，绘制根尖、根初生结构和根次生结构简图，并标注各部分名称。

2. 观察新鲜徒手制片，拍摄根尖和根初生（或次生）结构图，并标注各部分名称。

3. 观察根数字切片，在线标注细胞组织结构名称，并简述不同物种（或不同生境、或不同发育阶段）在结构上的异同。

实验五
茎的结构与发育

说课

茎一般生长在地上，是连接根和叶之间的轴状器官，具有输导、支持、贮藏和繁殖等功能。植物的主茎源于胚芽，经过生长会形成枝叶和花，构成植物的地上部分。尽管因物种的不同、生境的差异，茎的形态表现出较大的差异，但各类茎的基本结构是一致的。

一、目的与要求

1. 掌握茎尖（叶芽）的结构。
2. 掌握植物茎的初生生长和初生结构。
3. 掌握植物茎的次生生长和次生结构。
4. 了解植物根、茎维管组织系统的连接转换过程（根茎转位）。

二、器具与材料

1. 器具

生物显微镜、显微-数码互动成像系统、照相机、体视显微镜、盖玻片、滴瓶、水、载玻片、镊子、刀片、纱布、吸水纸、番红。

2. 材料

具5~7张叶片的棉株、棉茎尖（叶芽）纵切片、棉幼茎横切片、棉老茎横切片、小麦幼茎横切片、小麦老茎横切片、椴树3年生茎横切片、桑茎横切片、棉下胚轴系列切片。

三、内容与方法

（一）茎尖分区

观察重点：茎尖各区细胞的形态结构及其分化情况。

观察方法：由茎尖先端逐步向下观察其全貌，再分区观察各区细胞的形态特征，并进行对比。

1. 茎尖的结构

取棉茎尖（叶芽）纵切永久制片于显微镜下观察，先由顶端逐步向后分辨出茎尖各区，再仔细观察各区细胞的形态特征，以及在茎尖中的演化情况（图2-5-1）。

（1）分生区 位于茎尖最前端的丘状结构，由体积较小、壁薄、质浓、核相对较大、无胞间隙、具有强烈分生能力的薄壁细胞构成。其下部有叶原基和腋芽原基的发生（图2-5-2）。

①原分生组织 位于茎尖最顶端，由一群未分化、具有强烈分裂能力的细胞构成。其外侧覆盖的1~3层排列比较整齐的细胞，为原套；原套里面排列不够整齐的细胞，为原体。

②初生分生组织 位于原分生组织的下方，由一群稍分化、具有强烈分裂能力的细胞构成。最外侧1层较小、扁平、排

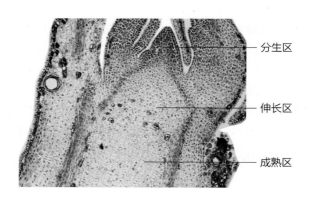

图2-5-1　棉茎尖（叶芽）纵切面一部分
（示茎尖分区）

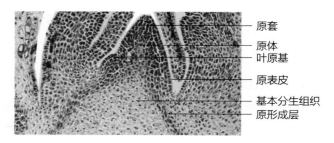

图2-5-2　棉叶芽纵切面一部分（示分生区）

列紧密的细胞，为原表皮，将来分化为表皮；原表皮内相对较大、近等径的细胞，为基本分生组织，将来分化为皮层和髓；基本分生组织内相对较小、细长的几层细胞，为原形成层，将来分化为维管束。

③叶原基 位于分生区基部，由原表皮下的1～2层细胞经平周分裂、垂周分裂，在茎尖分生区外侧所形成的突起，为叶原基。其进一步发育形成叶。

（2）伸长区 位于分生区的下方，常包括几个未伸长的节和节间。由多数已停止分裂、体积相对较大、液泡化程度较高、薄壁的长方形细胞组成（图2-5-3）。随着细胞的长大，开始了各种组织的分化与成熟变化，并逐渐向成熟区过渡。

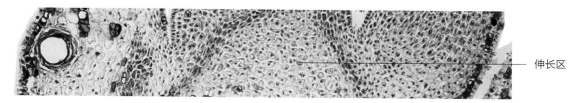

图2-5-3 棉叶芽纵切面一部分（示伸长区）

（3）成熟区 位于伸长区的下方，由分化成熟的细胞形成各种组织，构成茎的初生结构。成熟区从外向内，可分为表皮、皮层、维管柱等部分（图2-5-4）。

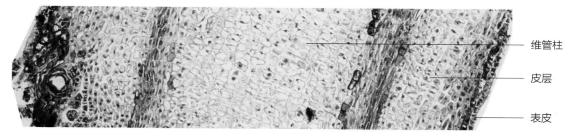

图2-5-4 棉叶芽纵切面一部分（示成熟区）

①表皮 位于茎最外侧，由1层排列紧密、长方形的细胞构成。

②皮层 位于表皮与维管柱之间，由大型的长方形细胞构成。紧贴表皮内侧的几层细胞排列紧密，其细胞壁角隅处加厚，为厚角组织；其内侧为多层排列疏松、细胞间隙大的薄壁细胞。

③维管柱 位于皮层以内的中轴，由维管束和髓等部分组成。

2. 数字切片

观察不同物种茎尖的数字切片（图2-5-5），对比它们之间的异同点。

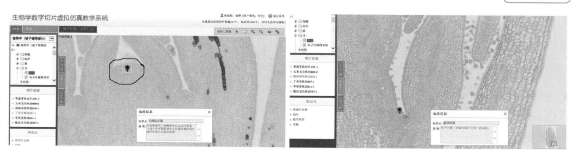

图2-5-5 茎尖结构组成数字切片虚拟仿真教学系统的部分功能界面

🔍 **观察与思考**

1 通过实验，比较根尖与茎尖在结构上的异同点？

2 茎尖分生区的细胞排列有何特点？它们与茎的初生结构有什么关系？

（二）茎的初生结构

　　观察重点：茎初生结构各组成部分的空间分布，维管束和皮层细胞的形态与排列特点。

　　观察方法：先由外向内整体浏览茎的初生结构（横切面），再选取1个较大维管束，由内向外，依次观察茎初生结构各部分的特征。

　　1. 双子叶植物茎的初生结构

　　截取近茎尖、完全展开的1～2张叶之间的新鲜棉幼茎制作徒手横切制片或取棉幼茎横切永久制片，先在低倍镜下，由外至内分辨出表皮、皮层和维管柱（图2-5-6）；再在高倍镜下，从较大维管束开始，由内至外，仔细观察维管柱、皮层和表皮细胞的形态特征和排列方式。

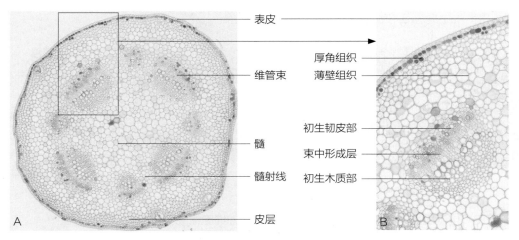

图2-5-6　棉幼茎横切面

　　（1）表皮　位于茎的最外侧，由1层较小、形状规则、排列紧密而整齐的细胞构成（图2-5-7）。其细胞外切向壁上有角质层，表皮上还可见表皮毛和气孔器。

　　（2）皮层　位于表皮与维管柱之间的部分，由厚角组织和皮层薄壁组织构成（图2-5-7）。皮层细胞内含有叶绿体，故幼茎常呈绿色，其细胞由外向内呈"小-大-小"排列分布。

　　•厚角组织：紧贴表皮，由2～4层相对较小、排列紧密、角隅处加厚的活细胞组成。

　　•皮层薄壁组织：位于厚角组织与维管柱之间，由多层相对较大、排列疏松、胞间

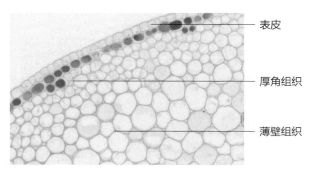

图2-5-7　棉幼茎横切面一部分（示表皮与皮层）

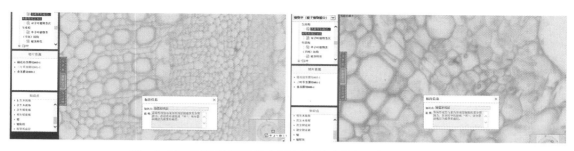

图2-5-21　茎形成层发生数字切片虚拟仿真教学系统部分功能界面

🔍 **观察与思考**

通过实验观察，请说明不同物种之间的茎木栓形成层，其发生的起始位置有何不同？

2. 茎的次生结构

观察重点：茎次生结构各组成部分的空间分布和排列特点。

观察方法：先由外向内整体浏览茎的次生结构（横切面），再沿着一条呈喇叭形的薄壁细胞带（次生射线），由外至内（或由内至外）观察两条射线之间及其外侧的各部分结构特征。

（1）一年生茎的次生结构　在离茎尖3～5 cm处（顶端2～3张完全展开叶）的下方，用刀片截取2 cm左右的棉茎段制作徒手横切制片，或取棉老茎横切永久制片，置于显微镜下观察。先在低倍镜下，沿着一条次生射线，由外至内分辨出周皮、皮层、初生韧皮部、次生韧皮部、维管形成层、次生木质部和初生木质部等结构；再在高倍镜下，仔细观察各结构的细胞层数、形态特征和排列方式（图2-5-22）。

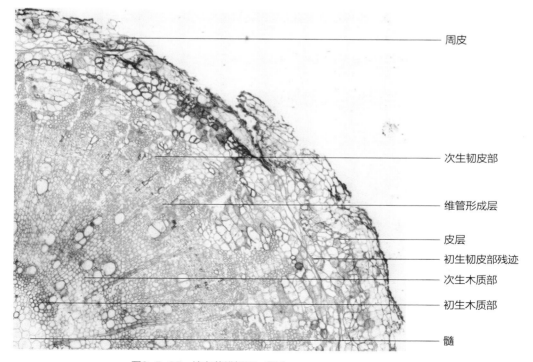

周皮

次生韧皮部

维管形成层

皮层

初生韧皮部残迹

次生木质部

初生木质部

髓

图2-5-22　棉老茎横切面一部分

①周皮　位于老茎的最外围，由木栓层、木栓形成层和栓内层组成（图2-5-23）。

•木栓层：位于老茎最外侧，由数层扁平长方形、排列紧密、不透水、不透气、细胞壁栓化、中空的死细胞构成。

•木栓形成层：位于木栓层内侧，由1层体积较小、狭长方形且有浓厚细胞质、具分裂能力的薄壁细胞构成。

•栓内层：位于木栓形成层内侧，由1～2层体积较大、扁平且具浓厚细胞质和细胞核的薄壁细胞构成。

②皮层　位于周皮与韧皮部之间，由几层多边形或长方形、体积较大、排列疏松的薄壁细胞组成（图2-5-24）。

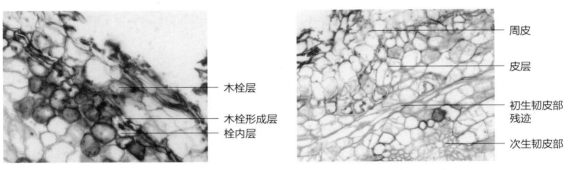

图2-5-23　棉老茎横切面一部分（示周皮）　　　　图2-5-24　棉老茎横切面一部分（示皮层）

③初生韧皮部　位于皮层与部分次生韧皮部束之间，由一群较内外细胞都小，或被挤压变形、形态模糊的细胞组成（图2-5-25A、B）。

④次生韧皮部　位于皮层（或初生韧皮部）与维管形成层之间，由筛管、伴胞、韧皮薄壁细胞、

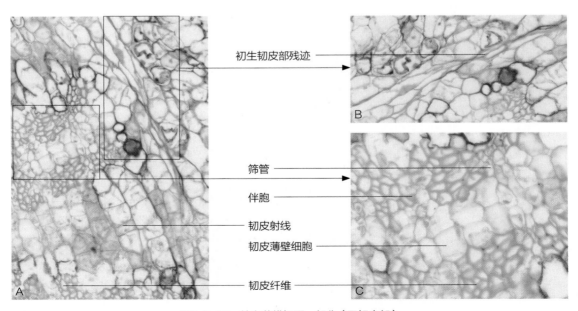

图2-5-25　棉老茎横切面一部分（示韧皮部）

韧皮纤维和韧皮射线组成（图2-5-25）。其韧皮射线沿径向方向，将次生韧皮部分为几个条块，筛管、伴胞、韧皮薄壁细胞和韧皮纤维分布其中；韧皮纤维在条块中沿切向方向，呈簇状或条状分布，与筛管、伴胞和韧皮薄壁细胞在径向方向上，呈相间排列。

•韧皮射线：次生韧皮部中通连维管形成层与皮层、呈径向辐射状排列的"大型"薄壁细胞"带"。1条射线整体呈外宽内窄的喇叭口状，靠近周皮的射线薄壁细胞较近维管形成层的大。为什么？

•韧皮纤维：两条韧皮射线之间，与筛管、伴胞和韧皮薄壁细胞，在径向方向上相间排列，由体积较小、厚壁的细胞构成的簇状或条状带。分布在内侧的韧皮纤维，其切向带宽较外侧的宽，所含厚壁细胞数量也较外侧的多。为什么？

⑤维管形成层　位于次生韧皮部与次生木质部之间，由1层扁平、排列紧密、较内外两侧细胞都小、液泡相对较大、具有强烈分裂能力的扁长方形细胞构成（图2-5-26）。在横切制片中，可在木质部与韧皮部之间，观察到有扁长方形、具细胞核的细胞，沿径向方向排列几层，这是为什么？

⑥次生木质部　位于维管形成层以内、初生木质部以外的部分，由木射线、导管、管胞、木纤维和木薄壁细胞组成（图2-5-27）。在横切面上，木射线由1~2列扁长方形细胞（径向细胞壁长）沿径向排列而成；由内向外，木射线将次生木质部分为若干条块。条块中，口径大、厚壁的是导管，口径小、厚壁的是难以区分的管胞和木纤维，其间夹杂着多边形的薄壁细胞为木薄壁细胞。

⑤初生木质部　位于次生木质部与髓之间，由一些口径相对较小的导管沿径向成束排列。每束中的导管，其外侧口径较大，内侧口径较小（图2-5-27）。

⑥髓　位于初生木质部内侧，由排列疏松、胞间隙明显的大型薄壁细胞构成（图2-5-22）。

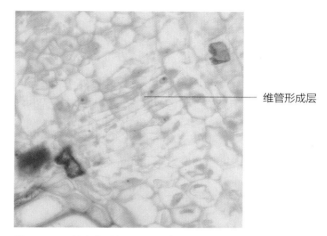

图2-5-26　棉老茎横切面一部分（示维管形成层）

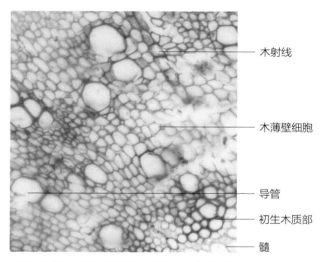

图2-5-27　棉老茎横切面一部分（示木质部）

（2）多年生茎的次生结构　取椴树（*Tilia tuan* Szyszyl.）4年生茎横切永久制片，先在低倍镜下浏览，可见其结构与棉老茎基本相似；再在高倍镜下，仔细观察表皮、皮孔、年轮线、年轮、早材和晚材等结构的细胞形态和排列方式（图2-5-28）。

①表皮　位于茎的最外侧，是由1层排列紧密的扁长方形薄壁细胞和正在崩裂的细胞在周皮外侧形成的不连续细胞层。其细胞外切向壁上可见角质层（图2-5-29）。

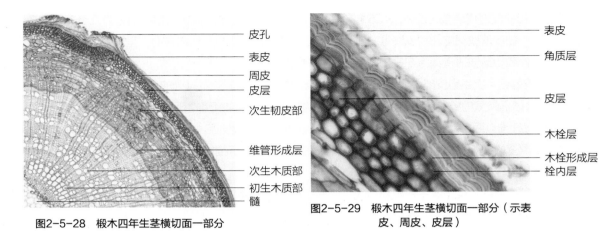

图2-5-28　椴木四年生茎横切面一部分

图2-5-29　椴木四年生茎横切面一部分（示表皮、周皮、皮层）

②皮孔　位于木栓形成层外侧的小孔。由排列紧密而栓质化的木栓细胞构成的木栓层在此处断裂，在茎表面所形成的裂隙，以及其下排列疏松而非栓质化的薄壁细胞（补充细胞或填充细胞）组成（图2-5-30）。

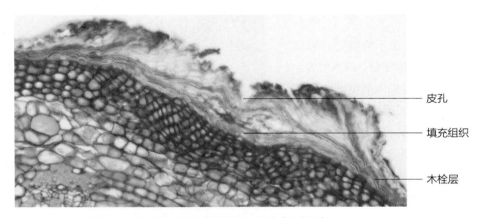

图2-5-30　椴木4年生茎横切面一部分（示皮孔）

③早材　位于次生木质部，由大而壁薄的细胞和孔径大而呈多边形的导管构成；其形成的次生木质部，材质显得疏松，颜色较浅（图2-5-31）。

④晚材　位于次生木质部，由小而壁厚的细胞和孔径小而呈扁长方形的导管构成；其形成的次生木质部，材质显得紧密，颜色较深（图2-5-31）。

⑤年轮　位于次生木质部，由同一年中形成的内侧早材和外侧晚材构成（图2-5-31）。

⑥年轮线　位于前1年的晚材与当年的

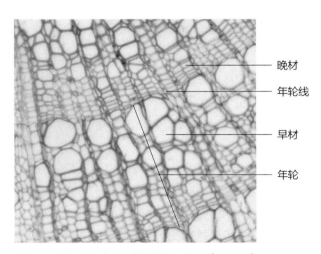

图2-5-31　椴木四年生茎横切面一部分（示木材）

早材之间，由当年生的外侧早材（春材）中的大导管与前1年生的内侧晚材（秋材）中的小导管之间形成的明显界线（图2-5-31）。

3. 数字切片

观察不同物种茎次生结构的数字切片（图2-5-32），对比它们的异同点。

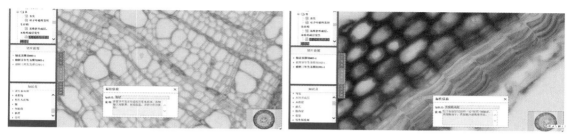

图2-5-32 茎次生结构数字切片虚拟仿真教学系统的部分功能界面

4. 虚拟标本（3D）

观察棉茎次生结构3D虚拟标本（图2-5-33），了解茎周皮和次生维管组织细胞的形态特征、分布位置与排列方式。

图2-5-33 棉茎次生结构虚拟标本（3D模型）的部分功能界面

🔍 **观察与思考**

1 在一年生茎的次生结构中，常能够观察到皮层存在，为什么？

2 在茎次生韧皮部的外侧，常常能够观察到一些由厚壁细胞构成的狭带，这是什么结构？其产生的原因是什么？

3 通过实验可知，在老的根茎中，其维管组织结构基本相同。如何在显微镜下区分老根和老茎？

4 皮孔和年轮线分别是如何形成的？它们有什么功能？

四、作业

1. 观察茎永久制片，绘茎尖、茎初生结构、茎次生结构简图，并标注各部分名称。

2. 观察茎新鲜徒手制片，拍摄茎尖、茎初生（或次生）结构图，并标注各部分名称。

3. 观察茎数字切片，在线标注细胞组织结构名称，并简述不同物种（或不同生境、不同发育阶段）在结构上的异同。

说课

实验六

叶的结构与发育

———

叶一般生长在地上，具有光合、蒸腾、贮藏、繁殖等功能。植物的叶源于芽，其形态结构易随生态条件的不同而发生改变。尽管因物种的不同、生境的差异，叶的形态表现出较大的差异，但各类叶的基本结构是一致的。

一、目的与要求

1. 了解植物叶柄的结构。

2. 掌握植物叶片的结构。

3. 掌握不同生境下植物叶片的结构特点，并理解结构与功能相适应的关系。

4. 了解C_3植物与C_4植物在叶片结构上的差别。

二、器具与材料

1. 器具

生物显微镜、显微-数码互动成像系统、照相机、体视显微镜、盖玻片、滴瓶、水、载玻片、镊子、刀片、纱布、吸水纸、番红。

2. 材料

5～7张叶片的棉株、棉叶横切片、梨叶柄横切片、小麦叶横切片、水稻叶鞘横切片、玉米叶横切片、夹竹桃叶横切片、眼子菜叶横切、离层制片。

三、内容与方法

（一）叶柄结构

观察重点：叶柄各部分的空间分布，维管束和皮层细胞的形态与排列特点。

观察方法：先由外向内整体浏览叶柄（横切面），再选取1个较大维管束，由内向外依次观察叶柄各部分特征。

1. 双子叶植物叶柄结构

截取近叶片的新鲜梨（*Pyrus bretschneideri* Rehd.）叶柄徒手横切制片或取梨叶柄横切永久制片，先在低倍镜下，由外至内分辨出表皮、皮层和维管柱（图2-6-1）；再换高倍镜，由内至外仔

细观察木质部、形成层和韧皮部的细胞形态和排列
方式。

（1）表皮　位于茎的最外侧，由1层较小、形状
规则、排列紧密而整齐的细胞构成（图2-6-2）。
表皮外侧有较厚的角质层。

（2）皮层　位于表皮与维管柱之间，由厚角组
织和皮层薄壁组织构成。其细胞由外向内呈"小-
大-小"排列（图2-6-2）。

（3）中柱　位于皮层以内的部分，由维管束、
髓、髓射线3部分组成。维管束呈半环形，缺口向

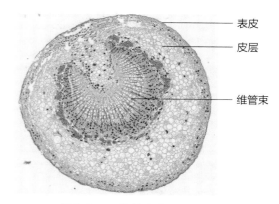

图2-6-1　梨叶柄横切

上，由木质部、形成层和韧皮部组成。木质部位于内侧（近髓），韧皮部位于外侧（近皮层），形成
层位于韧皮部和木质部之间，其韧皮部具发达的韧皮纤维（图2-6-3）。

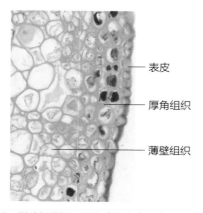

图2-6-2　梨叶柄横切一部分（示表皮、皮层）

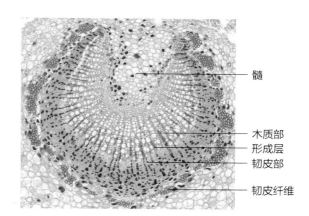

图2-6-3　梨叶柄横切一部分（示中柱）

2. 禾本科植物叶鞘结构

取新鲜水稻叶鞘（苗期）徒手横切制片或取水稻叶鞘（苗期）横切永久制片，先在低倍镜下整体
浏览，可见几张边缘不愈合的叶鞘呈"筒状"包裹在一起。选取1张成熟度较高的叶鞘观察，可见其
由表皮、基本组织和维管束组成（图2-6-4A）；再选取1个较大的维管束，换到高倍镜下，仔细观察
维管束鞘、木质部、韧皮部的结构与排列特点（图2-6-4B）。

（1）表皮　位于叶鞘的最外侧（包裹在扁平叶鞘的外侧），由1层扁平、排列紧密、近方形的较
小细胞构成。

（2）基本组织　位于表皮以内，由内至外呈"小-大-小"排列的几层薄壁组织构成。其在不封
闭的环形叶鞘重叠处（或叶鞘边缘），仅有1层或无基本组织细胞；在维管束内外两侧，紧贴表皮处
有1至几层较小、排列紧密的厚壁细胞构成机械组织；在两个维管束之间的部分基本组织细胞解体，
形成气腔构成通气组织。

（3）维管束　分布于基本组织中，是由维管束鞘、初生韧皮部和初生木质部组成的束状结构。
维管束在基本组织中呈1轮排列。

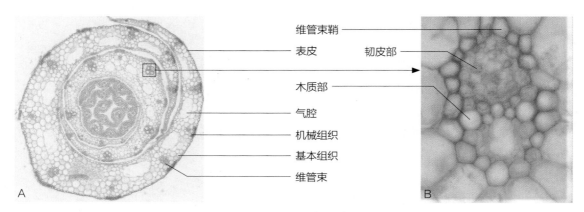

图2-6-4　水稻叶鞘横切

3. 数字切片

观察不同物种叶柄（叶鞘）结构的数字切片（图2-6-5），对比它们之间的异同点。

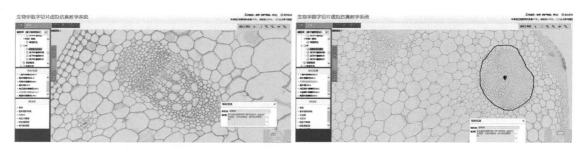

图2-6-5　叶柄结构组成数字切片虚拟仿真教学系统的部分功能界面

4. 虚拟标本（3D）

观察棉叶柄3D虚拟标本（图2-6-6），了解叶柄中表皮、基本组织、维管组织细胞的形态特征、分布位置与排列方式。

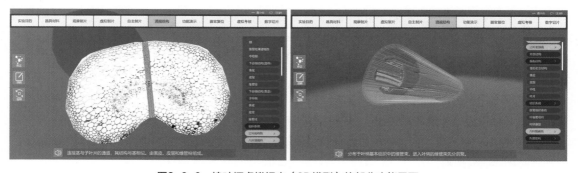

图2-6-6　棉叶柄虚拟标本（3D模型）的部分功能界面

🔍 观察与思考

叶柄（或叶鞘）与茎在结构上有何异同？与它们各自承担的生理功能又有什么关系？

（二）叶片结构

观察重点：叶片各部分的空间分布，表皮、叶肉和叶脉细胞的形态与排列特点。

观察方法：先整体浏览叶片（横切面），再观察主脉（或大的叶脉）、两个侧脉之间的叶肉及其外侧表皮的特征。

1. 双子叶植物叶片结构

过主脉截取长1 cm、宽0.5 cm的新鲜棉叶片徒手横切制片或取棉叶片横切永久制片，先在低倍镜下，分辨出主脉、侧脉、叶肉和上、下表皮；再在高倍镜下，仔细观察叶脉、叶肉和表皮细胞的形态特征和排列方式（图2-6-7）。

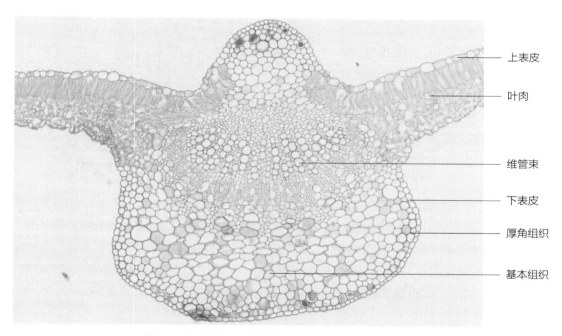

上表皮

叶肉

维管束

下表皮

厚角组织

基本组织

图2-6-7　棉叶片（过主脉）横切面一部分

（1）表皮　位于叶片的上、下表面，分别称为上表皮和下表皮。上、下表皮均由1层排列整齐紧密、无胞间隙、不含叶绿体的不规则的扁平细胞（横切面为长方形）组成。其细胞外壁较厚，具角质层；表皮上分布有气孔器和表皮毛。气孔分布在表皮细胞之间，由保卫细胞和气孔组成，在横切面上保卫细胞近似三角形，气孔为两个保卫细胞之间的开口或缝隙（图2-6-8A）；在气孔器内侧可见明显的气室。表皮毛突出表皮外，由单细胞或多细胞组成，其形态与功能各异（图2-6-8B）。

（2）叶肉　位于上、下表皮之间的绿色组织，分为栅栏组织和海绵组织（图2-6-8）。

①栅栏组织　位于上表皮的下方，紧贴上表皮，由排列较紧密、内含叶绿体较多、长轴与上表皮垂直排列的近似长方形薄壁细胞构成。

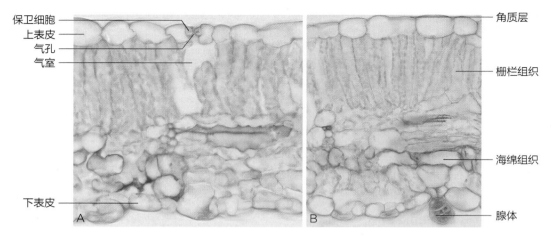

图2-6-8　棉叶片（过侧脉）横切面一部分（示表皮、叶肉）

②海绵组织　位于栅栏组织与下表皮之间，由一些排列疏松、胞间隙大、内含叶绿体较少、大小和形状不规则的薄壁细胞构成。

（3）叶脉　位于上下表皮之间、分布于叶肉之中的肋状结构，由维管束、厚角组织和薄壁组织构成。叶脉结构随其粗细、大小而不同。在主脉或较大侧脉处（图2-6-7），从表皮向内依次可见几层排列紧密的厚角组织、多层排列疏松的薄壁组织（其内有分泌腔和结晶）和1至数个维管束（图2-6-9）。木质部位于维管束

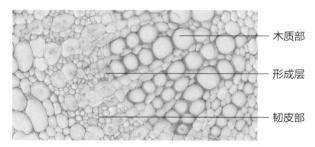

图2-6-9　棉叶片横切面一部分（示叶脉维管组织）

的近轴面（上方），由导管和木薄壁细胞等构成；韧皮部位于维管束的远轴面（下方），由筛管、伴胞和韧皮薄壁细胞等构成；两者之间为1~3层较小、扁平、具微弱分生能力的细胞构成的形成层。叶脉越细，结构越简单，到了叶脉的末稍，维管束仅由1~2个管胞构成的木质部与1至数个筛管分子和伴胞构成的韧皮部组成，但它们被1圈排列较整齐、不含叶绿体的薄壁细胞组成的维管束鞘包围。在切片中，常在叶肉和叶脉薄壁组织中见到纵向排列的导管（图2-6-8），这是为何？

2. 禾本科植物叶片结构

截取1 cm长的新鲜小麦叶片徒手横切制片或取小麦叶片横切永久制片，先在低倍镜下，分辨出叶脉、叶肉和上、下表皮（图2-6-10）；再在高倍镜下，仔细观察叶脉、叶肉和表皮（尤其是上表皮）细胞的形态结构特征和排列方式。

（1）表皮　位于叶片的上、下表面，分别称为上表皮和下表皮，它们均由1层排列紧密规则的表皮细胞（分为长细胞和短细胞两种类型）、气孔器和表皮毛组成，其细胞外壁不仅角质化而且高度硅

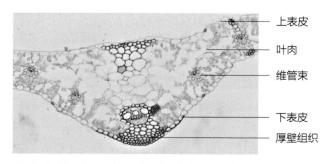

图2-6-10　小麦叶片（过大叶脉）横切面一部分

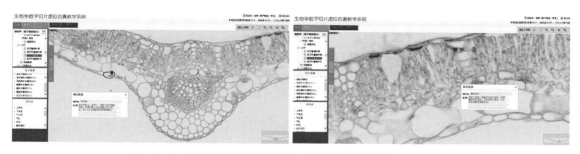

图2-6-22　叶片结构组成数字切片虚拟仿真教学系统的部分功能界面

7. 虚拟标本（3D）

观察棉花叶片的3D虚拟标本（图2-6-23），了解叶片中表皮、叶肉组织、维管组织细胞的形态特征、分布位置与排列方式。

图2-6-23　棉叶片虚拟标本（3D模型）的部分功能界面

🔍 观察与思考

1 简述气孔开闭与保卫细胞形态结构之间的关系？

2 通过实验观察，了解叶上、下表皮中气孔分布的情况有何不同？这种分布特征与叶的功能有何关系？

3 通过实验观察不同环境下的叶片，其形态结构有一定差异，这是为什么？简单说明一下结构与环境的适应关系？

四、作业

1. 观察叶永久切片，绘叶片结构简图，并标注各部分名称。

2. 观察叶新鲜徒手制片，拍摄叶片结构图，并标注各部分名称。

3. 观察叶数字切片，在线标注叶片结构名称，并简述不同物种（或不同生境、不同发育阶段）在叶结构上的异同。

模块三
被子植物生殖器官建成

实验七
花芽分化

说课

　　花是种子植物的特有器官，尽管因物种不同，花的形态各异，但基本结构还是一致的，其发育过程也是大致相同的。花芽分化开始于营养生长锥的横向扩大、向上突起并逐渐变平，在顶端形成1个由分生组织细胞构成套层的生殖生长锥；再在套层中，由外向内，依次分化出花萼原基、花瓣原基、雄蕊原基和雌蕊（心皮）原基，并由它们进一步发育为花的各部分。

一、目的与要求
1. 了解并掌握花芽分化过程及各阶段的形态结构特征。

二、器具与材料
1. 器具
生物显微镜、显微-数码互动成像系统、照相机、体视显微镜、盖玻片、滴瓶、水、载玻片、镊子、刀片、纱布、吸水纸、番红。
2. 材料
棉（带花）植物体、棉花芽系列切片。

三、内容与方法
　　观察重点：生长锥形态结构的变化。
　　观察方法：先整体浏览茎尖制片，判断其所处发育阶段；在营养生长锥和生殖生长锥阶段，重点观察生长锥的长宽比和形态变化；在花器官发育形成阶段，重点观察各花器官的发生时序、空间位置和形态特征。
1. 棉花芽分化
　　截取棉枝条（带花）顶端2～3芽制作永久纵切制片。先将制片置于低倍镜下，观摩芽生长锥的形态，确定其所处分化阶段；再将生长锥移至视野中央，在高倍镜下，由内至外，仔细观察各部的形态特征及空间分布。
　　（1）花芽未分化期　取棉主茎（或营养枝）顶芽或果枝顶端2～3芽（现蕾前15～20 d、花蕾长约3 mm时，在同一果枝前端2～3节位处的腋芽或同株上端第5果枝上同一节位处的腋芽处于花芽未分化期，此时芽长小于190 μm）制片观察，可见其生长锥为丘形。其顶部狭小而尖突（一般长度大

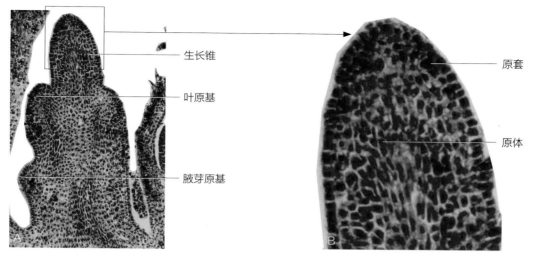

图2-7-1 棉花芽分化过程 I（花芽未分化期）

于宽度），分化为原套和原体两部分，下部外侧分化有叶原基和腋芽原基（图2-7-1）。

（2）花原基伸长期 取棉果枝顶端2~3芽（现蕾前12~15 d、花蕾长约3 mm时，在同一果枝前端2~3节位处的腋芽或同株上端第4果枝上同一节位处的腋芽处于花原基伸长期，此时芽长为190~500 μm）制片观察，可见生长锥呈长柱形，其顶部扁平而宽大（一般宽度大于长度），为套层，其细胞较小而质浓，具强烈的分裂能力；套层覆盖的不再向上生长的基本组织区域为心体，其细胞较大而液泡化程度高（图2-7-2）。

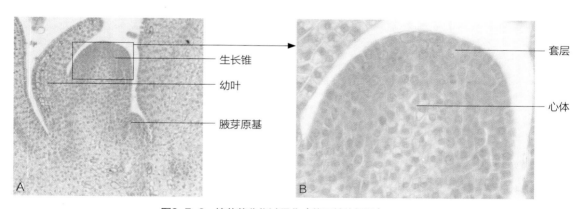

图2-7-2 棉花芽分化过程 II（花原基伸长期）

（3）副萼原基分化期 取棉果枝顶端2~3芽（现蕾前9~12 d、花蕾长约3 mm时，在同一果枝前端2节位处的腋芽或同株上端第3果枝上同一节位处的腋芽处于副萼原基分化期，此时芽长约500 μm）制片观察，可见生长锥呈扁球形，其四周的细胞分化，在生长锥最外侧形成3个突起为副萼原基，以后发育为副萼（苞片）；副萼后期增大很快，将花部包被在内，形成1个三角形的花蕾。在纵切面中，可见在生长锥套层两侧有1~2个分化的细胞团，或1~2个突起（或1~2个扁平内弯的结构）为副萼原基（图2-7-3）。

（4）萼片原基分化期 取棉果枝顶端2~3芽（现蕾前6~9 d、花蕾长约3 mm时，在同一果枝前端1~2节位处的腋芽或同株上端第2果枝上同一节位处的腋芽处于萼片原基分化期，此时芽长约

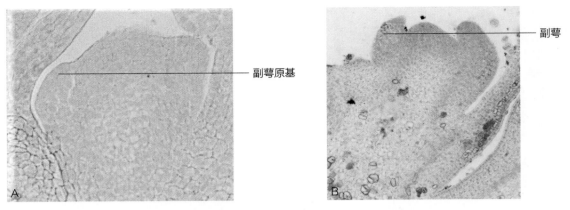

图2-7-3　棉花芽分化过程Ⅲ（副萼原基分化期）

850 µm）制片观察，可见在增大的副萼原基（苞片）内侧出现的5个突起为萼片原基；它逐渐分化、成长具有5浅裂的杯状花萼。在纵切面中，可见在成对镰状苞片的叶腋处各出现1个分化的细胞团，或1个突起（或1个扁平内弯的结构）为萼片原基（图2-7-4）。

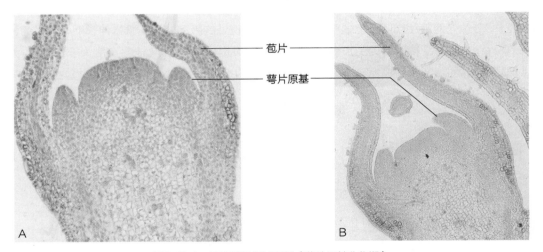

图2-7-4　棉花芽分化过程Ⅳ（萼片原基分化期）

（5）花瓣-雄蕊原基分化期　取棉果枝顶端2~3芽（现蕾前3~6 d、花蕾长约3 mm时，在同一果枝前端0~1节位处的腋芽或同株上端第1果枝上同一节位处的腋芽处于花瓣-雄蕊原基分化期，此时芽长1 100 µm~3 mm）制片观察，可见在增大的副萼原基（萼片）内侧出现的5个突起为花瓣-雄蕊共同体原基；该原基进一步分化发育长大，上部的外侧分化为花瓣原基，内侧分化为雄蕊原基，故在长成的花中，花瓣基部与雄蕊管基部相连。在纵切面中，可见在成对镰状萼片的叶腋处各出现1个分化的细胞团或1个突起，为花瓣-雄蕊共同体原基（图2-7-5A）；在原基顶端，近表皮的几层细胞快速分裂形成2个瘤状突起或细长扁平结构，位于外侧的为花瓣原基，位于内侧的为雄蕊原基（图2-7-5B）。

（6）心皮原基分化期　取棉果枝花蕾（现蕾后3~5 d、长约4 mm的花蕾处于心皮原基分化期）制片观察，可见在增大的花瓣原基和雄蕊原基（花瓣、雄蕊）内侧的生长锥中心套区出现了3~5个呈鸡冠状的突起，为心皮原基；在心皮原基分化增大过程中，其边缘生长迅速而相互愈合，并继续向

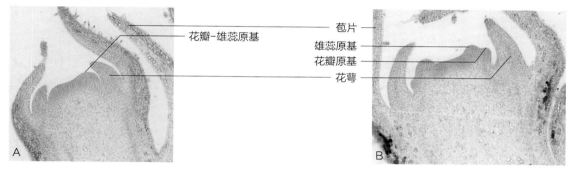

图2-7-5 棉花芽分化过程Ⅴ（花瓣-雄蕊原基分化期）

内卷曲生长，直达中心部分，从而形成一个具有3～5室子房的雌蕊。在纵切面中，可见在花瓣-雄蕊共同体原基内侧，出现1～2个瘤状突起，为心皮原基（图2-7-6A）；随着心皮原基的长大，其基部形成膨大的子房，在子房内侧可见其具1中轴，有多数胚珠着生在中轴上（图2-7-6B）。

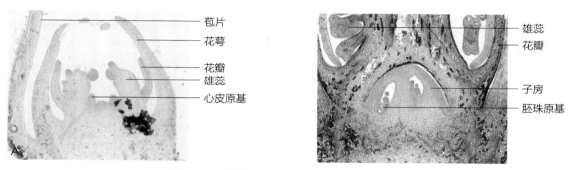

图2-7-6 棉花芽分化过程Ⅵ（心皮原基分化期）

2. 数字切片

观察不同物种、不同发育阶段的花芽分化数字切片（图2-7-7），了解不同物种花芽分化的异同点。

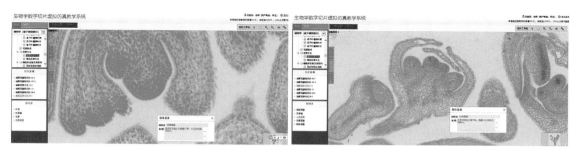

图2-7-7 花芽分化数字切片虚拟仿真教学系统的部分功能界面

🔍 观察与思考

花芽与叶芽的生长锥在形态结构上有什么不同？其对植物个体的建成有何影响？

四、作业

1. 观察实体标本，绘花芽分化各期结构简图，并标注各部分名称。

2. 观察数字切片，在线标注花芽制片中各组成部分的名称，并简述不同物种分化过程的异同。

说课

实验八
花药和花粉的结构与发育
———

花药是雄蕊的主要组成部分，位于花丝顶端，膨大呈囊状，产生花粉或小孢子。尽管因物种不同，花药的形态各异，但其基本结构、发育进程还是一致的。

一、目的与要求

1. 掌握不同发育阶段的花药与花粉粒的形态结构特征。

2. 了解花药与花粉粒的发育过程。

二、器具与材料

1. 器具

生物显微镜、显微-数码互动成像系统、照相机、体视显微镜、盖玻片、滴瓶、水、载玻片、镊子、刀片、纱布、吸水纸、番红。

2. 材料

新鲜的百合花（或花苞）、新鲜的小麦花（或小穗）、不同发育阶段的百合花药横切片、不同发育阶段的小麦花药横切片。

三、内容与方法

观察重点：不同发育阶段花粉囊的形态结构特征。

观察方法：先整体浏览花药（横切面）全貌，判断其所处发育阶段；再选取1个花粉囊，观察各部分细胞的形态结构与排列特征。

（一）百合花药发育

取百合花苞或在百合花苞中剥取花药，制作徒手横切制片或永久横切制片，并将制片置于低倍镜下观察，可见其形似蝴蝶，由4个花粉囊和药隔组成；选取1个花粉囊，在高倍镜下由外至内，仔细观察各部分细胞的形态与分布特征。

1. 造孢组织期的花药结构

取百合花苞（长度<2.9 cm）或花药（长度<1.3 cm的嫩黄色花药）徒手横切制片或永久横切制片观察，可见此时花粉囊壁细胞分化还不明显，花药由表皮、药隔、花粉囊壁和造孢组织组成（图2-8-1）。

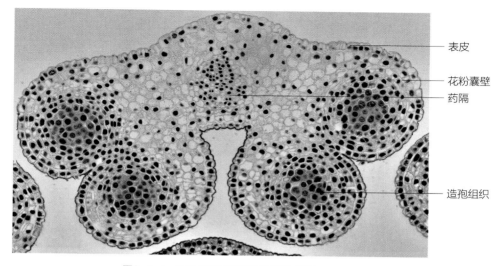

图2-8-1 百合花药（造孢组织期）横切

（1）表皮 位于花药的最外侧，由扁长形细胞构成，包裹整个花药。表皮上分布有气孔、表皮毛和角质层。

（2）药隔 位于蝶状花药的中央，由维管束和薄壁细胞构成的束状结构。药隔两侧各有2个花粉囊。

（3）花粉囊壁 位于表皮内侧，由包裹在造孢组织外侧的3~5层内贮大量物质的长方形细胞组成（图2-8-2）。

（4）造孢组织 位于花粉囊壁以内，由一群形状相似、分裂活跃的幼嫩细胞组成。其细胞呈多角形，细胞体积大，细胞核也大，细胞质浓厚、丰富（图2-8-2）。

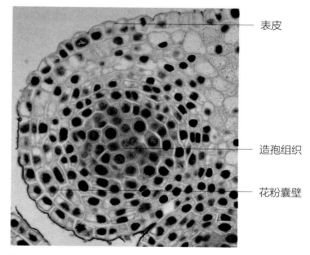

图2-8-2 百合花药（造孢组织期）横切面一部分（示花粉囊）

2. 花粉母细胞期的花药结构

取百合花苞（长度2.9~3.4 cm）或花药（长度1.3~1.8 cm的浅黄色花药）徒手横切制片或永久横切制片观察，可见此时花粉囊壁细胞已有明显分化，造孢细胞发育为花粉母细胞，花药由表皮、药隔、药室内壁、中层、绒毡层和一群花粉母细胞组成（图2-8-3）。

（1）药室内壁 位于表皮以内（紧贴表皮），由1层较大的扁长方形（切向壁长）细胞组成（图2-8-4）。

（2）中层 位于药室内壁和绒毡层之间，由1~3层较小的扁长方形（切向壁长）细胞组成（图2-8-4）。

（3）绒毡层 位于中层和花粉母细胞之间，由1层较大、具浓厚细胞质的长方形（径向壁长）细胞组成（图2-8-4）。

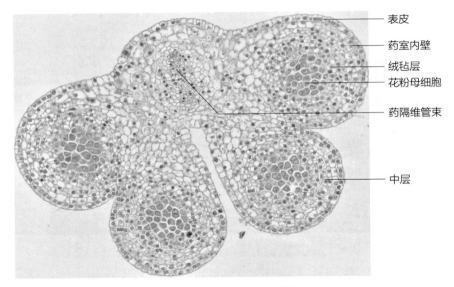

表皮
药室内壁
绒毡层
花粉母细胞
药隔维管束

中层

图2-8-3   百合花药（花粉母细胞期）横切

（4）花粉母细胞   位于绒毡层以内的多边形或近圆形细胞，该细胞体积和细胞核较大，细胞质浓厚，无液泡（图2-8-4）。

3.　减数分裂期的花药结构

取百合花苞（长度3.4～4.8 cm）或花药（长度1.8～2.7 cm的浅黄色花药）徒手横切制片或永久横切系列制片观察，可见此时药室内壁和中层基本保持原状，绒毡层细胞则经历了核分裂，形成具有双核（或多核）的细胞；花粉母细胞正在进行减数分裂，花药由表皮、药隔、药室内壁、中层、绒毡层和一群处于减数分裂期的细胞组成（图2-8-5）。

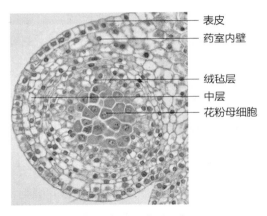

表皮
药室内壁

绒毡层
中层
花粉母细胞

图2-8-4   百合花药（花粉母细胞期）
横切面一部分（示花粉囊）

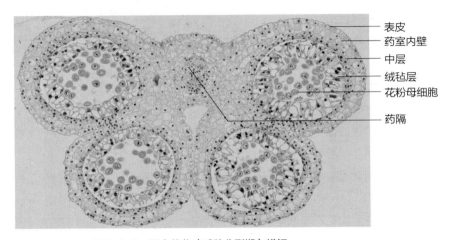

表皮
药室内壁
中层
绒毡层
花粉母细胞

药隔

图2-8-5   百合花药（减数分裂期）横切

（1）珠柄　位于胚珠的基部，是着生在宽大胎座上的1个短柄状结构，由表皮、基本组织和维管束组成。其中维管束源于腹缝线，止于合点。

（2）珠被　位于胚珠最外侧，起于合点，是由大型薄壁细胞构成的保护结构。百合珠被分为内珠被和外珠被，在珠柄一侧的外珠被与珠柄愈合。

（3）珠孔　位于胚珠顶端，为珠被顶端不闭合所形成的孔隙。

（4）合点　位于珠孔相对的一端，是珠柄、珠心和珠被的结合处。

（5）珠心　位于珠被与胚囊之间，由1到多层薄壁细胞组成。其在珠孔端的细胞层数相对较少，常为1层细胞的薄壁珠心。

（6）胚囊　位于珠心中的囊状结构，由胚囊母细胞发育而成。成熟胚囊为一个内有7个细胞（或8个核）的囊腔。

3. 胚囊母细胞期的结构

取幼期（开花前10~12 d，花蕾为绿色，长约5 cm，子房长约1.6 cm）百合子房徒手横切制片或永久横切系列制片观察，先在低倍镜下选取1个纵切面完整的胚珠，再将其转换至高倍镜下观察，可见在胚珠顶端（珠孔端）珠心的表皮下，有1个细胞质浓厚、细胞核较大（能见2~3个核仁）、体积也大的细胞为胚囊母细胞。此时，在突起生长的珠心组织两侧，可见由薄壁细胞构成的内外两层珠被，以及已开始侧转弯曲的珠柄；珠柄、珠心和珠被的结合处为合点（图2-9-3）。

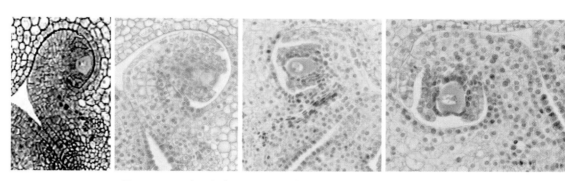

图2-9-3　百合子房（胚囊母细胞期）横切面一部分（示胚珠结构组成）

4. 胚囊母细胞减数分裂期的结构

取幼期（开花前7~8 d，花蕾为浅绿色，长约5.8 cm，子房长约1.8 cm）百合子房徒手横切制片或永久横切系列制片，先在低倍镜下找取1个已在顶端形成珠孔的完整胚珠纵切面，再将其转换至高倍镜下，仔细观察胚囊母细胞中的细胞核数量和染色体形态变化。可见：胚囊母细胞中有1个细胞核，核内出现丝状的染色体，此为减数分裂前期Ⅰ阶段（图2-9-4A）；胚囊母细胞中有2个大小相等的细胞核，此为二分体阶段（图2-9-4B）；胚囊母细胞中有4个大小相等的细胞核，此为四分体阶段（图2-9-4C），其中3个核靠向合点端（上）、1个位于珠孔端（下）。

5. 胚囊发育时期的结构

取幼期（开花前3~5 d，花蕾粉白色，长约8.6 cm，子房长约2 cm）百合子房徒手横切制片或永久横切系列制片，先在低倍镜下找取1个已在顶端形成珠孔的完整胚珠纵切面，再将其转换至高倍镜下，仔细观察胚囊细胞中的细胞核数量、位置和形态变化。可见：胚囊中有4个大小相近的细胞核，有3个核移向合点端（图2-9-5A、B、C）。合点端的3个核经有丝分裂形成2个三倍体大核，

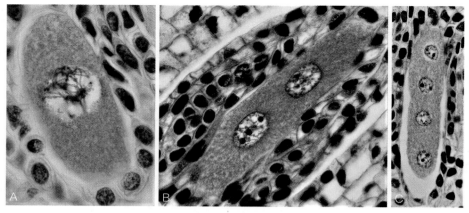

图2-9-4　百合子房（减数分裂期）横切面一部分（示胚囊结构组成）
A. 减数分裂前期；B. 二分体阶段；C. 四分体阶段

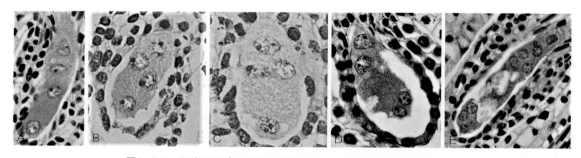

图2-9-5　百合子房（胚囊发育期）横切面一部分（示胚囊结构组成）

珠孔端的1个核经有丝分裂形成2个单倍体小核，此时胚囊中有2个大核，2个小核，为四核胚囊时期（图2-9-5D）。随后，这4个核各进行1次有丝分裂，形成4个大核，4个小核（图2-9-5E），此为八核胚囊时期。

6. 成熟胚囊的结构

取幼期（开花前2~3 d，花蕾粉红色，长约10 cm，子房长约2.3 cm）百合子房徒手横切制片或永久横切系列制片，先在低倍镜下选取1个完整的胚珠纵切面，再将其转换至高倍镜下，仔细观察胚囊中各细胞的位置和形态特征。可见：胚囊珠孔端有3个细胞组成卵器，其中位于两侧偏下的2个较小的椭圆形细胞为助细胞（图2-9-6A），位于中央偏上的1个较大的椭圆形细胞为卵细胞（图2-9-6B）；胚囊中央的一大一小2个细胞核为极核（图2-9-6C），或1个大细胞为中央细胞（图2-9-6A、B）；胚囊合点端的3个大细胞为反足细胞（2-9-6C、D）。

（二）小麦子房的结构与发育

取不同发育阶段的小麦小穗永久横切制片在低倍镜下观察，可见：最外侧2片扁平、互不包合的叶状体为颖片，近圆形的轴状结构为小穗轴；颖片内2片边缘包合的叶状体为稃片，较大、包裹在外侧的为外稃，较小、被包裹在内侧的为内稃；内、外稃内侧有3个蝶形结构为花药，位于中央的椭圆形结构为子房，部分制片中在内稃与子房之间出现的由维管组织和基本组织构成的椭圆形结构为浆片，两个花粉囊之间的结构为花丝（图2-9-7）。

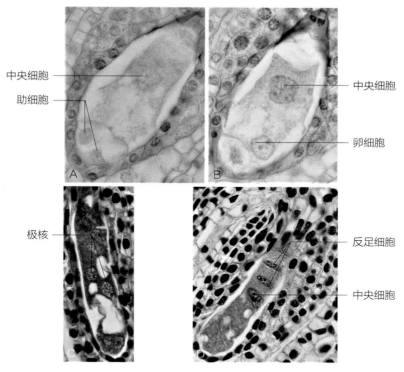

图2-9-6　百合子房（胚囊成熟期）横切面一部分（示胚囊结构组成）

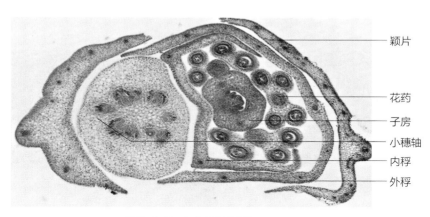

图2-9-7　小麦小穗横切面

　　将切面完整的子房移至视野中央并用高倍镜观察，可见其结构为：①近圆形子房的腹缝线一定部位，其内表皮下一些细胞分裂，向子房室中形成1个半球形突起为胚珠原基（图2-9-8A），在胚珠原基前端中部的表皮下，有1个体积比周围细胞大、细胞质浓厚、细胞核大的细胞为孢原细胞。②随着胚珠原基的生长，其前端（珠心）两侧形成的突起为内珠被原基（图2-9-8B）。③胚珠原基继续长大，在内珠被的外侧又形成的突起为外珠被原基（图2-9-8C），此时孢原细胞已发育为胚囊母细胞。④内、外珠被继续发育，向上将包围珠心，此时的胚囊母细胞正在减数分裂，切片中可观察到二分体和四分体（图2-9-8C、D、E）。⑤珠被继续向上生长，包裹珠心，仅在珠心前端留1个珠孔，最终发育成包含珠被、珠柄、珠心、合点和珠孔的成熟胚珠。⑥减数分裂形成的4个大孢子，近珠孔端的3个退化，近合点端的1个经过3次有丝分裂，形成8核（或7细胞）的成熟胚囊。

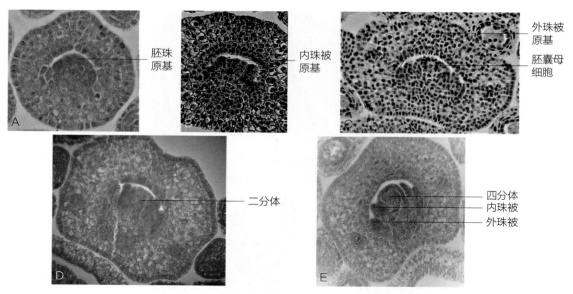

图2-9-8　小麦小穗横切面一部分（示胚珠与胚囊发育）

（三）数字切片

观察不同物种、不同发育阶段的子房数字切片（图2-9-9），了解不同物种胚珠和胚囊在结构上的异同点。

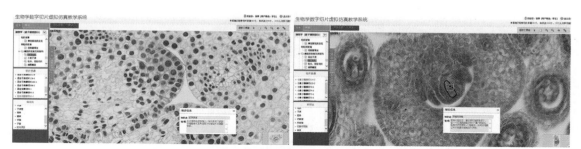

图2-9-9　胚珠和胚囊发育数字切片虚拟仿真教学系统部分功能界面

🔍 观察与思考

1 通过实验观察可知，在含成熟胚囊的制片中，基本看不全胚囊中的7细胞或8核结构，这是为什么？如何解决？

2 通过实验观察可知，胚囊外侧的珠心组织由1层或多层细胞组成，这是为什么？

四、作业

1. 观察实体标本，绘不同阶段子房结构简图，并标注各部分名称。

2. 观察数字切片，在线标注子房各部分的名称，并简述不同物种胚珠和胚囊在结构上及发育过程中的异同。

实验十
果实和种子的结构与发育

———

被子植物的种子建成位于雌蕊子房的胚珠中，它源于开花、传粉、受精后在胚囊中形成的合子和初生胚乳核，最终形成含有种皮、成熟胚和胚乳（有些植物无胚乳）的种子。按照种子的基本结构和发育进程，可将种子分为4种类型。

一、目的与要求

掌握种子发育进程中的典型结构和建成过程。

二、器具与材料

1. 器具

生物显微镜、显微–数码互动成像系统、照相机、体视显微镜、盖玻片、滴瓶、水、载玻片、镊子、刀片、纱布、吸水纸、氢氧化钾溶液、培养皿。

2. 材料

不同发育阶段的荠菜角果纵切制片、小麦不同发育阶段果实纵切制片。

三、内容与方法

观察重点：胚和胚乳的形态结构与变化。

观察方法：先整体浏览幼果（纵切面）全貌，了解其结构；再选取完整胚珠仔细观察，判别出胚所处的发育阶段和形态结构特征，以及胚乳和种皮的发育变化情况。

（一）荠菜胚和胚乳的发育

取不同发育阶段的荠菜（*Capsella bursa-pastoris* Medic.）幼果纵切制片，先在低倍镜下观察幼果的结构；再选取1个种子纵切面，在高倍镜下仔细观察胚和胚乳的形态结构特征，以及在胚囊或种子内的空间分布。通过观察系列制片，了解胚、胚乳和种皮的发育进程。

1. 果实的结构

取荠菜幼果（长＞5 mm）纵切制片观察，可见荠菜果实呈倒心形，由果皮、种子和隔膜等构成（图2-10-1）。

（1）果皮 位于果实最外侧，是由多层薄壁细胞和维管束构成的保护结构。

（2）隔膜 位于果皮以内，是由几层薄壁细胞构成的膜质结构将果实从宽侧微凹处（残留花柱下方）到最窄处（果柄上方）一分为二。

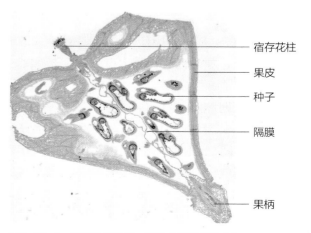

宿存花柱
果皮
种子
隔膜
果柄

图2-10-1 荠菜幼果纵切一部分（示果实组成）

（3）种子　位于果皮以内的多个呈椭圆形的结构。
选取纵切面正的种子观察，可见（图2-10-2）：①种子
最外侧由几层薄壁细胞构成的保护结构为种皮，其最内
侧、紧贴胚囊的1层着色较深、体积较大、细胞质浓厚
的细胞层为珠被绒毡层。②种皮内侧弯曲呈马蹄形的囊
状结构为胚囊。③在胚囊合点端，有一团不规则且着色
较深的细胞团为未退化的"反足细胞群（团）"。④在
胚囊合点端和珠孔端之间，着生在种皮外侧的柱状结构
为种柄。⑤在胚囊中，含有处于特定发育阶段的胚体和
胚乳组织。

（4）果柄　位于果实窄处果皮外侧的柱状结构，其
顶部（与果实连接处）略膨大。

（5）花柱　位于果实宽侧微凹处果皮外侧的短柱状
结构。

2. 原胚期的结构

取长、宽不超过5 mm、花下10个以内的荠菜幼果
制作永久纵切制片，重点观察胚体和胚乳游离核的形态
结构与分布位置，通过系列制片观察可见以下结果。

在弯曲胚囊的珠孔端，有一源于合子（受精卵）

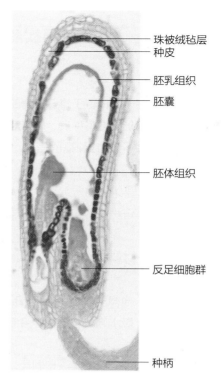

图2-10-2　荠菜幼果纵切
一部分（示种子组成）

标注：珠被绒毡层　种皮　胚乳组织　胚囊　胚体组织　反足细胞群　种柄

的胚体。胚体下部有1列源于基细胞横分裂、呈纵向排列的细胞为胚柄，胚柄末端近珠孔处的1个体积
大、高度液泡化的泡状细胞为胚柄基细胞（图2-10-3）。②胚体上部（胚柄顶端），有1群源于顶细胞
但还未分化的细胞团为原胚，在不同制片中，能分别观察到2细胞原胚（图2-10-3A）、4细胞原胚
（图2-10-3B）、8细胞原胚或由几十个细胞构成的球形原胚（图2-10-3C、D）。

原胚期的胚囊中，分布着由初生胚乳核经多次有丝分裂形成的多数游离胚乳核（图2-10-4）。

3. 胚分化期的结构

取长、宽5～6 mm、花下10～30个的荠菜幼果制作纵切永久制片，重点观察胚体和胚乳游离核
（或胚乳细胞）的形态结构与分布位置，认识胚体和胚乳在弯曲胚囊中的生长发育情况。通过观察系
列制片，可见以下结果。

在珠孔端，最初可见球形胚体顶端两侧产生的细胞较多，并向外形成两个突起的子叶原基，整个
胚体呈心形，为心形胚期（图2-10-5A、B），此时胚体内部细胞已开始出现分化。随着胚体进一步
发育，胚体顶端两侧出现的片状结构为子叶，紧接子叶基部的柱状结构为胚轴，整个胚体呈鱼雷形，
为鱼雷形胚期（图2-10-5C），此时在2片子叶基部相连处的凹陷部位分化出胚芽，与胚芽相对的一
端分化出胚根。随着胚体长大，胚体顶端的两片子叶依胚囊形状弯曲向下生长，整个胚体形似拐杖，
为手杖形胚期，此时胚柄逐渐退化，仅基细胞仍明显可见（图2-10-5D）。

在胚囊中，分布在胚囊四周的多数游离胚乳核，在心形胚发育早期开始，从胚囊壁处向心形成胚
乳细胞（图2-10-6A），到鱼雷形胚后期（或手杖形胚早期）充满胚囊（图2-10-6B、C）；此后胚
乳细胞随着胚的长大开始逐渐解体，直到胚成熟期几乎完全消失。

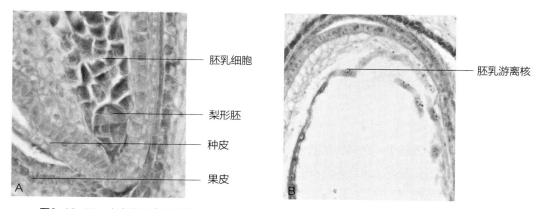

图2-10-10 小麦幼果（原胚期）纵切（示梨形胚、胚乳细胞与初生胚乳核形态）

珠孔端出现由更多细胞组成的大梨形原胚（图2-10-11A），此时整个胚囊被胚乳细胞充满，胚乳细胞分化基本完成（图2-10-11B）。

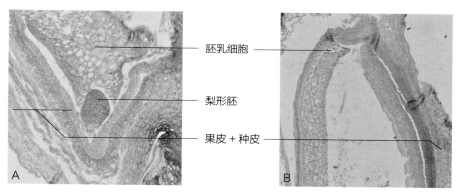

图2-10-11 小麦幼果（原胚期）纵切（示梨形胚与胚乳细胞形态）

2. 胚分化期的结构

取授粉后6～12 d的小麦幼果（此时胚体细胞开始分化）制作永久纵切制片，重点观察胚体分化的起始位置和分化进程。通过观察系列制片，可见以下结果。

在梨形原胚一侧（腹面）上部出现一凹沟（图2-10-12A）；在凹沟上方，由较大细胞构成的区

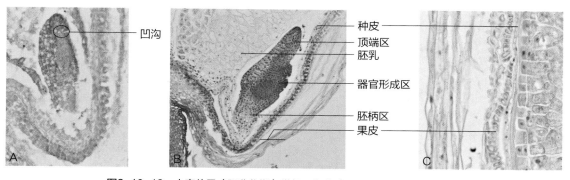

图2-10-12 小麦幼果（胚分化期）纵切一部分（示胚、果皮与种皮形态）

域为顶端区，将来形成盾片上部和胚芽鞘的一部分；在凹沟的周围，由较小细胞组成的区域为器官形成区，将来形成胚芽、胚根、胚轴、胚根鞘、外胚叶和胚芽鞘的剩余部分；在凹沟下方，由较大细胞构成的区域为胚柄区，将来形成盾片下部和胚柄（图2-10-12B）。此时，胚乳最外侧的1~2层细胞发育成近方形且富含蛋白质等贮藏物质，为糊粉层；子房壁和珠被发育成为果皮和种皮，并愈合在一起（图2-10-12C）。

3. 胚成熟期的结构

取授粉后12 d的小麦幼果（此时胚体已分化完成）制作永久纵切制片，重点观察胚、胚乳、果皮和种皮的形态结构。通过观察系列制片，可见以下结果。

颖果由胚、胚乳、果皮和种皮组成（图2-10-13）。其中胚位于颖果背面下方，果皮和种皮包裹在颖果的外侧且愈合不可分，胚乳位于胚的上方与皮之间。

将胚移置显微镜视野中央，可见其由子叶、胚芽鞘、胚芽、胚轴、胚根和胚根鞘等构成（图2-10-14）。与胚乳相邻一侧的片状结构为子叶（图2-10-14A），在子叶上与胚乳交界处的呈扁平柱状、排列紧密的细胞为上皮细胞（图2-10-14B）；子叶内侧位于胚上端，包裹在胚芽外侧的鞘状结构为胚芽鞘（图2-10-14A）；胚芽鞘内侧由生长锥和数张幼叶组成的结构为胚

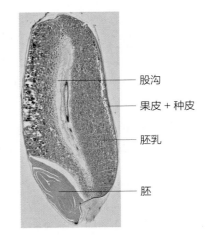

股沟

果皮 + 种皮

胚乳

胚

图2-10-13　小麦颖果
（胚成熟期）纵切

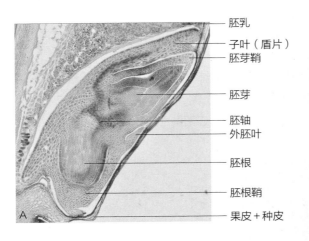

胚乳
子叶（盾片）
胚芽鞘
胚芽
胚轴
外胚叶
胚根
胚根鞘
果皮 + 种皮

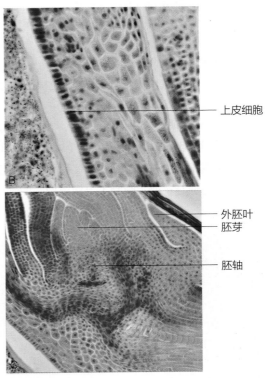

上皮细胞

外胚叶
胚芽
胚轴

图2-10-14　小麦颖果（成熟胚期）纵切一部分（示胚的结构）

芽（图2-10-14C）；胚芽下方，上端与胚芽、下端与胚根、一侧与子叶相连的柱状结构为胚轴（图2-10-14C）；胚轴下端，由生长点和根冠组成的结构为胚根（图2-10-14A）；胚轴一侧，与子叶相对处的1个片状突起为外胚叶（图2-10-14C）。

胚乳位于种皮内，由富含淀粉和蛋白质的大型薄壁细胞构成（图2-10-15）；与种皮相邻，位于胚乳最外侧且包裹着胚的1～2层体积较大、排列紧密、方形、富含蛋白质的细胞为糊粉层。

种皮位于糊粉层与果皮之间，为细胞结构已崩坏的结构层；胚发育完成初期，仍可见种皮细胞的形状。果皮位于种皮外侧，是由多层细胞构成的包裹在颖果最外侧的结构；果皮最内侧，与种皮相接的细长细胞为管细胞；管细胞外侧的圆形细胞为横细胞（图2-10-16）。

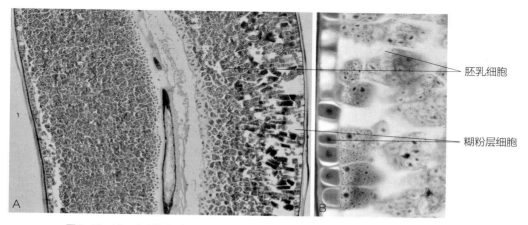

胚乳细胞

糊粉层细胞

图2-10-15　小麦颖果（胚成熟期）纵切一部分（示胚乳细胞形态）

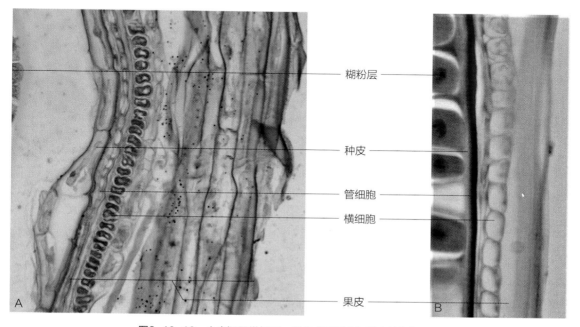

糊粉层

种皮

管细胞

横细胞

果皮

图2-10-16　小麦颖果纵切面一部分（示果皮和种皮结构）

（三）数字切片

观察不同物种、不同发育阶段果实的数字切片（图2-10-17），了解胚和胚乳在结构上的异同点。

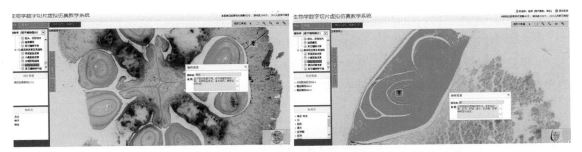

图2-10-17　果实与种子发育数字切片虚拟仿真教学系统的部分功能界面

🔍 观察与思考

1 荠菜与小麦在胚胎发育过程中，哪些细胞发生了程序性死亡？

2 荠菜与小麦在胚胎发育上有何异同？

四、作业

1. 观察实体标本，绘荠菜胚分化各期结构简图，并标注各部分名称。

2. 观察数字切片，在线标注胚胎发育制片中各部分的名称，并简述不同物种胚和胚乳在结构上及发育过程中的异同。

🔍 **观察与思考**

水绵接合生殖有何特点？你是如何判别水绵藻体雄、雌性的？

四、作业

1. 绘水绵丝状体结构图，注明各部分名称。
2. 绘海带植物体简图，注明各部分名称。
3. 观察数字切片标本，在线标注各类藻体的结构名称，并简述不同藻类在形态结构上的异同。

说课

实验十二

菌类植物的形态与结构

——

菌类植物指多不含光合色素、不能进行光合作用而异养的一类植物总称。其植物体构造简单，为单细胞、多细胞丝状体和由丝状体组成的各种各样的植物体。

一、目的与要求

1. 了解并掌握细菌门、黏菌门和真菌门植物的形态与结构特征。

二、器具与材料

1. 器具

生物显微镜、显微-数码互动成像系统、照相机、体视显微镜、盖玻片、滴瓶、水、载玻片、镊子、刀片、纱布、吸水纸。

2. 材料

球菌装片、杆菌装片、螺旋菌装片、黑根霉装片、盘菌子实体纵切制片、伞菌菌褶横切制片，面包、蘑菇、木耳、灵芝等菌类植物体或图片。

三、内容与方法

观察重点：菌类植物体的形态与结构。

观察方法：肉眼或显微镜下观察各类菌体不同生长发育阶段的形态与结构特征。

（一）细菌门

细菌是原核、裂殖、异养和结构简单的单细胞所组成的微生物类群。细菌种类很多，依形状可归纳为3类：球菌、杆菌和螺旋菌。

1. 球菌

外形呈圆球形或椭圆形的细菌为球菌，按其排列方式可分为：单球菌（图2-12-1A）、双球菌

（图2-12-1B）、四联球菌（图2-12-1C）、八叠球菌（图2-12-1D）、葡萄球菌（图2-12-1E）和链球菌（图2-12-1F）等。

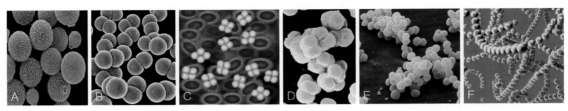

图2-12-1　球菌形态

2. 杆菌

外形呈正圆柱形、两端多钝圆的细菌为杆菌，如大肠杆菌（*Escherichia coli*）（图2-12-2）等。

3. 螺旋菌

外形呈螺旋状的细菌为螺旋菌，如弯曲菌属（*Campylobacter*）（图2-12-3）等。

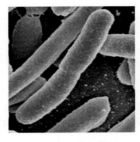

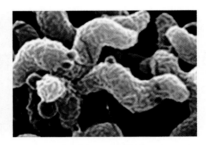

图2-12-2　大肠杆菌形态　　　　图2-12-3　螺旋菌形态

（二）黏菌门

黏菌（Myxomycophyta）是营养及生殖方式兼有动物和植物特征的一类真核微生物。营养体呈不规则的网状，是多核而无细胞壁、裸露的原生质体（原生质团），称为变形体（图2-12-4A）。黏菌能通过变形运动吞食固体食物，其行动和摄食方式与原生动物相似。繁殖时，原生质团变成子实体，能产生具纤维素壁的孢子（图2-12-4B）。孢子经萌发、生长、裂殖后，经同宗或异宗配合形成合子，其繁殖方式又与植物相同。

图2-12-4　黏菌形态

（三）真菌门

真菌是真核、异养、形态各异、繁殖方式多样的生物类群。营养体大多为分枝或不分枝丝状体；

每1条丝状体叫菌丝，菌丝可为单细胞、多核的无横隔菌丝，也可为多细胞、单核的有横隔菌丝。组成一个植物体的所有菌丝叫菌丝体，菌丝体在生殖时形成各种各样的子囊果或子实体。

1. 黑根霉的形态与结构

（1）黑根霉植物体制备　实验前1周，将面包、馒头等食物切成片，放入垫有4~5层湿纸的培养皿中，盖上湿纱布。暴露在空气中1 d后，将其置于温暖处或25~30 ℃温箱中，经2~3 d，培养基表面出现白色绒毛，即黑根霉（*Rhizopus nigricans*）菌丝体（图2-12-5A、B）；再经过1~2 d，菌丝顶端出现黑色小点，即孢子囊（图2-12-5C）。

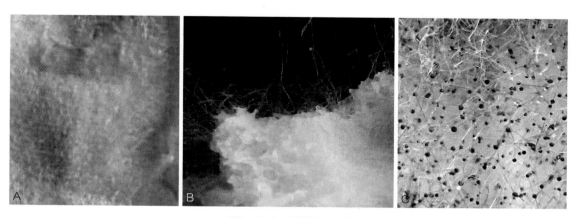

图2-12-5　黑根霉与宿主

（2）黑根霉植物体形态与结构　用镊子从基质上取少许黑根霉菌丝体制片或取黑根霉菌丝体永久制片，可见（图2-12-6）：①菌丝为无隔、多核、分枝的丝状体。②假根为伸入基质、能分枝的营养菌丝。③孢囊梗为无性生殖时，由假根处向上产生的直立菌丝。④孢子囊为孢囊梗顶端膨大呈球形的部分。⑤孢子为孢子囊内的球形小颗粒，成熟时为黑色。

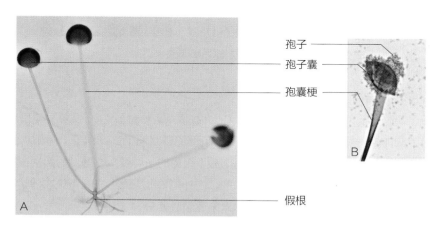

图2-12-6　黑根霉植物体形态
A. 植物体；B. 孢子囊

2. 青霉的形态与结构

（1）青霉植物体制备　实验前1周，将新鲜柑橘（*Citrus reticulata* Blanco）皮用水浸湿，放入垫有湿纱布的培养皿中，盖上湿纱布。将其置于温暖处或25 ℃恒温箱中，4~5 d后，橘皮上长出的白色"毛"为青霉（*Penicillium*）菌丝体（图2-12-7A）；再经过1~2 d，菌丝顶端变绿色，即青霉的分生孢子（图2-12-7）。

图2-12-7　青霉与宿主

（2）青霉植物体形态与结构　用镊子取少许青霉菌丝体制片或取青霉菌丝体永久制片，可见：①菌丝为有隔、单核、分枝的丝状体（图2-12-8A）。②分生孢子梗为直立菌丝顶端产生的数次分枝呈帚状的丝状体，末级分生孢子梗呈瓶状的为小梗（图2-12-8B、C）。③分生孢子为小梗顶端的1串青绿至褐色的小球体。④孢子初为白色，成熟时绿色。

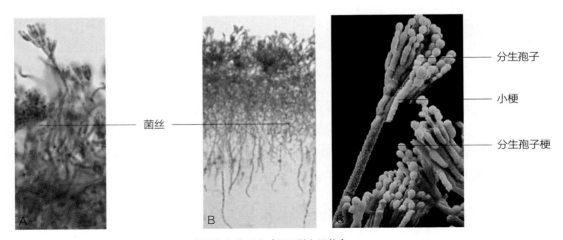

图2-12-8　青霉植物体形态（图C引自网络）

3. 蘑菇的形态与结构

（1）蘑菇子实体形态　取新鲜成熟的蘑菇（*Agaricus campestris*）子实体标本观察，可见（图2-12-9）：①子实体外形呈伞状。②菌柄为子实体下部的轴状长柄。③菌盖（菌帽）为子实体上部呈伞形的盖。④菌褶为菌盖腹面的褶片，其上有肉眼不可见的子实层。⑤菌环为菌柄在接近菌褶处的环状薄膜。⑥菌托为菌柄基部膜质、球茎状膨大的、由外菌幕破裂而形成的囊状或杯状物。⑦菌索为平行排列组成长条状、形似绳索的菌丝体，可伸入基质吸收养分。

（2）蘑菇子实体结构　取蘑菇新鲜菌盖徒手制片或取伞菌菌褶永久制片，先在低倍镜下观察，可见中央圆形结构为菌柄的横切面，菌褶在菌柄周围呈辐射状排列（图2-12-10A）；再转高倍镜观察，可见每条菌褶由许多菌丝交织而成，两侧有许多由单细胞构成的担子，在成熟的担子顶端有4个淡黄色的担孢子，担子与担孢子之间有担子小柄相连，两担子之间有由薄壁细胞构成、起缓冲作用的侧丝（图2-12-10B、C）。

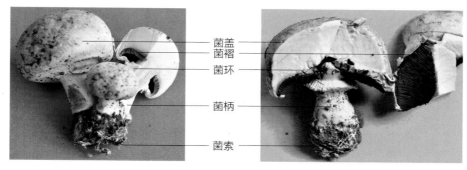

图2-12-9　蘑菇子实体形态

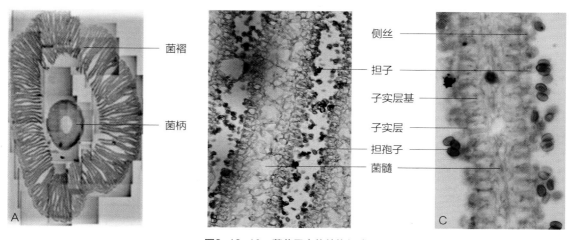

图2-12-10　蘑菇子实体结构组成

（四）数字切片

　　观察不同物种、不同发育阶段的菌类植物体数字切片（图2-12-11），了解不同菌类在结构上的异同。

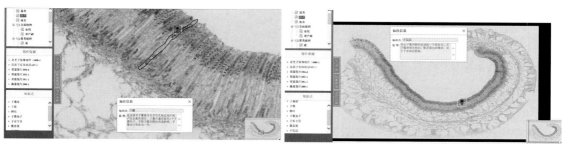

图2-12-11　菌类植物数字切片虚拟仿真教学系统的部分功能界面

🔍 观察与思考

菌丝体和子实体是如何形成的？不同类型的菌丝结构有何异同？

四、作业

1. 绘黑根霉菌丝体和孢子囊图，注明各部分名称。
2. 绘蘑菇植物体简图，注明各部分名称。
3. 观察数字切片标本，在线标注各菌类标本的结构名称，并简述不同菌类在形态结构上的异同。

说课

实验十三

地衣植物的形态与结构

———

地衣植物是藻类和真菌形成的共生复合体。其原植体构造简单，为单细胞、多细胞丝状体和由丝状体组成的各种各样的形态体。

一、目的与要求

1. 了解并掌握地衣植物的形态与结构特征。

二、器具与材料

1. 器具

生物显微镜、显微-数码互动成像系统、照相机、体视显微镜、盖玻片、滴瓶、水、载玻片、镊子、刀片、纱布、吸水纸。

2. 材料

地衣叶状体制片、地衣枝状体制片、地衣原植体或图片。

三、内容与方法

观察重点：地衣原植体与基物结合的牢固度，以及其形态与结构组成。

观察方法：肉眼或显微镜下观察各类地衣的外部形态、内部藻类与真菌的排列特征。

（一）地衣的形态特征

依据地衣原植体的形态和与基物结合的牢固度，可将其分为壳状地衣、叶状地衣和枝状地衣3种类型。

1. 壳状地衣

观察壳状地衣植物体或图片，可见：

原植体为色彩、形态多样的壳状物，其植物体很薄，无下皮层，以菌丝牢固地紧贴在基物上甚至伸入基物中，很难与基物剥离（图2-13-1），如茶渍属（*Lecanora*）、文字衣属（*Graphis*）等。

图2-13-1　壳状地衣形态

2. 叶状地衣

观察叶状地衣植物体或图片，可见：

原植体色彩多样，呈薄叶片状，大多具下皮层，以假根或脐较疏松地固着在基物上，易与基物剥离（图2-13-2），如梅花衣属（*Parmelia*）、蜈蚣衣属（*Physica*）等。

图2-13-2　叶状地衣形态

3. 枝状地衣

原植体直立或下垂，通常分枝呈树枝状、灌丛状或须根状等各种形态，仅基部附着于基物上，易与基物分离（图2-13-3），如石蕊属（*Cladonia*）、松萝属（*Usnea*）等。

图2-13-3　枝状地衣形态

（二）地衣的结构

依据藻细胞在真菌组织中的分布状态，可将地衣原植体分为同层地衣和异层地衣两种类型。

1. 叶状地衣结构

取叶状地衣的新鲜原植体徒手横切制片或叶状地衣横切永久制片观察，可见（图2-13-4）：①上皮层位于原植体的上面，由致密交织的菌丝构成。②藻胞层位于上皮层之下，由许多藻细胞聚集成1层。③髓层位于藻胞层和下皮层之间，由一些疏松的菌丝和少量藻细胞构成。④下皮层位于原植体的下面（贴近基物），由致密交织的菌丝构成。⑤假根位于下皮层外侧，是由下皮层向外产生的使地衣固着在基物上的一些根状突起。该地衣植物体是属于同层地衣还是异层地衣？

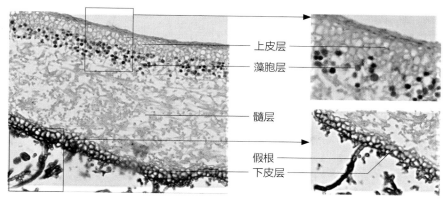

上皮层
藻胞层
髓层
假根
下皮层

图2-13-4　叶状地衣横切一部分

2. 枝状地衣结构

取枝状地衣的新鲜原植体徒手横切制片或枝状地衣横切永久制片观察（图2-13-5），可见其内部构造呈辐射状，位于原植体最外侧的致密层为皮层，其内为许多藻细胞聚集而成的藻胞层，以及由菌丝体构成的中轴型髓。该地衣植物体是属于同层地衣还是异层地衣？

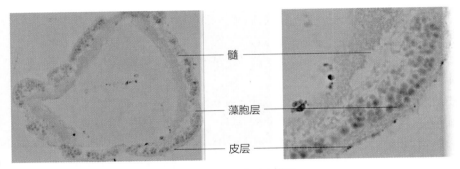

图2-13-5 枝状地衣横切

（三）数字切片

观察不同物种、不同发育阶段的地衣植物体数字切片（图2-13-6），了解不同地衣植物类群在结构上的异同点。

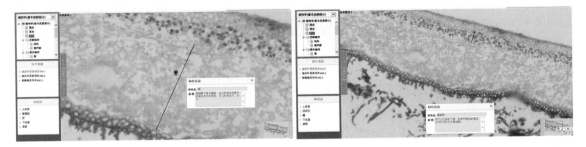

图2-13-6 地衣植物数字切片虚拟仿真教学系统的部分功能界面

🔍 观察与思考

1 地衣中的真菌与藻类是如何实现共生的？你观察到的真菌属于何种类群？

2 叶状地衣与枝状地衣在结构上有何异同？

四、作业

1. 绘地衣原植体横切面结构图，注明各部分名称。

2. 观察数字切片，在线标注各类地衣的结构名称，并简述藻类与真菌的共生关系。

实验十四
苔藓植物的形态与结构

说课

苔藓植物是一类小型、绿色、多生长于阴湿环境的自养型陆生植物。植物体（配子体）为叶状体或茎叶体，无根和维管组织的分化。有性生殖器官为颈卵器和精子器，受精卵发育为胚。生活史类型为配子体发达的异形世代交替，孢子体不能够独立生活，寄生在配子体上。

一、目的与要求

1. 了解并掌握苔藓植物的形态与结构特征。
2. 了解并掌握苔纲和藓纲在形态结构上的异同点。

二、器具与材料

1. 器具

生物显微镜、显微-数码互动成像系统、照相机、体视显微镜、盖玻片、滴瓶、水、载玻片、镊子、刀片、纱布、吸水纸。

2. 材料

地钱、葫芦藓植物体的新鲜或浸渍标本，地钱孢芽杯切片、地钱叶状体横切片、地钱颈卵器托纵切片、地钱精子器托纵切片、地钱孢子体纵切片，葫芦藓整体装片、葫芦藓孢蒴纵切片、葫芦藓孢蒴横切片、葫芦藓雄器苞纵切面、葫芦藓雌器苞纵切面、葫芦藓孢子体。

三、内容与方法

观察重点：苔藓植物体的形态与结构，颈卵器和精子器的结构。

观察方法：肉眼或显微镜下观察苔藓类代表植物的外部形态与各器官的空间分布、解剖结构及细胞组织排列分布特征。

（一）地钱的形态结构

地钱（*Marchantia polymorpha* L.）属于苔纲、地钱目、地钱科、地钱属的物种，多生于水沟旁、水池旁、井边等阴湿环境地带。本实验以地钱为代表，来观察苔纲植物的形态组成与结构特征。

1. 地钱植物体的形态

（1）地钱配子体的形态　取地钱植物体（配子体）新鲜或浸渍标本，肉眼或置于体视显微镜下观察，可见：①植物体为绿色扁平、多回二叉状分枝的叶状体，贴地生长的一面为腹面，相对的另一面为背面，其中部较厚具纵向的深绿色带为中肋，边缘较薄略具波曲（图2-14-1A）。②生长点位于叶状体二叉状分枝的凹陷处。③气孔为位于叶状体背面菱形网格中的白点（图2-14-1B）。④胞芽杯位于叶状体背面，内生许多绿色胞芽，且其边缘有锯齿的圆形杯状体（图2-14-1C）。⑤胞芽位于胞芽杯中，是由多细胞构成、呈双凸透镜状的绿色结构（图2-14-1D），其以基部的柄着生在胞芽杯中，是地钱进行营养繁殖的器官。⑥鳞片位于叶状体腹面，是由多细胞构成的紫（褐）色片状体，其尖部有呈心形的附着物（图2-14-1E）。⑦假根密生鳞片基部，是由单细胞构成的白色丝状体。

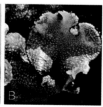

图2-14-1　地钱植物体（配子体）形态

（2）地钱雌器托（颈卵器托）的形态   取地钱雌器托（颈卵器托）新鲜或浸渍标本，肉眼或置于体视显微镜下观察，可见：①雌器托位于雌株背面的中肋处，由托盘和托柄组成（图2-14-2A、B）。②托盘呈伞状，边缘深裂成下垂的8～10个指状芒线，2条指状芒线之间的盘体处各有1列倒悬的颈卵器，每列颈卵器的两侧各有1个薄膜状的蒴苞（图2-14-2C）。

图2-14-2   地钱植物体（雌器托）形态

（3）地钱雄器托（精子器托）的形态   取地钱雄器托（精子器托）新鲜或浸渍标本，肉眼或置于体视显微镜下观察，可见：①雄器托位于雄株叶状体背面的中肋处，由托盘和托柄组成（图2-14-3A、B）。②托盘呈圆盘状，边缘有许多浅裂缺刻，内生有精子器。

图2-14-3   地钱植物体（雄器托）形态

2. 地钱叶状体结构

取新鲜地钱叶状体横切制片或取地钱叶状体横切永久制片，置于生物显微镜下观察，可见：①上表皮位于叶状体背面最外侧，由1层排列紧密、扁平、相对较小的细胞构成。②气孔位于叶状体上表皮，是由多细胞围成的不能关闭的孔隙，孔口烟囱型，孔边细胞4列呈十字形排列（图2-14-4A、B）。③气室间隔是位于两个气室之间、连接上表皮与气室底层的分隔带，由多个不含叶绿体的细胞纵向排列而成。④营养丝位于气室内，是由几个富含叶绿体的细胞排列而成的直立丝状结构。⑤气室位于上表皮与基本组织之间，是由表层（上表皮）、底层和气室间隔层所围成的空隙。⑥底层位于营养丝与基本组织之间，由1层排列紧密、扁平、相对较小的细胞构成。⑦基本组织位于底层与下表皮之间，由多层相对较大的薄壁细胞构成，主要起贮藏作用。⑧下表皮位于叶状体腹面最外侧，由1层排列紧密、扁

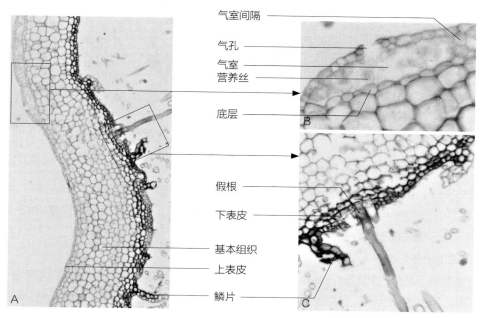

图2-14-4　地钱叶状体横切面

平、体积较小的细胞构成（图2-14-4A、C）。⑨鳞片位于叶状体下表皮上，是由多个长方形细胞构成的片状或柱状结构。⑩假根位于叶状体下表皮上，由管状的单细胞构成，其细胞内壁平滑或瘤状突起。

3. 地钱雌器托结构

取地钱雌器托纵切永久制片，置于生物显微镜下观察，可见（图2-14-5A）：①托柄位于雌器托基部，为柄（轴）状结构。②托盘位于雌器托顶部，为盘状结构。③指状芒线位于托盘边缘，下垂呈手指状。④颈卵器位于指状芒线之间，为1个由多细胞构成的形似长颈花瓶的结构（图2-14-5B），其上部细狭的部分称为颈部，下部膨大的部分称为腹部。⑤颈卵器壁位于颈卵器外侧，是由多个细胞构成的1层保护结构。⑥卵细胞为位于颈卵器膨大腹部中央的1个细胞（图2-14-5B、C）；⑦颈沟细胞为位于颈卵器细狭颈部中央的1列细胞（图2-14-5B、C）。⑧腹沟细胞位于颈卵器腹部（近颈部），是在卵细胞与颈沟细胞之间的1个细胞（图2-14-5B、C）。

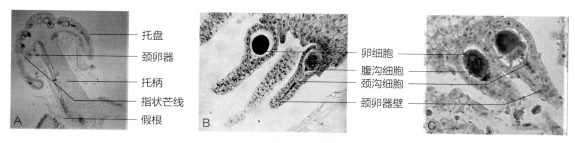

图2-14-5　地钱雌器托纵切

4. 地钱雄器托结构

取地钱雄器托纵切永久制片，置于生物显微镜下观察，可见（图2-14-6A）：①托柄位于雄器托基部，为柄（轴）状结构。②托盘位于雄器托顶部，为盘状结构。③精子器腔位于托盘组织中，为着

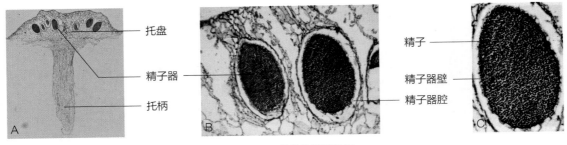

图2-14-6　地钱雄器托纵切

生精子器的空腔。④精子器位于精子器腔中，为1个由多细胞构成的形似羽毛球拍的结构（图2-14-6B），其基部由1个短柄与托盘相连。⑤精子器壁位于精子器外侧，由1层不育细胞构成（图2-14-6B、C）。⑥精子位于精子器壁内，由精原细胞发育而成，长而弯曲，具2条顶生鞭毛。

5. 地钱孢子体形态

取新鲜或浸渍成熟地钱雌器托标本，肉眼或置于体视显微镜下观察，可见：①孢蒴位于两个指状芒线之间，为倒悬于雌器托上的2或3个膨大的球状体。②蒴柄为位于孢蒴与雌器托盘之间的短柄。③假蒴苞位于孢蒴与薄膜状的蒴苞之间，为部分包裹孢蒴的保护组织，由颈卵器发育而成。④蒴苞位于每列孢蒴两侧，为薄膜状保护结构。

6. 地钱孢子体结构

取成熟地钱雌器托永久纵切制片在生物显微镜下观察，可见：①孢子体位于雌器托盘内侧，为倒悬的长椭圆形结构（图2-14-7A）。②基足位于孢子体基部，为埋于月牙形基本组织中的细短轴。③蒴柄为位于基足上方的短柄。④孢蒴位于孢子体顶部，呈卵形，由单细胞构成的壁及壁内多数孢子和弹丝组成，孢子椭圆形，弹丝为细长形，壁上具螺旋状加厚（图2-14-7B）。⑤假蒴苞位于孢子体中下部外侧。

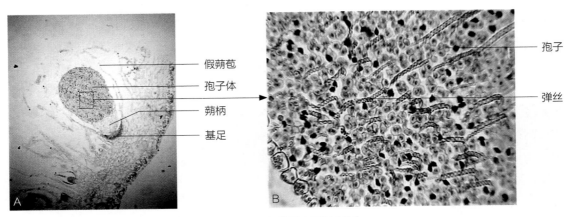

图2-14-7　地钱雄器托纵切（示孢子体）

（二）葫芦藓的形态结构

葫芦藓（*Funaria hygrometrica* Sedw.）属于藓纲真藓目葫芦藓科葫芦藓属，多生于林缘、路边、草地、庭院、墙角和坡地等阴湿地带。本实验以葫芦藓为代表，来观察藓纲植物的形态结构特征。

图2-15-1 蕨孢子体形态（C、D、E引自《中国植物志》iPlant）

2. 蕨根状茎结构

取新鲜蕨根状茎横切徒手制片或取蕨根状茎永久横切制片，先在低倍镜下，由外至内分辨出表皮、机械组织层、薄壁细胞层、内皮层和中柱；再在高倍镜下，仔细观察中柱各部分的空间分布位置、形态结构特征与排列方式（图2-15-2）。

（1）表皮 位于根状茎的最外侧，由1层薄壁细胞构成。

（2）机械组织层 位于表皮下，由几层厚壁细胞群构成。

（3）基本组织 位于机械组织层与维管束之间，由多层薄壁细胞群构成。

（4）中柱 位于根状茎中央且分布在薄壁组织之中，由多个分离的维管束呈2轮环状排列（图2-15-2）。中柱外环有多个维管束，内环仅2个维管束，2个环之间分布机械组织；该中柱为多环网状中柱。

（5）维管束 位于基本组织中的束状结构，由木质部、韧皮部和维管束鞘构成（图2-15-3）。

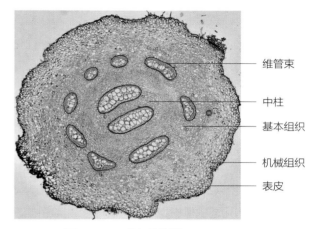

图2-15-2 蕨根状茎横切

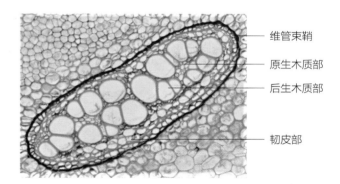

图2-15-3 蕨根状茎横切一部分（示维管束）

①维管束鞘 位于维管束最外侧，围着韧皮部，由1层体积较小、扁平且排列紧密的细胞构成。

②韧皮部 位于维管束鞘与木质部之间，由筛胞、韧皮薄壁细胞和韧皮纤维等组成。

③木质部 位于韧皮部内侧、维管束中央，由管胞、木薄壁细胞和木纤维等组成，其发育方式为中始式。位于木质部中央、管胞口径较小的部分为原生木质部，位于木质部四周、管胞口径较大的部分为后生木质部。

3. 蕨孢子叶与孢子囊结构

取新鲜蕨孢子叶经囊群徒手横切制片或取蕨孢子叶经囊群永久横切制片，先在低倍镜下浏览孢子叶和孢子囊群的空间分布位置与结构；再在高倍镜下，仔细观察孢子囊的形态结构特征与排列方式。

（1）孢子叶 位于孢子囊群上方，由表皮、基本组织和维管束构成（图2-15-4）。其上、下表

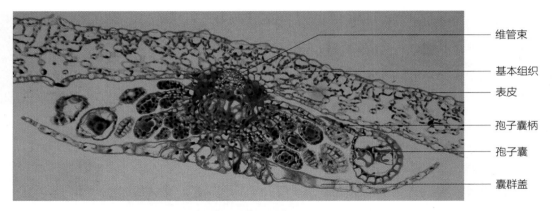

维管束

基本组织

表皮

孢子囊柄

孢子囊

囊群盖

图2-15-4 蕨孢子叶（经囊群）横切一部分

面均有由1层扁平、排列紧密的薄壁细胞构成表皮，上、下表皮之间有几层不规则、排列疏松、内含叶绿体的薄壁细胞构成基本组织，基本组织之中分布有木质部、韧皮部等构成的束状结构为维管束。

（2）孢子囊群 位于孢子叶维管束背面外侧，由多个具长柄的孢子囊和囊群盖（在孢子囊群外起保护作用）构成（图2-15-4）。

（3）孢子囊 位于孢子囊群中，是由基部的长柄和顶部膨大的囊构成的扁圆形结构（图2-15-5）。孢子囊基部，由两列细胞构成、与孢子叶相连的柄状结构为孢子囊柄；孢子囊顶部膨大区域的最外侧，由1层细胞构成的保护组织为孢子囊壁，其由内壁和侧壁均木化增厚的细胞形成的环带（约绕孢子囊壁3/4周）和薄壁细胞形成的裂口带（约绕孢子囊壁1/4周）构成，裂口带中2个横向稍长的细胞为唇细胞；孢子囊中的椭圆形颗粒为孢子。

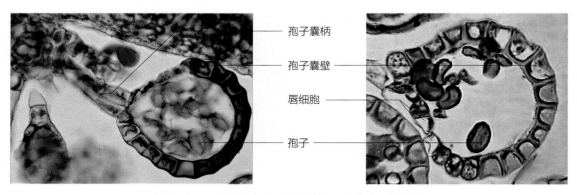

孢子囊柄

孢子囊壁

唇细胞

孢子

图2-15-5 蕨孢子叶（经囊群）横切一部分（示孢子囊）

4．蕨配子体（原叶体）的形态

取不同发育阶段的新鲜蕨原叶体或取系列蕨原叶体永久装片，肉眼或置于显微镜下观察，可见：①原叶体为绿色、扁平呈心形的叶状体，接地一面为腹面，相对的另一面为背面。②生长点位于顶端凹陷处，由小而排列紧密的细胞构成（图2-15-6A）。③假根位于腹面，由单细胞构成。④雌雄同株。⑤颈卵器位于腹面顶端凹陷处的下方，可见颈卵器颈部露在表面（图2-15-6B）。⑥精子器位于腹面，可见球形的精子器由1层壁和许多精子组成（图2-15-6C）。

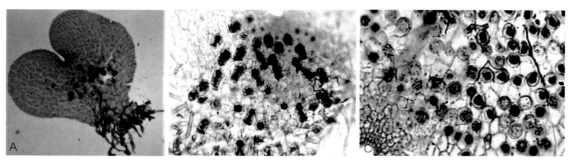

图2-15-6 蕨原叶体装片

5. 蕨原叶体结构

取新鲜蕨原叶体徒手横切制片或取蕨原叶体永久横切制片在显微镜下观察，可见：①原叶体由薄壁细胞构成，其边缘仅1层细胞，中部有多层细胞，颈卵器和精子器位于其腹面（图2-15-7A）。②颈卵器形如烧瓶，上部露在组织外、内含1个颈沟细胞和1个腹沟细胞的部分为颈部，下部埋入组织中、内含1卵细胞的部分为腹部（图2-15-7B）。③精子器球状，由1层细胞构成的壁和许多精子组成（图2-15-7C）。

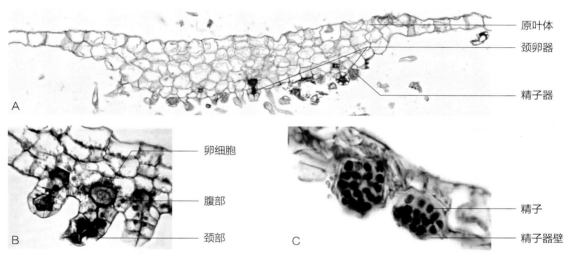

图2-15-7 蕨原叶体横切面一部分

6. 蕨幼孢子体的形态

取新鲜蕨幼孢子体装片或取蕨幼孢子体永久装片在显微镜下观察，可见其由初生根、初生叶、茎原茎和茎足等器官组成（图2-15-8）。茎足能从配子体吸取养料，供幼孢子体发育；当孢子体能够独立生活时，原叶体才逐渐死亡。

（二）垂穗石松的形态结构

垂穗石松（*Palhinhaea cernua* Vasc.）属于石松纲石松目石松科垂穗石松属，多生于海拔100～3 300 m的林下、灌丛下、草坡、路边和岩石上。

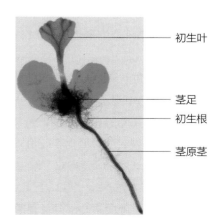

图2-15-8 蕨幼孢子体装片

1. 垂穗石松孢子体的形态

取垂穗石松新鲜植株或腊叶标本，肉眼或置于体视显微镜下观察，可见：①垂穗石松植株高可达60 cm，由根、茎、叶等部分组成（图2-15-9）。②须根白色。③主茎直立，光滑无毛，多回不等位二叉分枝，基部有次生匍匐茎。④叶线状钻形、基部下延无柄，其主茎上的叶稀疏且呈螺旋状排列，通常向下弯弓，分枝上的叶密生，通常向上弯曲。⑤孢子囊穗单生于小枝顶端，短圆柱形，成熟时通常下垂。

图2-15-9　垂穗石松植物体

2. 石松茎的结构

取新鲜石松茎徒手横切制片或取石松茎永久横切制片在显微镜下观察，由外至内依次可见（图2-15-10A）：①表皮位于最外侧，由1层扁平、体积较小、排列紧密的细胞构成。②皮层位于表皮与中柱之间，由排列紧密的厚壁细胞构成的厚壁组织和排列疏松的薄壁细胞构成的基本组织组成。③中柱位于皮层以内的中轴部分（图2-15-10B），由呈板状向左右扩展的木质部和韧皮部等构成，韧皮部生长侵入木质部，并使木质部在局部区域成为不连续且上下重叠的结构（平行带状维管束），该中柱类型为编织中柱。

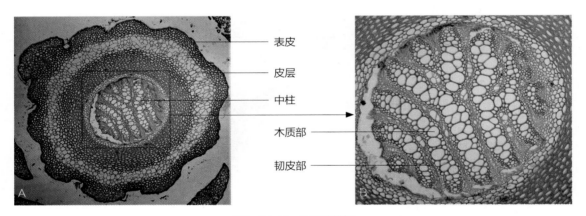

表皮

皮层

中柱

木质部

韧皮部

图2-15-10　石松茎横切

（三）节节草的形态结构

节节草（*Equisetum ramosissimum* Desf）属于木贼纲木贼目木贼科木贼属，喜生于山坡林下阴湿处，易生河岸湿地、溪边、路旁、果园和杂草地。

1. 节节草孢子体形态

取节节草新鲜植株或腊叶标本，肉眼或置于体视显微镜下观察，可见：①节节草植株高20～60 cm，由根、茎、叶等部分组成（图2-15-11A、B）。②根、茎黑褐色，生少数黄色须根（图2-15-11B、C）。③茎直立，单生或丛生，灰绿色，肋棱6～20条，粗糙，中部以下多分枝，分枝常具2～5小枝（图2-15-11D、E）。④叶轮生，退化连接成筒状鞘，鞘口随棱纹分裂成长尖三角形的裂齿，齿短，外面中心部分及基部黑褐色，先端及缘渐成膜质（图2-15-11E）。⑤孢子囊穗紧密，矩圆形，无柄，有小尖突，顶生（图2-15-11F）。

图2-15-11　节节草植物体

2. 节节草茎的结构

取新鲜节节草茎徒手横切制片或取节节草茎永久横切制片在显微镜下观察，由外至内依次可见（图2-15-12A）：①表皮位于最外侧，由1层扁平、体积较小、排列紧密的细胞构成。②皮层位于表皮与中柱之间，由机械组织、基本组织和槽腔（皮层气腔）组成，其槽腔为茎每个凹槽下面部分多边形薄壁细胞破裂形成的1个较大空腔，为皮层中的通气组织。③中柱位于皮层以内的中轴部分，由多个维管束、基本组织和髓部组成，髓部细胞在节间处破裂形成髓腔，中柱类型为具节中柱（思考：该中柱类型有何特点？）。④维管束由维管束鞘、木质部、韧皮部和脊腔（脊沟）等组成（图2-15-12B），脊腔为原生木质部破裂形成的空腔，为维管束中的气道。

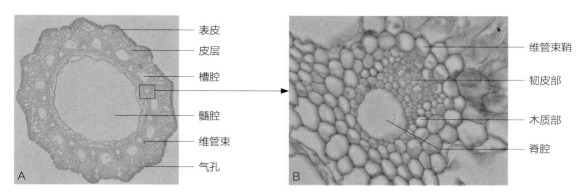

图2-15-12　节节草茎横切

（四）松叶蕨的形态结构

松叶蕨（*Psilotum nudum* Beauv.）属于松叶蕨纲松叶蕨目松叶蕨科松叶蕨属，附生于岩石缝隙或树干上。

1. 松叶蕨孢子体形态

取松叶蕨新鲜植株或腊叶标本，肉眼或置于体视显微镜下观察，可见（图2-15-13）：①松叶蕨植株高15～51 cm，由根、茎、叶等部分组成。②根茎横行，圆柱形，褐色，仅具假根，二叉分枝。③地上茎直立，绿色，下部不

图2-15-13　松叶蕨植物体（图A、B引自《中国植物志》iPlant）

分枝，上部多回二叉分枝，枝三棱形。④叶散生，二型，不育叶鳞片状三角形，孢子叶二叉形。⑤孢子囊单生在孢子叶叶腋，球形，黄褐色，3室。

2. 松叶蕨茎的结构

取新鲜松叶蕨茎徒手横切制片或取松叶蕨茎永久横切制片在显微镜下观察，由外至内依次可见（图2-15-14A）：①表皮位于最外侧，由1层排列紧密的柱状细胞所构成，在表皮上可观察到气孔。②皮层位于表皮与中柱之间，由机械组织和薄壁组织组成。③中柱位于皮层以内的中轴部分（图2-15-14B），由呈星状突起的木质部和陷入星状突起间的韧皮部组成，该中柱类型为星状中柱。

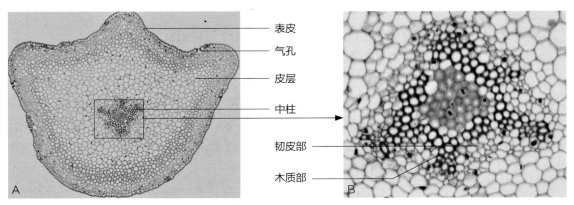

图2-15-14　松叶蕨茎横切

（五）数字切片观察

观察蕨类植物不同类群植物的数字切片（图2-15-15），对比它们在结构上的异同。

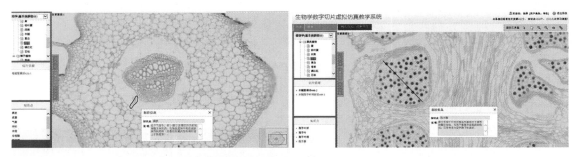

图2-15-15　蕨类植物数字切片虚拟仿真教学系统的部分功能界面

🔍 观察与思考

在蕨类植物中可观察到多种中柱类型，这是为什么？它与维管组织的进化有什么关系？

四、作业

1. 绘蕨植物体、根状茎横切面结构简图，注明各部分名称。

2. 观察数字切片，在线标注各蕨类植物的结构名称，并简述不同中柱类型在进化上的相互关系。

说课

实验十六
裸子植物的形态与结构
——

裸子植物是一群介于蕨类植物和被子植物之间，保留颈卵器、具有维管束、能够产生种子的高等植物。生活史类型为孢子体发达的异形世代交替，配子体不能够独立生活，寄生在孢子体上。

一、目的与要求

1. 了解并掌握裸子植物的形态与结构特征。

2. 了解并掌握裸子植物各类群代表植物在形态结构上的异同。

二、器具与材料

1. 器具

生物显微镜、显微-数码互动成像系统、照相机、体视显微镜、盖玻片、滴瓶、水、载玻片、镊子、刀片、纱布、吸水纸。

2. 材料

苏铁叶横切面，银杏大孢子叶球、银杏叶横切面、银杏茎横切面，松针横切面、松茎横切面（一年生、多年生）、松种子纵切面、松大孢子叶球纵切面、松树雄球花纵切，裸子植物代表植物实体标本。

三、内容与方法

观察重点：裸子植物的形态与结构，大、小孢子叶球的结构。

观察方法：显微镜下或实体观察裸子植物各类群代表植物的外部形态，以及各器官的空间分布、解剖结构和细胞组织排列特征。

（一）苏铁的形态结构

苏铁（*Cycas revoluta* Thunb）属于苏铁纲苏铁目苏铁科苏铁属，喜暖热湿润环境，不耐寒冷。在我国南方多栽植于庭园，10年以上的树木几乎每年开花结实；江浙及华北各省区多栽于盆中，冬季置于温室越冬，几乎终生不开花。

1. 苏铁植物体的形态

观测苏铁植物体或标本（图2-16-1），可见：①苏铁树干高约2 m或更高，茎圆柱形，不分枝，有螺旋状排列的菱形叶柄残痕。②叶为羽状叶，从茎的顶部生出，呈倒卵状狭披针形。③羽状裂片达

100对以上，条形，厚革质，坚硬，边缘显著地向下反卷，先端有刺状尖头。④雌雄异株，大、小孢子叶球均生于茎顶。⑤雄球花（小孢子叶球）圆柱形，由许多扁平、窄楔形的小孢子叶（雄蕊）螺旋排列而成。⑥小孢子叶背面（远轴面）密生3～5个小孢子囊组成的小孢子囊群。⑦雌球花（大孢子叶球）由许多扁平的大孢子叶螺旋排列而成。⑧大孢子叶密生淡黄色绒毛，上部羽状分裂，下部具长柄，柄两侧生有2～6枚胚珠。⑨种子红褐色，卵圆形，稍扁。⑩种皮分3层，其外种皮肉质，中种皮骨质，内种皮纸质。

图2-16-1　苏铁植物体形态
A. 植物体；B. 叶；C. 小孢子叶球；D. 小孢子叶；E. 大孢子叶球；F. 大孢子叶；G. 大孢子叶；H. 种子；
I. 种子纵剖；J. 种皮；K. 种仁

2. 苏铁叶的结构

取苏铁新鲜羽叶裂片徒手横切制片或取苏铁羽叶裂片永久横切制片，先在低倍镜下浏览，可见其由外至内分为表皮、下皮层、叶肉和维管束等部分（图2-16-2）；再在高倍镜下仔细观察各细胞组织的形态与排列特点。

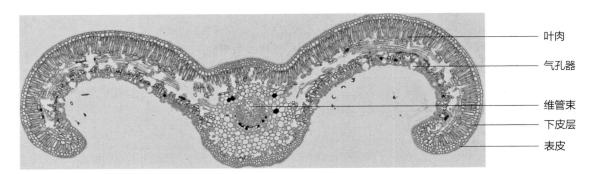

叶肉
气孔器
维管束
下皮层
表皮

图2-16-2　苏铁叶横切

（1）表皮　位于叶片的最外侧，由1层厚壁细胞构成。位于近轴面的为上表皮，细胞扁平，外切向壁上具厚角质层；位于远轴面为下表皮，细胞椭圆形或长方形，其上有内陷的单唇型气孔（图2-16-3）。

（2）下皮层　位于上表皮下方，由1~2层厚壁细胞构成（图2-16-3）。

（3）叶肉　位于上、下表皮之间，由栅栏组织和海绵组织构成。栅栏组织位于下皮层内侧，由长柱状细胞紧密排列而成，细胞内含叶绿体较多；海绵组织位于下表皮内侧，由长椭圆形或长方形细胞疏松排列而成，细胞内含叶绿体较少；副转输组织位于叶脉两侧的栅栏组织和海绵组织之间，由伸长的薄壁细胞和具有纹孔的管胞构成（图2-16-3）。

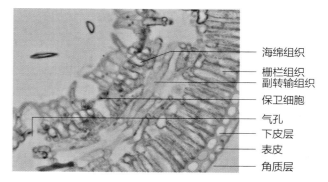

图2-16-3　苏铁叶横切一部分（示表皮、叶肉等）

（4）维管束　位于叶脉内皮层内侧的束状结构，由韧皮部、木质部、形成层组成（图2-16-4）。韧皮部位于远轴面，由筛胞、薄壁细胞等构成；木质部位于近轴面，由管胞、薄壁细胞等构成，中始式发育；形成层位于韧皮部与木质部之间，由2~3层排列紧密的近方形或不规则形细胞构成。

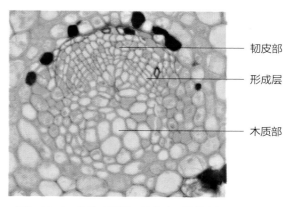

图2-16-4　苏铁叶横切一部分（示维管束）

（二）银杏的形态结构

银杏（*Ginkgo biloba* L.）属于银杏纲银杏目银杏科银杏属，为喜光、深根性树种，能在高温多雨及雨量稀少、冬季寒冷的地区生长，但不耐盐碱土及过湿的土壤。

1. 银杏植物体的形态

观察银杏植物体或标本（图2-16-5），可见：①银杏为落叶大乔木，高能达40 m，胸径可达4 m，幼年及壮年树冠圆锥形，老则广卵形。②叶扇形，有长柄，淡绿色，无毛，有多数叉状并列细脉，在短枝上常具波状缺刻，在长枝上常2裂，基部宽楔形，在长枝上螺旋状散生，短枝上3~8叶呈簇生状，秋季落叶前变为黄色。③雌雄异株，雌株的长枝常较雄株开展，球花生于短枝顶端的鳞片状叶的腋内，呈簇生状。④雄球花呈葇荑花序状，具短梗，雄蕊排列疏松，具短梗，花药常2个，长椭圆形，药室纵裂。⑤雌球花具长梗，梗端常分两叉，每叉顶生1盘状珠领，胚珠着生其上。⑥种子长倒卵形，具长梗，下垂，由种皮、胚和胚乳组成。⑦种皮分3层，其外种皮肉质，熟时黄色或橙黄色，外被白粉，中种皮白色，骨质，具2~3条纵脊，内种皮膜质，淡红褐色。⑧胚乳肉质，味甘略苦。⑨胚常具2枚子叶。

2. 银杏叶的结构

取新鲜银杏叶徒手横切制片或取银杏叶永久横切制片，在显微镜下观察，先在低倍镜下浏览，可见其由外至内分为表皮、叶肉和维管束等部分（图2-16-6）；再在高倍镜下仔细观察各细胞组织的形态与排列特点。

图2-16-5 银杏植物体形态

A. 幼壮年植株；B. 老年植株；C. 长枝；D. 短枝；E. 雄球花与枝条；F. 雄蕊；G. 花药开裂；H. 雌球花与枝条；
I. 雌球花；J. 胚珠纵剖；K. 种子与枝条；L. 种子；M. 种子纵剖；N. 外种皮；O. 中种皮；P. 内种皮；Q. 种仁

（1）表皮 位于叶片的最外侧，由1层扁平长方形或椭圆形的薄壁细胞构成（图2-16-6），上表皮位于近轴面，下表皮位于远轴面。

（2）叶肉 位于上、下表皮之间，由栅栏组织和海绵组织构成（图2-16-7）。栅栏组织位于上表皮内侧，由1层短分叉细胞构成；海绵组织位于下表皮与栅栏组织之间，由许多形状不规则、排列疏松的细胞构成；树脂道位于叶肉组织中，是由扁平、能分泌树脂的细胞构成的分泌管道。

（3）维管束 位于叶脉内皮层内侧的束状结构，由韧皮部、木质部和形成层组成（图2-16-8）。韧皮部位于远轴面，由筛胞和薄壁细胞等构成；木质部位于近轴面，由管胞和薄壁细胞等构成；形成层位于韧皮部与木质部之间，由2～3层排列紧密近方形的细胞构成。

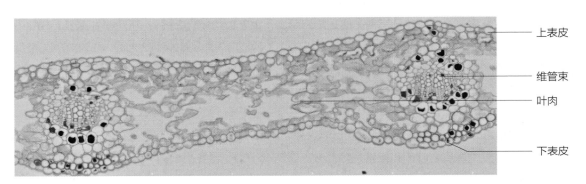

上表皮

维管束

叶肉

下表皮

图2-16-6 银杏叶横切一部分

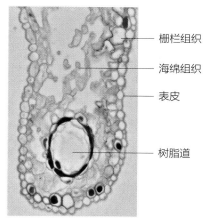

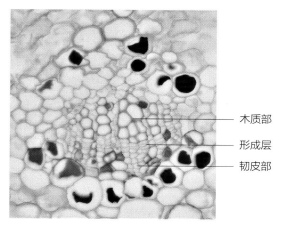

图2-16-7 银杏叶横切一部分（示树脂道）　　　图2-16-8 银杏叶横切一部分（示维管束）

（三）黑松的形态结构

黑松（*Pinus thunbergii* Parl.）属于松柏纲松柏目松科松属，喜光，耐干旱瘠薄，不耐水涝，不耐寒，适生于温暖湿润的海洋性气候区域，最宜在土层深厚、土质疏松且含有腐殖质的砂质土壤处生长。

1. 黑松植物体的形态

观察黑松植物体或标本（图2-16-9），可见：①黑松为常绿乔木，高可达30 m，胸径可达2 m，枝条开展，树冠宽圆锥状或伞形。②一年生枝淡褐黄色，冬芽银白色圆柱状椭圆形，顶端尖，芽鳞披针形，边缘白色丝状。③针叶2针一束，深绿色，有光泽，粗硬，背腹面均有气孔线。④雌雄同株。⑤雄球花淡红褐色，圆柱形，聚生于新枝下部，由许多小孢子叶螺旋状排列而成，每个小孢子叶背面着生2个小孢子囊。⑥雌球花为淡紫红色或淡褐红色，卵圆形，直立，有梗，单生或2～3个聚生于新枝近顶端，由许多螺旋状排列的珠鳞（大孢子叶）和与之并生的苞鳞组成，珠鳞和苞鳞分离（仅基部结合），珠鳞的腹面基部着生2个胚珠。⑦球果成熟前绿色，熟时褐色，圆锥状卵圆形，有短梗，向下弯垂，中部种鳞卵状椭圆形，鳞盾微肥厚，横脊显著，鳞脐微凹，有短刺。⑧种子位于种鳞的腹面，倒卵状椭圆形，种翅灰褐色，有深色条纹。⑨子叶5～10枚。

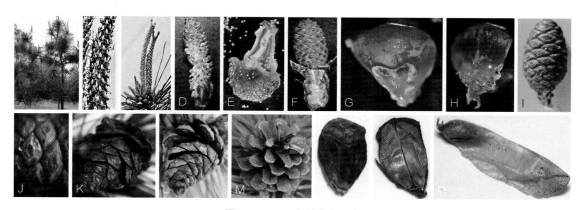

图2-16-9 黑松植物体形态

A. 植物体；B. 一年生枝；C. 雌雄同株；D. 雄球花；E. 小孢子叶；F. 雌球花；G. 珠鳞与苞鳞；H. 珠鳞与胚珠；I. 球果；J. 鳞盾；K～M. 球果开裂；N. 种鳞背面观；O. 种鳞腹面观；P. 种子

2. 松叶（针）的结构

取新鲜松叶（针）徒手横切制片或取松叶（针）永久横切制片在显微镜下观察，可见其由外至内分为表皮、下皮层、叶肉和维管束等部分（图2-16-10）。

（1）表皮　位于叶最外侧，由1层细胞壁厚、细胞腔狭小的细胞构成，其外侧有发达的角质层、有为副卫细胞拱盖着下陷至下皮层部位的气孔（图2-16-11）。

（2）下皮层　位于表皮内侧，由1～2层（两角处2～4层）硬化纤维状的厚壁细胞构成。

（3）叶肉　位于下皮层与维管束之间，由细胞壁内陷皱褶、排列紧密、含有叶绿体的薄壁细胞构成。

（4）树脂道　位于叶肉中，由外侧1层厚壁细胞（构成鞘）和内侧1层上皮细胞围成的裂生型管道，仅上皮细胞分泌树脂于管道内（图2-16-11）。

（5）内皮层　位于叶肉组织内侧，由1层椭圆形、内含淀粉粒的细胞构成，其细胞壁上有带状增厚并木质化的凯氏带。

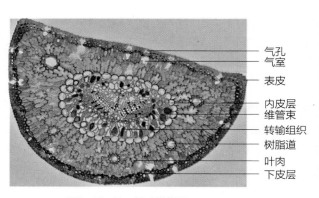

图2-16-10　松叶横切面

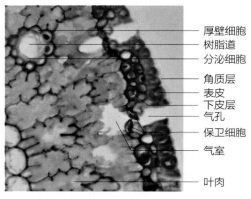

图2-16-11　松叶横切面一部分
（示表皮、叶肉等）

（6）维管束　位于针叶中央、内皮层内侧，由转输组织和1～2束维管组织（木质部和韧皮部）等构成（图2-16-12）。维管组织由木质部和韧皮部等构成；木质部位于近轴面，由管胞和薄壁细胞等构成；韧皮部位于远轴面，由筛胞和薄壁细胞等构成。转输组织位于维管束与内皮层之间，由伸长的薄壁组织细胞、具纹孔的管胞和蛋白质细胞构成；蛋白质细胞位于韧皮部一侧，由具浓厚细胞质的细胞构成。

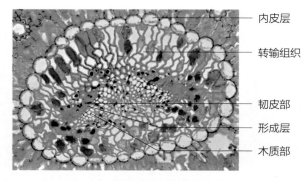

图2-16-12　松叶横切一部分（示维管束）

3. 松小孢子叶球（雄球花）的结构

取松雄球花纵切永久制片在低倍镜下观察（图2-16-13A），可见其中央有1个长轴，轴两侧着生的许多片状结构为小孢子叶。转高倍镜下观察1个结构完整的小孢子叶，可见其背面（远轴面）的2个长形结构为小孢子囊，其内有无数小孢子（花粉粒）（图2-16-13B）；成熟花粉粒（雄配子体）

图2-17-4　玉米植物体一部分
A. 支持根发生；B. 支持根形态

（4）攀缘根　取凌霄（*Campsis grandiflora* Schum.）新、老枝条观察（图2-17-5），可见其茎细长，在茎的一侧生有顶端扁平、易于附着攀缘于物体表面的不定根。

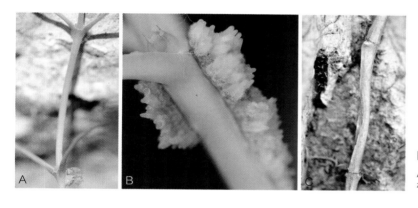

图2-17-5　凌霄植物体一部分
A. 幼茎与不定根；B. 茎与不定根；C. 老茎与不定根

（5）寄生根　取菟丝子（*Cuscuta chinensis* Lam.）植物体（含宿主大豆植株）和菟丝子（含宿主茎）永久横切制片观察（图2-17-6），可见其植物体金黄色，叶退化，不能够进行光合作用，在节部产生的不定根（吸器）深入宿主体内，并与其维管组织相连，以此吸取宿主体内的水分和营养物质，来满足自身的生长与繁衍后代的需要。

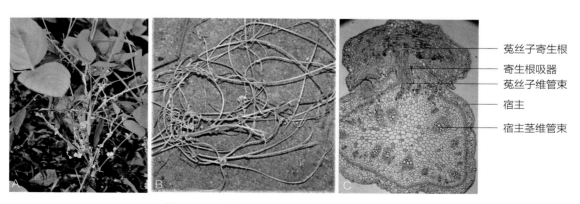

菟丝子寄生根
寄生根吸器
菟丝子维管束
宿主
宿主茎维管束

图2-17-6　菟丝子植物体一部分
A. 菟丝子与宿主（大豆茎）；B. 外形；C. 宿主茎与寄生根横切面

（二）茎的形态与术语

茎有主干和侧枝之分，通常生长在地上，其基本形态为圆柱形，上面生有叶和芽。芽生于茎的顶端与叶腋处，节为茎上长叶的区域，相邻2节之间为节间。节间距离长的枝条为长枝，节间距离短、节密生的枝条为短枝。

1. 茎的外形与术语

（1）枝条形态与术语　观察加拿大杨（*Populus canadensis* Moench.）二年生枝条（图2-17-7），可见：①枝条上许多密集环绕在一起的疤痕为芽鳞痕，它是由芽鳞片脱落后留下的痕迹。②节部的疤痕为叶痕，它是叶脱落后留下的痕迹。③叶痕中间小的点状突起为叶迹，它是叶脱落时维管束断裂后留下的痕迹。④枝条表面上的椭圆形小孔为皮孔，它是茎与外界进行气体交换的通道。

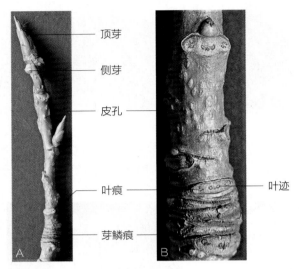

图2-17-7　加拿大杨的形态

（2）枝条类型与术语

①单轴分枝　观察陆地棉植物体（图2-17-8A），可见其主干直立而明显，这是由于顶芽活动占优势，永远位于最高点，并形成1个粗壮的主轴；侧芽发育成的侧枝都分布在主轴四周，并位于顶芽之下，形成主侧枝分明的植物体。

②合轴分枝　观察陆地棉果枝（图2-17-8B），可见枝条外形是弯曲的，这是由于顶芽发育到一定阶段便形成花芽或死亡，不再继续向上生长，随后由其下方叶腋里的1个叶芽代替顶芽，迅速向上生长形成新枝，新枝生长一段时间后，其顶芽又形成花芽或死亡，再由其下方叶芽代替其生长形成新枝，如此循环往复，形成许多侧枝相连的弯曲枝条。

③假二叉分枝　观察丁香（*Syringa oblata* Lindl.）植物体或枝条（图2-17-8C），可见分枝呈二叉状，这是由于顶芽生长到一定阶段后便形成花芽或死亡，其下对生的2个侧芽分别发育成为新的枝条，如此循环往复，形成呈二叉状分布的枝条。

图2-17-8　植物枝条类型

A. 陆地棉主干与营养枝，单轴分枝；B. 陆地棉果枝，合轴分枝；C. 丁香枝条，假二叉分枝；D. 水稻幼苗，分蘖

图2-17-13　植物复叶类型

②叶对生　取瓜子黄杨（*Buxus microphylla* Sieb. et Zucc.）枝条观察，可见枝条每个节位（或节面）上都着生2张叶，叶呈对生状排列在枝条上，称叶对生（图2-17-14B）。

③叶轮生　取夹竹桃枝条观察，可见枝条每个节位（或节面）上都着生3片叶，叶呈轮生状排列在枝条上，称叶轮生（图2-17-14C）。

④叶簇生　观察芦荟（*Aloe vera* L.）植物体，可见许多叶着生在节间极度缩短的枝条上，叶呈丛生状排列在枝条上，称叶簇生（图2-17-14D）。

⑤叶基生　观察从土壤中挖出的紫花地丁（*Viola philippica* Cav.）植株，可见许多叶呈莲座状排列在植物体的基部，称叶基生（图2-17-14E）。

图2-17-14　植物叶序类型

（4）叶脉类型与术语　通过较大叶脉的分支方式、走向和排列分布等，来确定叶脉类型。

①平行脉　观察玉米、芭蕉（*Musa basjoo* Sieb. et Zucc.）叶片，可见多数叶脉近于平行排列，称平行脉。玉米的叶脉从叶片基部发出，其侧脉与中脉近于平行地到达叶片顶端，称直出平行脉

（图2-17-15A）；芭蕉先从叶片基部发出1条明显粗大、纵向的主（中）脉，再从中脉向两侧发出许多横向排列的侧脉，各侧脉近于平行的到达叶片边缘，称横出平行脉（图2-17-15B）。

②网状脉 观察桑叶片，可见从叶片基部发出几条较大叶脉，再从大叶脉数回分枝形成更多的小叶脉，它们互相连接成网，称网状脉（图2-17-15C）。

③三出脉 观察樟（*Cinnamomum camphora* Presl）叶片，可见从叶片基部发出3条明显的大叶脉，再从大叶脉数回分枝形成更多的小叶脉，称三出脉（图2-17-15D）。

④射出脉 观察莲（*Nelumbo nucifera* Gaertn.）叶片，可见多条较大叶脉从圆形叶片中心（叶柄顶端）发出，呈辐射状向叶缘扩展，并从大叶脉经数回分枝形成更多的小叶脉，称射出脉（图2-17-15E）。

图2-17-15 植物脉序类型

（5）叶片形态与术语 对叶片的形态，可从叶形、叶缘、叶裂、叶尖、叶基等方面进行描述。

①叶形 主要通过观察叶片的长宽比、最宽处所在位置与整体形态，来确定叶形（图2-17-16）。常用描述叶形术语有：卵形，叶片的长约为宽的2倍或较少，中部以下最宽，向上渐狭，基部圆阔，整个叶片形如鸡蛋，如梨等；倒卵形，叶片的长约为宽的2倍或较少，最宽处在中部以上，是卵形的颠倒，如花生小叶等；披针形，叶片的长为宽的3～5倍，中部或中部以下最宽，向上渐狭，如柳；圆形，叶片的长、宽相等，形如圆盘，如莲等；椭圆形，叶片的中部宽而两端较狭，两侧叶缘呈弧形，如榆（*Ulmus pumila* L.）等；条形（线形），叶片的长约为宽的5倍以上，且全叶的宽度接近相等，两侧边缘接近平行，如水稻等；菱形，叶片呈近等边斜方形，如藜（*Chenopodium album* L.）；

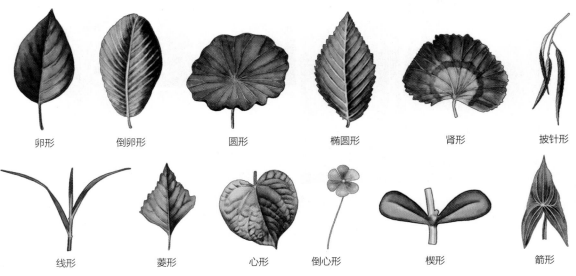

| 卵形 | 倒卵形 | 圆形 | 椭圆形 | 肾形 | 披针形 |

| 线形 | 菱形 | 心形 | 倒心形 | 楔形 | 箭形 |

图2-17-16 叶形形态模式图

心形，叶片的长约为宽的2倍或较少，如卵形，但基部宽圆而生凹，先端急尖，全形似心脏，如紫荆（*Cercis chinensis* Bunge）；倒心形，叶片呈倒心形，如酢浆草（*Oxalis corniculata* L.）小叶等；楔形，叶片自中部以下向基部两边渐变狭状，形如楔子，如马齿苋（*Portulaca oleracea* L.）；肾形，叶片的横向较宽，基部凹入成钝形，叶端钝圆，形似肾，如天竺葵（*Pelargonium hortorum* Bailey）；箭形，叶片的基部两边夹角明显大于平角，下端略呈耳形，似箭，如慈姑。

②叶缘　主要通过观察叶片边缘是否具有缺刻，以及缺刻的形状，来确定叶缘的类型（图2-17-17）。常用描述叶缘术语有：全缘，叶片周边平滑或近于平滑，不具有齿和缺刻，如大豆等；锯齿缘，叶片周边具尖锐的齿，齿端向前呈锯齿状，如大麻（*Cannabis sativa* L.）等；重锯齿缘，叶片周边锯齿状，锯齿边缘又具锯齿，如光叶绣线菊（*Spiraea japonica* L. f. var. *fortunei* Rehd.）等；牙齿缘，叶缘具尖锐的齿，齿端向外呈牙齿状，如秋牡丹（*Anemone hupehensis* V. Lem.）等；凹波缘，叶片周边的波缘全由凹波组成，如曼陀罗（*Datura stramonium* Linn.）；凸波缘，叶片周边的波缘全由凸波组成，如活血丹（*Glechoma longituba* Kupr.）。

③叶裂　主要通过观察叶片分裂的深度与1/2叶片宽度的比例，以及裂片在整个叶片上的排列形态，来确定叶裂的类型（图2-17-18）。常用描述叶裂术语有：浅裂，叶片分裂深度不超过叶片

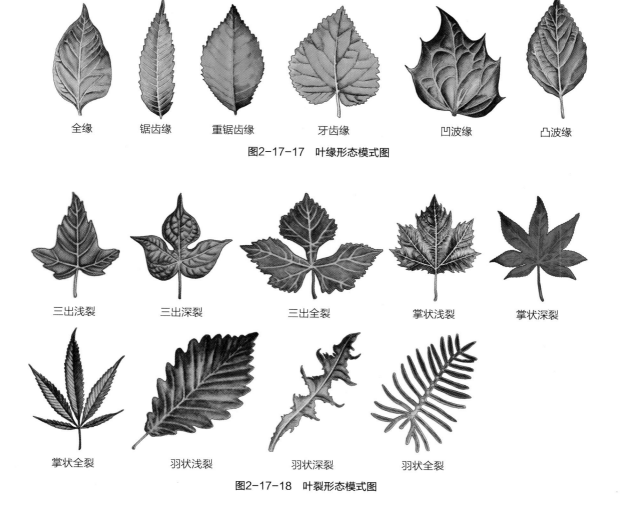

全缘　　　锯齿缘　　　重锯齿缘　　　牙齿缘　　　凹波缘　　　凸波缘

图2-17-17　叶缘形态模式图

三出浅裂　　　三出深裂　　　三出全裂　　　掌状浅裂　　　掌状深裂

掌状全裂　　　羽状浅裂　　　羽状深裂　　　羽状全裂

图2-17-18　叶裂形态模式图

宽度的1/4，如陆地棉等；深裂，叶片分裂深度超过叶片宽度的1/4，如葎草（*Humulus scandens* Merr.）等；全裂，叶片分裂达到叶片的中脉或基部，各裂片彼此完全分开，如大麻等。

④叶尖　主要通过观察叶片顶端的形态，来确定叶尖的类型（图2-17-19）。常用描述叶尖术语有：渐尖，叶片先端逐渐变尖，尖头延长而有内弯的边，如榆叶梅（*Amygdalus triloba* Lindl.）等；锐尖，叶片先端突然变尖，尖头成锐角而有直边，如金樱子（*Rosa laevigata* Michx.）等；尾尖，叶片先端呈尾状延长，如郁李（*Cerasus japonica* Lois.）等；芒尖，叶片顶端突然变成长短不等、硬而直的钻状的尖头，如芒尖苔草（*Carex doniana* Spreng）；卷须状，叶片顶端变成螺旋状的或曲折的附属物，如豌豆（*Pisum sativum* L.）等；钝形，叶片先端钝圆或狭圆形，如冬青卫矛（*Euonymus japonicus* Thunb.）等；凹形，叶片先端稍凹入，如凹头苋（*Amaranthus lividus* L.）等。

⑤叶基　主要观察叶片基部的形态，来确定叶基的类型（图2-17-20）。常用描述叶基术语有：心形，叶基于叶柄连接处凹入，两侧各有1个圆形裂片，如甘薯等；垂耳形，叶基两侧各有一耳垂形

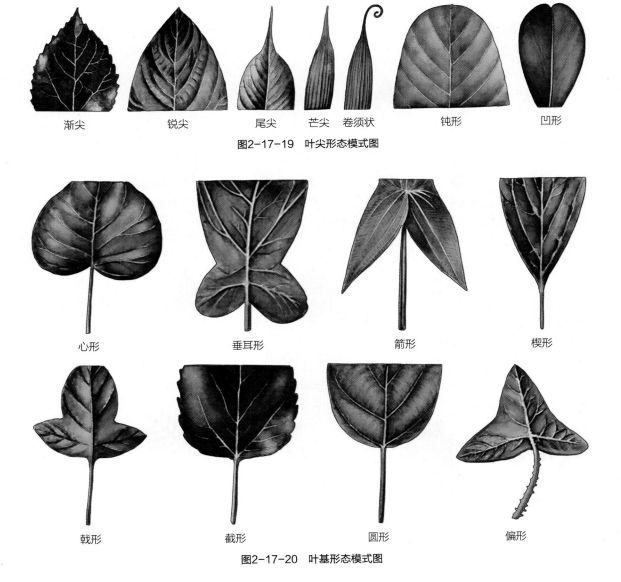

| 渐尖 | 锐尖 | 尾尖 | 芒尖 | 卷须状 | 钝形 | 凹形 |

图2-17-19　叶尖形态模式图

| 心形 | 垂耳形 | 箭形 | 楔形 |

| 戟形 | 截形 | 圆形 | 偏形 |

图2-17-20　叶基形态模式图

的小裂片，如油菜（*Brassica napus* L.）等；箭形，叶基深陷、两侧的裂片向下成箭状，如慈姑等；楔形，叶片自中部以下向基部两边逐渐变狭，状如楔子，如垂柳（*Salix babylonica* L.）等；戟形，叶基两侧的小裂片向外，如田旋花（*Convolvulus arvensis* L.）等；圆形，叶基呈半圆形，如苹果（*Malus pumila* Mill.）等；偏形，叶基两侧不对称，如秋海棠（*Begonia grandis* Dry.）等。

2. 叶的形态多样性与术语

（1）鳞叶　用刀纵切洋葱葱头后观察，可见鳞茎盘上生有许多肉质多汁的片状物（最外几片干膜质），为鳞叶；在鳞叶叶腋处生有腋芽（图2-17-11C、D）。

（2）叶卷须　观察豌豆叶，可见其顶端一部分转变为适于攀援它物的卷曲细丝，为叶卷须（图2-17-21A）。

（3）叶刺　观察金琥（*Echinocactus grusonii* Hildm.）和刺槐（*Robinia pseudoacacia* L.）的茎，可见它们茎上有尖硬的刺。其中金琥的刺位于球形的肉质茎上，为叶的变态，称叶刺（图2-17-21B）；刺槐的刺位于叶柄基部的茎上，为托叶的变态，称托叶刺（图2-17-21C）。

（4）叶捕虫器　观察猪笼草（*Nepenthes mirabilis* Druce）植物体（图2-17-21D），可见其叶分为叶柄和叶片（图2-17-21E、F）。叶柄很长，基部为扁平的假叶状，中部细长如卷须状，可缠绕他物，上部变为瓶状的捕虫器；叶片生于瓶口，成一小盖覆盖于瓶口之上。

图2-17-21　植物叶多样性（变态）类型

（四）虚拟标本

利用虚拟仿真教学系统中的资料和虚拟标本（图2-17-22），在线学习描述植物营养器官的规范化名词术语。

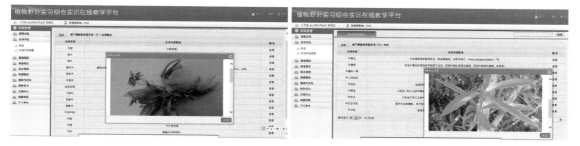

图2-17-22　植物营养器官名词术语虚拟仿真教学系统的部分功能模块界面

🔍 **观察与思考**

1 简述根、茎、叶的形态多样性与环境有何关系？其中的进化意义是什么？

2 在实验过程中，你是如何判别根、茎、叶变态器官所属类型的？依据是什么？

3 在实验过程中，你是如何区分羽状复叶与羽状全裂叶的？

四、作业

1. 选择2～3个物种，用描述营养器官的规范化术语，书写出它们的描述报告。
2. 选择8～10个物种，用描述营养器官的规范化术语，编制出检索表。

实验十八

被子植物花的形态多样性与术语

———

说课

　　花是被子植物繁衍后代的生殖器官，在长期演化过程中，各种群形成了相对稳定、不易发生环境饰变的花的独特形态结构特征。人们对花在花轴上的排列方式和花各组成部分的存在与否、数目多少、联合程度、位置关系和内部结构等进行归纳与分类，并给予一定的名称与术语，作为被子植物科属分类鉴定和系统进化的主要依据。

一、目的与要求

了解并掌握被子植物花的基本形态结构特征，并能够用规范化的术语对其进行描述。

二、器具与材料

1. 器具

体视显微镜、放大镜、镊子、刀片、解剖针、载玻片、纱布、吸水纸。

2. 材料

被子植物花器官（花、花序）实物标本（腊叶标本、浸渍标本、新鲜花朵或花枝）和图片。

三、内容与方法

　　观察重点：花的排列方式，花各组成部分的有无、数目、分合程度、位置关系和内部结构。

　　观察方法：观察花（花序）的形态并对花进行解剖，书写花程式，绘制花图式；通过对多个物种花形态结构的对比，编写检索表，建立术语与形态的对应关系。

（一）花的类型与组成

　　花由花柄、花萼、花冠、雄蕊群和雌蕊群组成，其中花萼和花冠又称花被，雄蕊和雌蕊又称性器官。由上述几部分组成的花为完全花，如酢浆草的花（图2-18-1A），缺少其中之一的为不完

1. 镊合状

取1枚西红柿花蕾，由外至内剥开或徒手横切制片观察，可见花被片边缘向内彼此接触，但不覆盖，为内向镊合状（图2-18-7A）。

2. 旋转状

取1枚棉花蕾，由外至内剥开或徒手横切制片观察，可见花被片的一边覆盖着相邻片的边缘，另一边被另一相邻片的边缘所覆盖（图2-18-7B、C）。

3. 覆瓦状

取油菜花蕾1枚，由外至内剥开或徒手横切制片观察，可见花被片中的一片或两片完全覆盖在旋转排列的花被片外侧（图2-18-7D）。

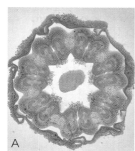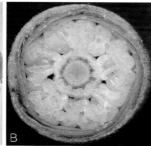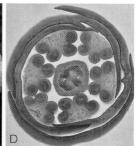

图2-18-7　植物花被在花芽中的排列方式类型

（五）雄蕊群的多样性与术语

通过对花丝和花药的数目、排列与离合情况，以及花药着生与开裂情况，来确定雄蕊的多样性。

1. 雄蕊的类型与术语

（1）单体雄蕊　取苘麻（*Abutilon theophrasti* Medicus）花，剥去外侧的花被或纵剖花，可见所有雄蕊的花丝基部连合成一体，形成1个管状结构包在花柱外侧，而上部花丝与花药彼此分离（图2-18-8A、B）。

（2）二体雄蕊　取豇豆（*Vigna unguiculata* Walp.）花，剥去外侧的花被，可见花中有10枚雄蕊，其中9枚雄蕊的花丝大部连合，呈鞘状包在子房外侧，另1枚雄蕊单生（图2-18-8C）。

（3）多体雄蕊　取金丝桃（*Hypericum monogynum* L.）花，用镊子夹取花丝的中下部，可将花中的多枚雄蕊分为花丝基部连合的5束（图2-18-8D）。

（4）聚药雄蕊　取向日葵花盘，用解剖针挑破外侧花冠筒，可见花中有5枚雄蕊，其花药聚合在一起包裹在花柱外侧，花丝分离（图2-18-8E、F）。

（5）二强雄蕊　取泡桐（*Paulownia tomentosa* Steud.）花，用解剖针挑破外侧花冠筒，可见花中有4枚相互分离的雄蕊，且2长2短（图2-18-8G）。

（6）四强雄蕊　取萝卜花，剥去外侧的花被，可见花中有6枚相互分离的雄蕊，且4长2短（图2-18-8H）。

2. 花药着生方式与术语

（1）基着药　取开放的阔叶十大功劳（*Mahonia bealei* Carr.）花，剥取1枚雄蕊观察，可见其花药基部着生于花丝顶端（图2-18-9A）。

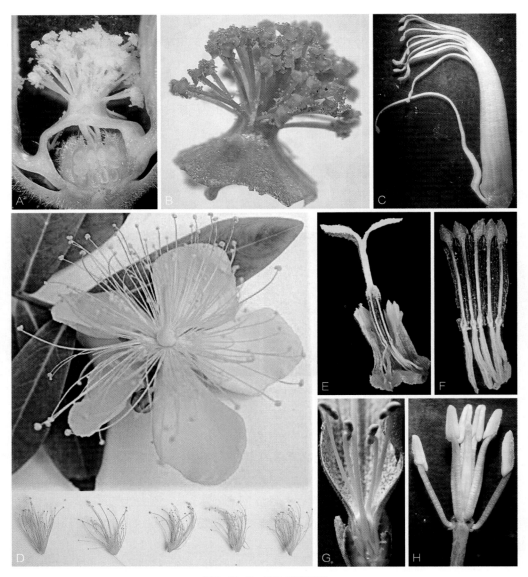

图2-18-8　植物雄蕊类型

图2-18-9　植物花药着生方式

二、器具与材料

1. 器具

体视显微镜、放大镜、镊子、刀片、解剖针、载玻片、纱布、吸水纸。

2. 材料

被子植物果实实物标本（腊叶标本、浸渍标本、新鲜果实或果枝）和图片。

三、内容与方法

观察重点：果实的组成，果皮与种皮的离合，果皮的质地、是否开裂及开裂方式。

观察方法：观察幼果与成熟果实的形态并进行解剖观察，了解其来源与发育，以及成熟果实的形态结构。

（一）果实类型与组成

如果实由多个小果聚生在同一花序轴上所构成，则为聚花果，如桑葚，它由整个花序发育而成，由花序轴、子房发育的单果及花萼发育的肉质多汁部分等共同组成（图2-19-1A）。如果实由多个小果聚生在同一花托上所构成，则为聚合果，如芍药，它由具离生单雌蕊的花发育而成，由花托和子房发育的单果组成（图2-19-1B）。如果实仅由1个小果构成，则为单果，如西瓜（*Citrullus lanatus* Matsum. et Nakai）、苘麻和三角槭（*Acer buergerianum* Miq.），它们由具1个雌蕊的花发育而成，由子房壁（或子房壁与托杯）发育的果皮和种子组成。通过解剖观察上述成熟单果果皮质地，可见西瓜果皮肉质多汁，称肉质果（图2-19-1C、D）；苘麻与三角槭果皮干燥，称干果，其中苘麻果皮成熟时开裂，为裂果（图2-19-1E），三角槭（*Acer buergerianum* Miq.）果皮成熟时不开裂，为闭果（图2-19-1F）。

图2-19-1　植物果实类型
A. 桑葚；B. 芍药果；C. 西瓜果；D. 西瓜果横剖；E. 苘麻果；F. 三角槭果

（二）单果的多样性与术语

由含1个雌蕊的花发育成1个"小果"的果实，称单果。通过观察果实果皮的质地、来源、是否开裂和开裂方式等，来确定各果实所属的类型。

1. 浆果

番茄果实为扁球状或近球状，红色，在果柄处有宿存的花萼。从果柄处纵剖或从中部横剖果实，可见其肉质多汁，内含多粒黄色种子，外果皮膜质，中果皮和内果皮肉质，无明显分界。取1粒种子肉眼观察或在体视显微镜下解剖观察，可见种子扁圆形，外被绒毛，内含1个极弯曲的胚（图2-19-2）。

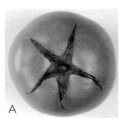

图2-19-2 番茄果实形态与结构
A. 果实外形；B. 果实纵剖；C. 果实横剖；D. 种子外形；E. 种子纵剖

2. 柑果

柑橘（*Citrus reticulata* Blanco.）果实为扁圆形或近圆球形，黄色。从中部横剖果实或剥开果皮，可见其外果皮革质，密生油点；中果皮与外果皮无明显分界，呈疏松海绵状，其最内层的白色网状线为维管束（称橘白或橘络，在瓤囊上可见）；内果皮膜质，向内分隔成瓣，为瓤囊，瓤囊内壁上的细胞发育成菱形或纺锤形半透明晶体状的汁胞；果实中央有空的中心柱，为中轴胎座的轴退化而成，多粒种子位于近中心柱的瓤囊内。取1粒种子肉眼观察或在体视显微镜下解剖观察，可见种子卵形，顶部狭尖，基部浑圆，内含1至多个子叶深绿、淡绿或间有近于乳白色的胚（图2-19-3）。

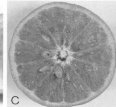

图2-19-3 柑橘果实形态与结构
A. 果实外形；B. 果皮纵向剥开；C. 果实横剖；D. 种子外形；E. 种子纵剖

3. 核果

杏（*Armeniaca vulgaris* Lam.）果实为球形，稀倒卵形，白色、黄色至黄红色，常具红晕，微被短柔毛，腹缝明显。从腹缝处纵剖果实，可见其外果皮薄，膜质；中果皮厚，肉质多汁；内果皮骨质坚硬，形成卵形或椭圆形、两侧扁平、顶端圆钝、基部对称的核。剥取核观察，可见核两侧扁平，表面稍粗糙，背棱较直，腹面具较圆、常稍钝的龙骨状棱（腹棱）。取1核沿腹棱纵剖，打开核壳后，肉眼观察或在体视显微镜下解剖观察，可见其内含1粒种子；种子扁平，基部渐狭，尾部急尖，无胚乳，子叶肥厚（图2-19-4）。

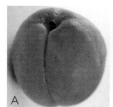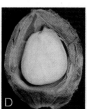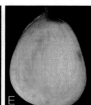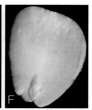

图2-19-4 杏果实形态与结构
A. 果实外形；B. 果实纵剖；C. 果核；D. 果核纵剖；E. 种子外形；F. 种子纵剖

4. 瓠果

哈密瓜（*Cucumis melo* L.）果实为长圆形或长椭圆形，黄绿色，果皮平滑，有纵沟纹或斑纹。从中部横剖果实，可见其外侧为较坚硬的果壁，由花托与外果皮结合而成；中果皮和内果皮无明显分界，肉质，果肉白、黄或绿色；内果皮上有3个较发达的胎座，其上着生许多种子。取1粒种子肉眼观察或在体视显微镜下解剖观察，种子污白或黄白色，卵形或长圆形，内含1胚（图2-19-5）。

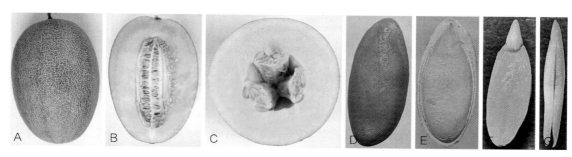

图2-19-5　哈密瓜果实形态与结构
A. 果实外形；B. 果实纵剖；C. 果实横剖；D. 种子外形；E. 种子纵剖；F. 胚长径剖面；G. 胚短径剖面

5. 梨果

苹果（*Malus pumila* Mill.）果实为扁球形，先端常有隆起，萼洼下陷，萼片宿存。从果柄至萼洼处纵剖，从中部横剖，可见果实外侧为很厚的肉质部分，由托杯、外果皮和中果皮共同发育而成，其近中央处有1条深色的线，为心皮与托杯的分界线（果心线），线两侧的深色斑点为维管束，线外为萼片维管束和花瓣维管束，线内为心皮维管束；内侧的纸质或革质部分为内果皮，内含种子。取1粒种子在体视显微镜下观察，可见种皮褐色或近黑色，内含1个子叶平凸的胚（图2-19-6）。

图2-19-6　苹果果实形态与结构
A. 果实外形；B. 果实纵剖；C. 果核横剖；D. 种子外形；E. 种子纵剖

6. 荚果

落花生（*Arachis hypogaea* Linn.）果实为长椭圆形，膨胀，荚厚，果皮上有凸起的网脉，种子之间有缢缩，在自然状态下不开裂，稍加外力其可沿背缝线和腹缝线两边裂开成2瓣，内含1~4粒种子。取1粒种子肉眼观察，可见种子肾形，种皮革质、红色或粉红色、侧边有1个小种脐，内含1个具2枚肥厚子叶的胚（图2-19-7）。

7. 蓇葖果

梧桐（*Firmiana platanifolia* Marsili）果实为长椭圆形，膜质，有柄，外面被短茸毛或几无毛，

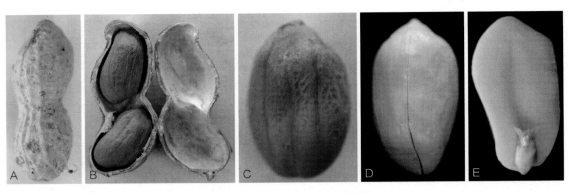

图2-19-7   落花生果实形态与结构
A. 果实外形；B. 果实纵裂；C. 种子；D. 胚；E. 胚纵剖

内含2~5粒种子；果皮在果实成熟前，沿腹缝线开裂成叶状，圆球形的种子位于叶状果皮的内缘。取1粒种子肉眼观察或在体视显微镜下解剖观察，可见种子圆球形，表面有皱纹，内含扁平或褶合的胚乳与胚，胚中子叶扁平而薄（图2-19-8）。

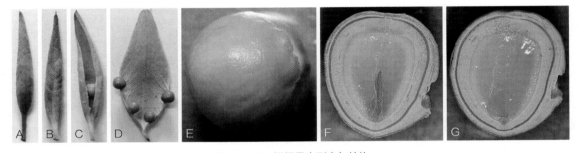

图2-19-8   梧桐果实形态与结构
A. 背面观；B. 腹面观；C、D. 果皮开裂；E. 种子外形；F. 种子短径剖面；G. 种子长径剖面

8. 角果

萝卜果实为圆柱形，顶端成1细喙，在种子间缢缩，并形成海绵质横隔，内含1~6粒种子；果实成熟时，果皮裂成含1种子的节或裂成几部分。取1粒种子肉眼观察或在体视显微镜下解剖观察，可见种子卵形，微扁，红棕色，有细网纹（图2-19-9）。

图2-19-9   萝卜果实形态与结构
A. 果实外形；B. 果实纵剖；C. 果实开裂；D. 种子外形；E. 种子纵剖

9. 蒴果

海桐（*Pittosporum tobira* Ait.）、牵牛、罂粟（*Papaver somniferum* L）和马齿苋的果实都是由复雌蕊发育而成的，果皮干燥开裂，内含多粒种子的果实。其中海桐果实圆球形，有棱，成熟时果皮沿背缝线3片裂，为背裂，其内含多数多角形、红色的种子；牵牛果实近球形，成熟时果皮沿腹缝线3瓣裂，为腹裂，其内含多数卵状三棱形、黑褐色或米黄色的种子；罂粟果实长圆状椭圆形，成熟时果皮在顶端"盖"下方开裂形成许多小孔为孔裂，内含多数黑色或深灰色、表面呈蜂窝状的种子；马齿苋果实卵球形，成熟时果皮在上部或中部横裂为二，上部呈盖状脱落，为盖裂，其内含多数细小偏斜球形、黑褐色、有光泽、具小疣状凸起的种子（图2-19-10）。

图2-19-10　蒴果果实类型与形态结构
A. 海桐果外形；B. 海桐果背裂；C. 牵牛果外形与开裂；D. 牵牛果裂片与种子；E. 罂粟果外形；F. 罂粟果孔裂；
G. 马齿苋果外形与下部；H. 马齿苋果上部脱落盖

10. 瘦果

向日葵果实为倒卵形或卵状长圆形，稍扁压、有细肋，常被白色短柔毛，上端有2个膜片状早落的冠毛，果皮灰色或黑色，木质化，不开裂，与种皮分离。剥开果皮，可见内有1粒倒卵形扁平的种子，种子无胚乳（图2-19-11）。

11. 坚果

栗（*Castanea mollissima* BL.）果实为近圆球形，顶部常被伏毛，底部有淡黄色略粗糙的果脐，果皮坚硬，不开裂，易与种皮分离。剖开果皮，可见内有1粒种子，种皮红棕色至暗褐色，被伏贴的丝光质毛，子叶平凸，等大，无胚乳（图2-19-12）。

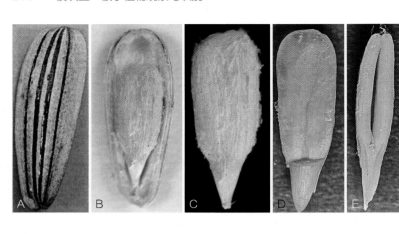

图2-19-11　向日葵果实形态与结构

A. 果实外形；B. 果实纵剖；C. 种子外形；D. 种子长径剖面；E. 种子短径剖面

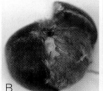

图2-19-12　栗果实形态与结构

A. 果实外形；B. 果皮剥开；C. 种子外形；D. 胚；E. 胚纵剖

12. 颖果

玉米果实为球形或扁球形，宽略大于长，内含1粒种子。果皮薄而与种皮愈合，不开裂，不易与种皮区别与剥离；胚长为颖果的1/2以上，有胚乳（图2-19-13）。

13. 翅果

鸡爪槭（*Acer palmatum* Thunb.）果实由2枚具翅的小坚果相连，称翅果。翅果嫩时紫红色，成熟时淡棕黄色；小坚果球形，脉纹显著；翅与小坚果张开成钝角。纵

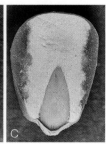

图2-19-13　玉米果实形态与结构

A. 果实外形；B. 果实沿短径纵剖；C. 果实沿长径纵剖

剖小坚果，可见种子无胚乳，外种皮很薄，膜质，胚倒生，子叶扁平、折叠或卷折（图2-19-14）。

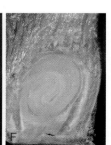

图2-19-14　鸡爪槭果实形态与结构

A. 果实外形；B. 具翅小坚果；C. 小坚果；D. 小坚果纵剖；E. 种子；F. 种子纵剖

14. 分果

芫荽（*Coriandrum satium* L.）果实为圆球形，成熟时沿中轴裂成两个分生果。分生果半球形，果皮坚硬不开裂。剥开分生果果皮，其内含1粒种子，胚乳腹面呈碟状凹入（图2-19-15）。

图2-19-15 芫荽果实形态与结构

A. 果实外形；B、C. 果实开裂；D. 分生果背面观；E. 分生果腹面观；F. 种子背面观；G. 种子腹面观

（三）聚合果的多样性与术语

由含2至*n*枚雌蕊的花发育成2至*n*个"小果"聚生在1共同花托上而成的果实，称聚合果。可通过对各"小果"的解剖与观察，来确定各物种果实所属的类型、了解其结构组成。

1. 聚合蓇葖果

八角（*Illicium verum* Hook. f.）果实呈星状，多为8个小果聚生在短的花托上，呈平展的八角形排列。每个小果为饱满平直、先端钝或钝尖、果皮沿腹缝线开裂的蓇葖果，故整个果实称为聚合蓇葖果。取1粒种子肉眼观察或在体视显微镜下解剖观察，可见其呈椭圆状或卵状，侧向压扁，种子浅棕色或稻秆色，有光泽，易碎，胚乳丰富，含油，胚微小（图2-19-16）。

图2-19-16 八角果实形态与结构

A. 果实腹面观；B. 果实背面观；C. 蓇葖；D. 蓇葖腹裂；E. 种子外形

2. 聚合坚果

莲果实呈倒圆锥状，由多数椭圆形或卵形的小果聚生在海绵质花托的穴内。小果为坚果，果皮革质，坚硬，熟时黑褐色，故整个果实称为聚合坚果。取1粒种子（莲子）肉眼观察或在体视显微镜下解剖观察，可见其呈卵形或椭圆形，种皮红色或白色，无胚乳，子叶肥厚（图2-19-17）。

图2-19-17　莲果实形态与结构
A、B、C. 果实（莲蓬）顶面观；D. 花托纵剖；E、F. 坚果外形；G、H. 果皮与种子；
I. 果实纵剖；J、K. 种子外形；L. 种子纵剖

（四）聚花果的多样性与术语

由含2至n朵花发育成2至n个"小果"聚生在1共同肉质的花序轴上而成的果实，称聚花果，如凤梨（*Ananas comosus* Merr.）、无花果等植物的果实。

凤梨果实（菠萝）呈球果状，由肉质增厚的花序轴、肉质的苞片和螺旋状排列的不发育子房连合而成，顶部冠以退化、旋叠状的叶（图2-19-18）。

无花果果实呈梨形，由多数小果（透镜状的瘦果）聚生在肉质盂状的花序轴内而成，其顶部下陷，口部苞片覆瓦状排列，成熟时紫红色或黄色（图2-19-19）。

（四）虚拟标本

利用植物果实多样性的名称术语文档与虚拟标本（图2-19-20），在线学习描述植物果实形态特征的规范化名词术语。

图2-19-18　凤梨果实形态与结构

A. 果实外形；B. 果实纵剖；C. 果实横剖；D. 肉质苞片与不育子房；E. 苞片

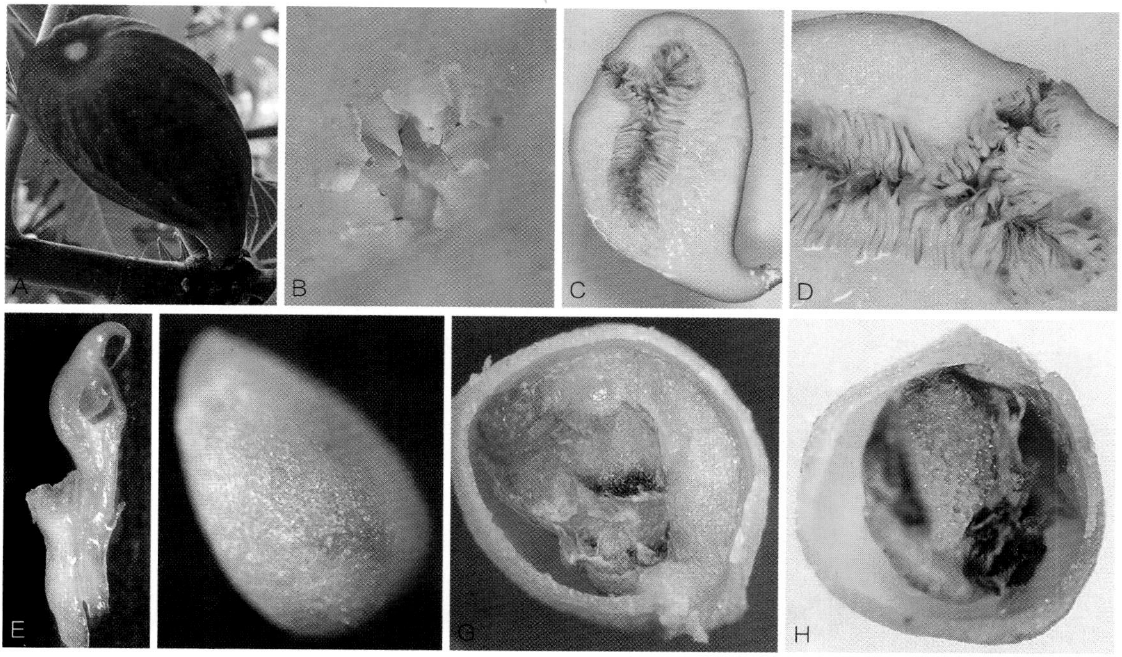

图2-19-19　无花果果实形态与结构

A. 无花果外形；B. 果口苞片；C. 果实纵剖；D. 果实纵剖局部放大；E. 瘦果；F. 种子外形；G. 种子纵剖；
H. 种子横剖

图2-19-20　植物果实名词术语虚拟仿真教学系统的部分功能模块界面

🔍 **观察与思考**

通过实验观察，可知果实由子房经受精发育而成。请说明果实类型与花和子房的结构有何关联？

四、作业

选择10～15个物种的果实，用规范化术语书写出它们的描述报告，并编制出检索表。

说课

实验二十
双子叶植物多样性与物种鉴别
————

双子叶植物是指种子有2枚子叶的被子植物，是目前地球上种类最多、分布最广、与人类关系最密切的植物类群。双子叶植物在长期进化过程中形成了形态各异的植物种群，依克朗奎斯特系统，可分为6个亚纲64目318科，约200 000种。

一、目的与要求

1. 了解并掌握双子叶植物观察与鉴别的基本方法。
2. 了解并掌握一些代表科的主要特征、系统进化地位与物种多样性。

二、器具与材料

1. 器具

体视显微镜、放大镜、尺、照相机、镊子、刀片、解剖针、载玻片、纱布、吸水纸。

2. 材料

有代表性、易获取的具花果的双子叶植物新鲜植株或枝条，如无法获取新鲜标本，可选用腊叶标本、浸渍标本、虚拟标本和图片等。

三、内容与方法

实验重点：观察花果的形态结构。

实验方法：观察植物体的外部形态；解剖观察花、果的形态结构，书写花程式，绘制花图式；用术语撰写描述报告；应用检索表鉴别标本至科属种。

（一）实体标本的观察、解剖与描述

下面的16个物种均在双子叶植物中具有重要分类地位或经济价值，可作为实验备选材料。先观察、测量、解剖与记录某一物种各器官的形态结构特征，用术语撰写描述报告，再应用《中国植物志》电子版（http://www.iplant.cn/frps）或"地方植物志"等工具书，验证所用术语的准确性与规范性。

1. 木兰科（Magnoliaceae）

木兰科属于木兰亚纲（Magnoliidae）木兰目（Magnoliales），本实验以玉兰（*Magnolia denudata* Desr.）为供试植物材料。

（1）观测玉兰植株或枝条　玉兰为落叶乔木。小枝具环状的托叶痕；冬芽及花梗密被淡灰黄色长绢毛；单叶互生；叶片纸质，长10～15 cm，宽6～10 cm，全缘，倒卵形，先端宽圆、平截或稍凹，具短突尖，中部以下呈楔形，网脉明显；叶柄长1～2.5 cm，具狭纵沟（图2-20-1）。

图2-20-1　玉兰植株形态
A. 植物体；B. 托叶痕；C. 冬芽；D. 叶序；E. 叶

（2）解剖观测玉兰花枝或花　花先叶开放，单生枝端，直立，芳香。花两性，整齐，直径10～16 cm；花梗长2～6 mm，密被淡黄色长绢毛；花被片9枚，3轮排列，白色，基部常带粉红色，匙形，先端圆或稍尖，长6～8 cm，宽2.5～4.5 cm；雄蕊多数，花药内侧向开裂，药隔顶端伸出成短尖，花丝紫色，螺旋状着生于长轴形花托的下部；雌蕊群圆柱形，心皮多数，螺旋状着生于长轴形花托的上部，每心皮有胚珠2（图2-20-2）。

图2-20-2　玉兰花枝与花的形态结构

A. 花枝；B. 花；C. 花被片；D. 雌雄蕊群；E. 柱状花托与雌雄蕊群；F. 雄蕊；G. 雌蕊群；H. 雌蕊背面；I. 雌蕊侧面；J. 子房纵剖

（3）解剖观测玉兰果实 玉兰果实为弯曲圆柱形的聚合蓇葖果，长12～15 cm；蓇葖厚木质，褐色，具白色皮孔，内含1～2粒种子；种子心形，侧扁，外种皮肉质红色，内种皮黑色（图2-20-3）。

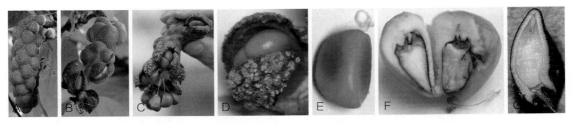

图2-20-3 玉兰果实形态
A. 聚合蓇葖果；B、C. 蓇葖果开裂；D. 蓇葖；E. 假珠柄与种子；F. 种子纵剖（外为外种皮）；
G. 种子纵剖（外为内种皮）

2. 毛茛科（Ranunculaceae）

毛茛科属于木兰亚纲（Magnoliidae）毛茛目（Ranunculales），本实验以毛茛（*Ranunculus japonicus* Thunb.）为供试植物材料。

图2-20-4 毛茛植物体形态
A. 植物体；B. 叶

（1）观测毛茛植株 毛茛为草本。须根多数簇生；茎直立，高30～70 cm，中空，有槽，具分枝，生开展或贴伏的柔毛。基生叶多数，叶片圆心形，长、宽3～10 cm，基部心形或截形，常3深裂不达基部，中裂片倒卵状楔形，3浅裂，边缘有粗齿或缺刻，侧裂片不等地2裂，两面贴生柔毛；叶柄长达15 cm，生开展柔毛；下部叶与基生叶相似，渐向上叶柄变短，叶片较小，3深裂，裂片披针形，有尖齿牙或再分裂；最上部叶线形，全缘，无柄（图2-20-4）。

（2）解剖观测毛茛花枝或花 花多数，为聚伞花序。花两性，整齐，直径约2 cm；花梗长达8 cm，贴生柔毛；萼片5，绿色，椭圆形，长4～6 mm，生白柔毛；花瓣5，黄色，倒卵状圆形，长6～11 mm，宽4～8 mm，基部有长约0.5 mm的爪，蜜槽鳞片长1～2 mm；雄蕊多数，花药卵形，花丝线形；雌蕊多数，离生，螺旋着生于无毛的花托上，每1雌蕊内有1胚珠，花柱腹面生有柱头组织（图2-20-5）。

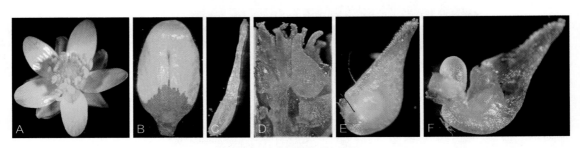

图2-20-5 毛茛花形态结构
A. 花；B. 花瓣；C. 雄蕊；D. 雌蕊群；E. 雌蕊；F. 子房壁撕裂

（3）解剖观测毛茛果实　毛茛果实为近球形、直径6～8 mm的聚合瘦果。瘦果扁平，长2～2.5 mm、为厚的5倍以上，边缘有宽约0.2 mm的棱，无毛，喙短直或外弯、长约0.5 mm（图2-20-6）。

3. 金缕梅科（Hamamelidaceae）

金缕梅科属于金缕梅亚纲（Hamamelidae）金缕梅目（Hamamelidales），本实验以红花檵木（*Loropetalum chinense* Oliver）为供试植物材料。

（1）观测红花檵木植株　红花檵木为常绿灌木或小乔木，多分枝，小枝有铁锈色星状毛；叶互生，叶片革质、卵圆形或椭圆形，长2～5 cm，先端短尖，基部圆而偏斜，不对称，两面均有星状毛，全缘，暗红色；叶柄长2～5 mm，有星毛；托叶膜质，三角状披针形，长约3 mm，宽约2 mm，早落（图2-20-7）。

图2-20-6　毛茛果实形态

A. 聚合瘦果；B. 聚合瘦果纵剖；C. 瘦果

图2-20-7　红花檵木植物体形态

A. 植物体；B. 小枝；C. 枝条

（2）解剖观测红花檵木花枝或花　花无梗，3～8朵簇生于小枝端，呈头状花序，花序柄长约1 cm。花两性，紫红色，长约2 cm；苞片线形，长3 mm；萼筒杯状，被星毛，萼齿4、卵形，长约2毫米，花后脱落；花瓣4，红色，带状，长1～2厘米，先端圆或钝；雄蕊4，花丝极短，花药有4个花粉囊，瓣裂，药隔伸出如刺状；退化雄蕊4枚，与雄蕊互生，鳞片状；子房半下位，2室，被星毛，每室有垂生的1个胚珠，花柱2个（图2-20-8）。

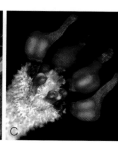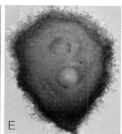

图2-20-8　红花檵木花形态结构

A. 花枝；B. 花序；C. 雌雄蕊；D. 子房纵剖；E. 子房横剖

（3）观测红花檵木果实　其果实为近卵形的蒴果，长7～8 mm，宽6～7 mm，有星状毛，上半部2片裂开，每片又浅裂，下半部被宿存萼筒所包裹，萼筒长为蒴果的2/3。种子1枚，长卵形，黑色，有光泽，种脐白色；种皮角质，胚乳肉质（图2-20-9）。

4. 石竹科（Caryophyllaceae）

石竹科属于石竹亚纲（Caryophyllidae）石竹目（Caryophllales），本实验以牛繁缕（*Myosoton aquaticum* Moench）为供试植物材料。

图2-20-9 红花檵木果实形态结构

A. 果枝；B. 果皮长径纵切；C. 果皮短径纵切；D. 蒴果开裂；E. 种子外形；F. 种子解剖

（1）观测牛繁缕植株 牛繁缕为草本，具须根；茎多分枝，柔弱，常伏生地面，长50～80 cm；叶对生；叶片卵形或宽卵形，长2.5～5.5 cm，宽1～3 cm，顶端急尖，基部稍心形，略包茎，全缘或波状；下部叶有柄，叶柄长5～15 mm，上部叶常无柄或具短柄，疏生柔毛（图2-20-10）。

图2-20-10 牛繁缕植物体形态

A. 植物体；B. 上部；C. 下部

（2）解剖观测牛繁缕花枝或花 花多数，呈顶生二歧聚伞花序；苞片叶状，边缘具腺毛；花两性，整齐，白色；花梗细，长1～2 cm，花后伸长下垂，密被腺毛；萼片5枚，卵状披针形，长4～5 mm，果期增大，宿存，顶端较钝，边缘狭膜质，外面被腺柔毛，脉纹不明显；花瓣白色，2深裂至基部，裂片线形或披针状线形，长3～3.5 mm，宽约1 mm；雄蕊10，稍短于花瓣；子房长圆形，上位，特立中央胎座，花柱5裂，线形（图2-20-11）。

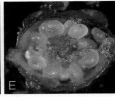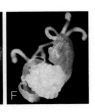

图2-20-11 牛繁缕花序和花形态结构

A. 二歧聚伞花序；B. 花；C. 花解剖；D. 子房纵剖；E. 子房横剖；F. 子房壁撕裂

（3）观测牛繁缕果实 牛繁缕果实为卵圆形的蒴果，稍长于宿存萼，室背开裂，5瓣裂至中部，裂瓣顶端再2齿裂；种子近肾形，直径约1 mm，稍扁，褐色，种脊具疣状凸起（图2-20-12）。

5. 锦葵科（Malvaceae）

锦葵科属于五桠果亚纲（Dilleniidae）锦葵目（Malvales），本实验以陆地棉为供试植物材料。

（1）观测陆地棉植株 陆地棉为草本，高约1 m。主茎与下部几个侧枝为单轴分枝，上部侧枝为合轴分枝；小枝疏被长毛。叶互生；叶阔卵形，直径5～12 cm，长、宽近相等或较宽，基部心形，常3浅裂，中裂片常深裂达叶片之1/2，裂片宽三角状卵形，先端突渐尖，基部宽，上面沿脉被粗毛，下面疏被长柔毛；叶柄长3～14 cm，疏被柔毛；托叶卵状镰形，长5～8 mm，早落（图2-20-13）。

图2-20-12 牛繁缕果实形态结构

A. 幼果；B. 果实侧面观；C. 果实顶面观；D. 果皮撕裂；E. 种子剥离；F. 种子

图2-20-13 陆地棉植物体形态

A. 蕾期植物体；B. 花蕾期植物体；C. 果期植物体；D. 合轴分枝；E. 叶

（2）解剖观测陆地棉花枝或花 花单生于叶腋，两性，白色或淡黄色，受精后变淡红色或紫色；花梗较叶柄略短；小苞片3，分离，基部心形，边缘具7～9齿，连齿长达4 cm，宽约2.5 cm；花萼杯状，裂片5，三角形，具缘毛；花瓣5枚，芽时旋转排列；雄蕊多数，花丝基部连合成1管，称雄蕊柱，雄蕊柱长1.2 cm，顶端平截，花粉被刺；子房上位，3～5室（以5室居多），每室有多枚胚珠，中轴胎座，花柱棒状（图2-20-14）。

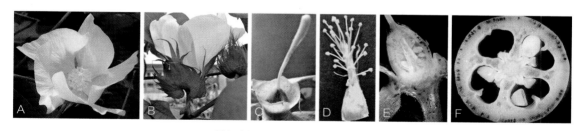

图2-20-14 陆地棉花形态结构

A. 花；B. 苞片与花冠；C. 花萼与雌蕊；D. 雄蕊群；E. 子房纵剖；F. 子房横剖

（3）解剖观测陆地棉果实 其果为卵圆形的蒴果，长3.5～5 cm，具喙，3～5室，背裂；种子圆球形，密被白色长棉毛和灰白色不易剥离的短棉毛（图2-20-15）。

6. 十字花科（Brassicaceae）

十字花科属于五桠果亚纲（Dilleniidae）白花菜目（Capparales），本实验以油菜（*Brassica campestris* L.）为供试植物材料。

图2-20-15 陆地棉果实与种子形态
A. 蒴果；B. 果皮背裂；C. 果皮背裂；D. 种子与长棉毛；E. 种子与短棉毛；F. 种子纵剖

（1）观测油菜植株 油菜为草本，高30～90 cm。茎粗壮，直立，分枝或不分枝，稍带粉霜。叶互生，基生叶大头羽裂，顶裂片圆形或卵形，边缘有不整齐弯缺牙齿，侧裂片1至数对，卵形，叶柄宽，基部抱茎；下部茎生叶羽状半裂，长6～10 cm，基部扩展且抱茎，两面有硬毛及缘毛；上部茎生叶长圆状倒卵形、长圆形或长圆状披针形，长2.5～8 cm，宽0.5～4 cm，基部心形，抱茎，两侧有垂耳，全缘或有波状细齿（图2-20-16）。

图2-20-16 油菜植物体形态
A. 植株；B. 基生叶；C. 下部茎生叶；D. 上部茎生叶

（2）解剖观测油菜花枝或花 花序为总状花序，在花期呈伞房状，以后伸长；花两性，整齐，鲜黄色，直径7～10 mm；萼片4枚，长圆形，长3～5 mm，直立开展，顶端圆形，边缘透明，稍有毛；花瓣4枚，呈十字形排列为十字形花冠，倒卵形，长7～9 mm，顶端近微缺，基部有爪；雄蕊6枚，4长2短为四强雄蕊；蜜腺近三角形，着生在雄蕊基部；子房上位，由假隔膜隔为2室，每室有多数胚珠，侧膜胎座，柱头头状，近2裂（图2-20-17）。

图2-20-17 油菜花形态结构
A. 总状花序；B. 花；C. 雄蕊群与蜜腺；D. 雌蕊；E. 子房纵剖；F. 子房横剖

（3）观测油菜果实　其果为线形的长角果，长3~8 cm，宽2~4 mm，腹裂；果瓣有中脉及网纹，喙直立，长9~24 mm；果梗长5~15 mm；种子球形，紫褐色，直径约1.5 mm（图2-20-18）。

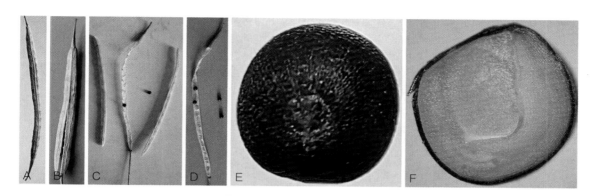

图2-20-18　油菜果实形态结构
A. 角果；B. 果实腹裂；C. 果实解剖；D. 隔膜；E. 种子；F. 种子纵剖

7. 葫芦科（Cucurbitaceae）

葫芦科属于五桠果亚纲（Dilleniidae）堇菜目（Violales），本实验以黄瓜（*Cucumis sativus* Linn.）为供试植物材料。

（1）观测黄瓜植株　黄瓜为蔓生或攀援草本。茎、枝伸长，有棱沟，被白色的糙硬毛；卷须细，不分枝，具白色柔毛。叶互生；叶片宽卵状心形，膜质，长宽均在7~20 cm，两面粗糙，被糙硬毛，3~5浅裂，裂片三角形，有齿，先端急尖或渐尖，基部弯缺半圆形，宽2~3 cm，深2~2.5 cm；叶柄稍粗糙，有糙硬毛，长10~16 cm（图2-20-19）。

图2-20-19　黄瓜植物体形态结构
A. 植物体；B. 含雄花植株；C. 含雌花植株；D. 含花果植株；E. 茎卷须

（2）解剖观测黄瓜花枝或花　花单性，整齐花，雌雄同株。雄花常数朵在叶腋簇生；花梗纤细，长0.5~1.5 cm，被微柔毛；花萼筒狭钟状，长8~10 mm，密被白色的长柔毛，5裂，裂片钻形，开展，与花萼筒近等长；花冠钟状，黄白色，长约2 cm，5裂，花冠裂片长圆状披针形，急尖；雄蕊3枚，离生，着生在花被筒上，花丝近无，花药长3~4 mm，药隔伸出，长约1 mm。雌花单生或稀簇生叶腋；花梗粗壮，被柔毛，长1~2 cm；花萼和花冠与雄花相同；子房纺锤形，粗糙，有小刺状突起，子房下位，1室，具3胎座，胚珠多数，水平着生，花柱短，柱头3，靠合（图2-20-20）。

图2-20-20　黄瓜花形态结构

A. 雄花簇生；B. 雄花顶面观；C. 雄花侧面观；D. 花萼；E. 冠生雄蕊；F. 雄蕊；G. 雌花单生；
H. 雌花顶面观；I. 雌花侧面观；J. 雌蕊；K. 子房横剖

（3）观测黄瓜果实　其果为长圆柱形的瓠果，长10~30 cm，熟时黄绿色，表面粗糙，有具刺尖的瘤状突起；种子小，狭卵形，白色，无边缘，两端近急尖，长约5~10 mm（图2-20-21）。

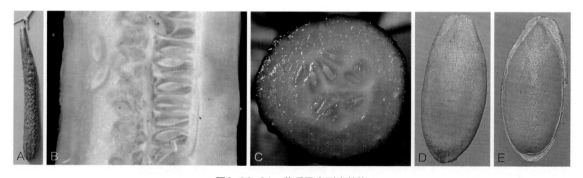

图2-20-21　黄瓜果实形态结构

A. 瓠果；B. 瓠果纵剖；C. 瓠果横剖；D. 种子；E. 种子纵剖

8. 杨柳科（Salicaceae）

杨柳科属于五桠果亚纲（Dilleniidae）杨柳目（Salicales），本实验以垂柳（*Salix babylonica* L.）为供试植物材料。

（1）观测垂柳植株　垂柳为乔木，高12~18 m，树冠开展而疏散。树皮灰黑色，不规则开裂，枝细，下垂，无毛，芽线形，先端急尖。叶互生；叶狭披针形或线状披针形，长9~16 cm，宽0.5~1.5 cm，先端长，渐尖，基部楔形两面无毛或微有毛，上面绿色，下面色较淡，锯齿缘；叶柄长5~10 mm，有短柔毛；托叶仅生在萌发枝上，斜披针形，边缘有齿牙。

（2）解剖观测垂柳花枝或花　其花序为葇荑花序，先叶开放或与叶同时开放。雄花序长2~3 cm，有短梗，轴有毛；苞片披针形，外面有毛；雄蕊2枚，花丝与苞片近等长，基部多少有长毛，花药红黄色；腺体2个。雌花序长达3~5 cm，有梗，基部有3~4枚小叶，轴有毛；子房椭圆

13. 旋花科（Convolvulaceae）

旋花科属于菊亚纲（Asteridae）茄目（Solanales），本实验以篱天剑（*Calystegia sepium* R. Br.）为供试植物材料。

（1）观测篱天剑植株　篱天剑为草本，全体不被毛；根状茎细圆柱形，白色；茎缠绕，细长，有细棱；叶互生；叶片三角状卵形或宽卵形，长4～15 cm以上，宽2～10 cm或更宽，先端渐尖或锐尖，基部戟形或心形，全缘或基部伸展为具2～3个大齿缺的裂片；叶柄短于叶片或近等长（图2-20-37）。

图2-20-37　篱天剑植物体形态
A. 植株；B. 茎缠绕；C. 叶；D. 根状茎

（2）解剖观测篱天剑花枝或花　花单生于叶腋，花梗通常稍长于叶柄，长达10 cm，有细棱或有时具狭翅；苞片2枚，宽卵形，顶端锐尖；萼片5枚，长圆形，无毛，宿存；花冠漏斗形，淡粉红色，长4～7 cm，冠檐微裂；雄蕊5枚，着生在花冠管上，不伸出花冠外，花丝基部扩大，有细鳞毛；子房无毛，外有环状花盘围绕，子房为不完全的2室，每室有2胚珠，花柱细长，柱头2裂，裂片卵形，扁平（图2-20-38）。

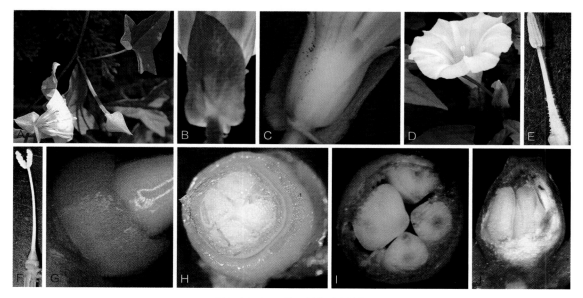

图2-20-38　篱天剑花形态结构
A. 花单生；B. 苞片；C. 花萼；D. 花冠；E. 雄蕊；F. 雌蕊；G. 花盘；H. 子房基部横剖；I. 子房中上部横剖；
J. 子房纵剖

（3）观测篱天剑果实   其为卵形蒴果，长约1 cm，被增大宿存的苞片和萼片所包被；种子黑褐色，长4 mm，表面有小疣（图2-20-39）。

图2-20-39   篱天剑果实形态结构

A. 宿存苞片和萼片与果实；B、C. 萼片和果实；D、E. 果实；F. 果实横剖；G. 果实纵剖；H. 种子

14. 茄科（Solanaceae）

茄科属于菊亚纲（Asteridae）茄目（Solanales），本实验以茄（*Solanum melongena* L.）为供试植物材料。

（1）观测茄植株   茄为草本，高60～100 cm；小枝多为紫色；单叶互生；叶片卵形或宽椭圆形，长8～18 cm，宽5～11 cm，顶端钝，边缘波状或深波状圆裂，基部偏斜，两面有星状毛；叶柄长约2～4.5 cm，具星状毛（图2-20-40）。

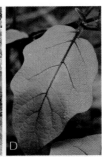

图2-20-40   茄植物体形态

A. 苗期植株；B. 花期植株；C. 花果期植株；D. 叶

（2）解剖观测茄花枝或花   花序为少花、简单、侧生的蝎尾状花序；能孕花基生、稍大和具粗壮的柄，花柄长1～1.8 cm，毛被较密，花后常下垂；不孕花蝎尾状与能孕花并出；花萼钟状，有小皮刺，裂片4～7枚，披针形；花冠辐状，外面星状毛被较密，内面仅裂片先端疏被星状绒毛，花冠筒长约2 mm，冠檐长约2.1 cm，4～7浅裂，裂片三角形，长约1 cm；雄蕊与花冠裂片同数而互生，着生在花冠喉部，花药贴合成圆锥体，顶端孔裂；子房圆形，上位，2室，胚珠多数，花柱长4～7 mm，微弯，中部以下被星状绒毛，柱头2浅裂（图2-20-41）。

（3）观测茄果实   其为圆形或圆柱状的浆果，较大，紫色或白色，萼宿存；种子近卵形至肾形，通常两侧压扁，外面具网纹状凹穴（图2-20-42）。

15. 唇形科（Lamiaceae）

唇形科属于菊亚纲（Asteridae）唇形目（Lamiales），本实验以宝盖草（*Lamium amplexicaule* Linn.）为供试植物材料。

（1）观测宝盖草植株　宝盖草为草本；茎高10～30 cm，基部多分枝，上升，四棱形，具浅槽，常为紫红色，中空；叶对生；茎下部叶具长柄，柄与叶片等长或超过之，上部叶无柄；叶片均圆形或肾形，长1～2 cm，宽0.7～1.5 cm，先端圆，基部截形，半抱茎，边缘具极深的圆齿，顶部的齿较大，疏生伏毛（图2-20-43）。

图2-20-41　茄花形态结构

A. 蝎尾状花序；B. 孕花与不孕花；C. 花萼；D. 花冠；E. 冠生雄蕊；F. 雌蕊；G. 子房纵剖；H. 子房横剖

图2-20-42　茄果实形态结构

A. 果实外形；B. 果实纵剖；C. 果实横剖；D. 种子外形；E. 种子纵剖

图2-20-43　宝盖草植物体形态

A. 植株；B. 下部叶；C. 上部叶

（2）解剖观测宝盖草花枝或花　6~10花组成轮伞花序，生于茎的上部叶腋；苞片披针状钻形，具缘毛；花萼管状钟形，长4~5 mm，宽1.7~2 mm，外面密被白色直伸的长柔毛，萼齿5枚，披针状锥形，边缘具缘毛；花冠紫红或粉红色，长1.7 cm，外面除上唇被有较密带紫红色的短柔毛外，余部均被微柔毛；冠筒细长，长约1.3 cm，直径约1 mm，筒口宽约3 mm；冠檐二唇形，上唇直伸，长圆形，长约4 mm，先端微弯，下唇稍长，3裂，中裂片倒心形，先端深凹，基部收缩，侧裂片浅圆裂片状；雄蕊4枚，2长2短为二强雄蕊，生于花冠筒喉部，略短于上唇，花药黄棕色，被长硬毛；花柱细长，先端不相等2浅裂，着生于无毛的子房底部，子房上位，深4裂；花盘杯状，具圆齿（图2-20-44）。

（3）观测宝盖草果实　其为倒卵圆形的小坚果，具三棱，先端近截状，基部收缩，长约2 mm，宽约1 mm，淡灰黄色，表面有白色大疣状突起（图2-20-45）。

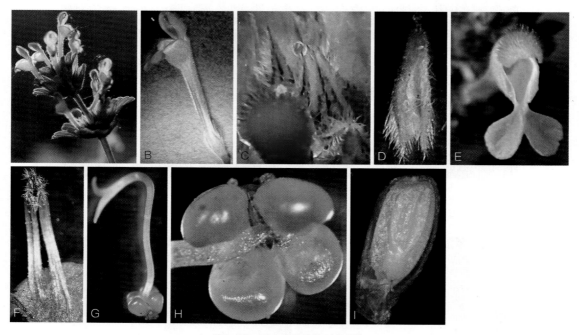

图2-20-44　宝盖草花形态结构

A. 轮伞花序；B. 花；C. 苞片；D. 花萼；E. 唇形花冠；F. 二强雄蕊；G. 雌蕊；H. 子房深4裂；I. 子室纵剖

图2-20-45　宝盖草果实形态结构

A. 小坚果背面观；B. 小坚果侧面观；C. 小坚果纵剖

16. 菊科（Asteraceae）

菊科属于菊亚纲（Asteridae）菊目（Asterales），本实验以蒲公英（*Taraxacum mongolicum* Hand.-Mazz.）为供试植物材料。

（1）观测蒲公英植株　蒲公英为草本，有白色乳汁；根圆柱状，黑褐色，粗壮；叶基生，平铺地面成莲座状；叶片狭倒披针形，长4～20 cm，宽1～5 cm，先端钝或急尖，边缘有时具波状齿或羽状深裂；顶端裂片较大，三角形或三角状戟形，全缘或具齿，每侧裂片3～5片，裂片三角形或三角状披针形，通常具齿、平展或倒向，裂片间常夹生小齿，基部渐狭成叶柄；叶柄及主脉常带红紫色，疏被蛛丝状白色柔毛或几无毛（图2-20-46）。

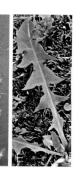

图2-20-46　蒲公英植物体形态
A. 苗期植物体；B. 乳汁；C. 根圆柱状；D、E. 叶

（2）解剖观测蒲公英花枝或花　花序为头状花序，单生花葶顶端；花葶自基部抽出，比叶短或等长，有蛛丝状毛，毛在头状花序下较密；头状花序直径3～5 cm，总苞钟状，长12～14 mm，淡绿色；总苞片2～3层，外层总苞片披针形，长8～10 mm，宽1～2 mm，边缘宽膜质，基部淡绿色，上部紫红色，先端增厚、反卷；内层总苞片线状披针形，长10～16 mm，宽2～3 mm，先端紫红色，具小角状突起，直立；花序托平坦；花为舌状花，鲜黄色，两性，舌片长约8 mm，宽约1.5 mm，边缘花舌片背面具紫红色条纹；花萼冠毛状；舌状花冠，顶端平截有5裂齿；雄蕊5枚，花药聚合呈筒状，包于花柱外，花丝离生，着生于花冠筒上；花柱细长，伸出聚药雄蕊外，柱头2裂，裂片线形，子房下位，1室，1胚珠，基生胎座（图2-20-47）。

（3）观测蒲公英果实　其为倒卵状披针形的瘦果，有纵沟，暗褐色，长4～5 mm，宽1～1.5 mm，上部具小刺，下部具成行排列的小瘤，顶端逐渐收缩为长约1 mm的圆锥至圆柱形喙基，喙长6～10 mm，纤细，冠毛白色，长约6 mm；果实内含1粒种子（图2-20-48）。

（二）在线观摩、解剖与描述

利用教学平台上的40个物种的形态与解剖标本（图2-20-49），进行物种鉴别实验观摩、解剖与描述训练。

（三）在线拓展学习（虚拟标本）

本实验在线提供双子叶植物50余科、80余种的形态与解剖标本（图2-20-50），来丰富物种鉴别实验供试材料。

图2-20-47　蒲公英花形态结构

A. 花期植株；B. 头状花序；C. 总苞片；D. 花序托；E. 舌状花冠；F. 冠毛状花萼；G. 聚药雄蕊；
H. 雌蕊；I. 基生胎座

图2-20-48　蒲公英果实形态结构

A. 果序；B. 瘦果与冠毛；C. 瘦果；D. 瘦果纵剖

图2-20-49　在线观摩、解剖与描述虚拟仿真学习的部分功能模块界面

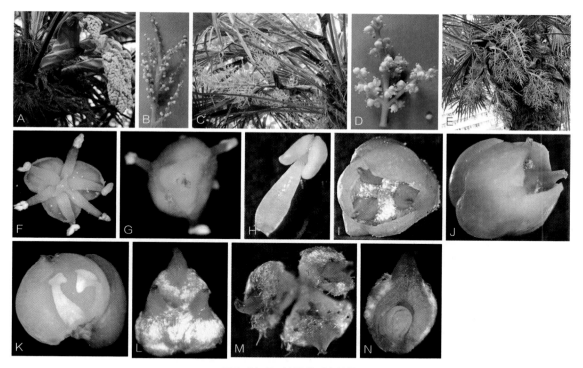

图2-21-5　棕榈花形态结构

A. 圆锥花序与佛焰苞；B. 雌花序；C. 花序轴上举与平展；D. 雄花序；E. 花序轴下垂；F. 雄花顶面观；G. 雄花背面观；H. 雄蕊；I. 雌花顶面观；J. 雌花侧面观；K. 退化雄蕊与花被；L. 雌蕊；M. 子房深裂；N. 子房纵剖

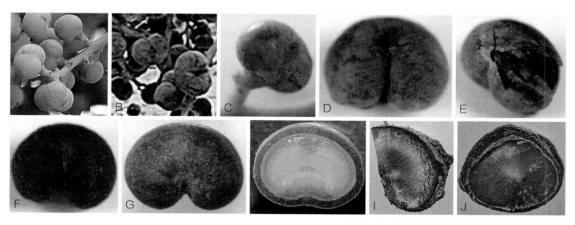

图2-21-6　棕榈果实形态结构

A、B. 果序；C、D. 果实外形；E. 外果皮与种子；F. 中果皮与种子；G. 内果皮与种子；
H. 幼果横剖；I. 果实纵剖；J. 果实横剖

组成；颖2枚，近革质，卵圆形，长6~8 mm，有锐利的脊，5~9脉，顶端有短尖头，位于小穗最下部。小花由2枚稃片和花组成；外稃长圆状披针形，长8~10 mm，背扁圆，厚纸质，5~9脉，顶端有长短不一的芒，基部无基盘；内稃与外稃几等长，有2条隆起如脊的脉。花由2枚浆片、3枚雄蕊和1枚雌蕊组成；浆片膜质、透明，顶端有毛；雄蕊背着药，花药顶端2裂；花柱2个，柱头羽毛状，子房上位，1室，内含1个胚珠，上部有毛（图2-21-8）。

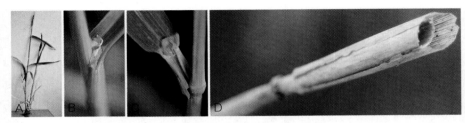

图2-21-7　小麦植物体形态
A. 植株；B. 叶舌；C. 叶耳；D. 秆横截

图2-21-8　小麦花形态结构
A. 穗状花序；B. 穗轴；C. 小穗；D. 颖；E. 小花；F. 花；G. 浆片；H. 雄蕊；I. 雌蕊；J. 子房纵剖

（3）解剖观测小麦麦穗或果实　果实为卵圆形或长圆形的颖果，顶端具毛，腹面具纵沟。栽培种果实与稃体分离，易于脱落（图2-21-9）。

图2-21-9　小麦果实形态结构
A. 成熟麦穗；B. 成熟小穗；C. 稃体与颖果；D. 颖果背面观；E. 颖果腹面观

4. 美人蕉科（Cannaceae）

美人蕉科属于姜亚纲（zingiberidae）姜目（zingiberiales），本实验以大花美人蕉（*Canna generalis* Bailey）为供试植物材料。

（1）观测大花美人蕉植株　　大花美人蕉为直立、粗壮的草本，高1~2 m，有块状的地下茎；茎、叶和花序均被白粉。叶互生，全缘，卵状长圆形，长40~50 cm，宽达20 cm，顶端尖，基部阔楔形；中脉显著，侧脉平行；叶柄呈鞘状抱茎，叶鞘紫色（图2-21-10）。

图2-21-10　大花美人蕉植物体形态
A、B. 植株；C. 地下茎；D. 叶片；E. 叶鞘抱茎

（2）解剖观测大花美人蕉花枝或花　　花序为顶生的总状花序，通常2花聚生，每花有1枚苞片，苞片长圆形至近圆形。花两性，大而美丽，不对称。萼片3枚，绿色或紫红色，披针形，长约2.5 cm。花瓣3枚，黄绿色或紫红色，萼状，通常狭而尖，长于萼片，下部合生长管，管长5~10 mm，花冠裂片披针形，长6.5 cm。雄蕊6枚，排列2轮，有时退化为4~5枚，基部略结合，呈形状多变、鲜艳的花瓣状；外轮3枚常退化不育，倒卵状匙形，长5~10 cm，宽2~5 cm；内轮2枚，其中1枚较狭、外反、倒卵状匙形的为唇瓣，另1枚花丝增大呈花瓣状略旋卷、边缘有一枚1室的花药室、基部或一半和增大的花柱连合的为发育雄蕊。子房下位，球形，3室，每室有多颗胚珠；花柱1个，长而扁，延伸成棒状，长3.5 cm（图2-21-11）。

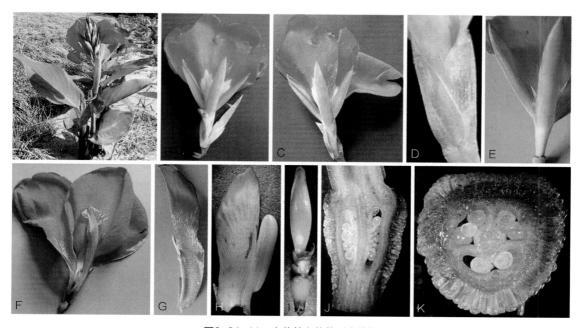

图2-21-11　大花美人蕉花形态结构
A. 总状花序；B. 2花聚生；C. 花；D. 花萼；E. 花冠；F. 雄蕊；G. 唇瓣；H. 可育雄蕊；I. 雌蕊；
J. 子房纵剖；K. 子房横剖

（3）解剖观测大花美人蕉果实 其为近球形的蒴果，3瓣裂，具3棱，有小瘤体或柔刺；种子球形、黑色而坚硬（图2-21-12）。

图2-21-12 大花美人蕉果实形态结构

A. 果序；B、C. 蒴果；D. 果实纵剖；E. 果实横剖；F. 种子

5. 百合科（Liliaceae）

百合科属于百合亚纲（Liliidae）百合目（Liliales），本实验以百合（*Lilium brownii* F. E. Brown ex Miellez var. *viridulum* Baker）为供试植物材料。

（1）观测百合植株 百合为草本。鳞茎球形，直径2～4.5 cm，淡白色，鳞片披针形，长1.8～4 cm，宽0.8～1.4 cm；茎直立，圆柱形，高70～150 cm，常有紫色斑点，无毛，绿色。叶互生，无柄，全缘，通常自下向上渐小，披针形、窄披针形至条形，长7～15 cm，宽1～2 cm，先端渐尖，基部渐狭，叶脉弧形，具5～7脉（图2-21-13）。

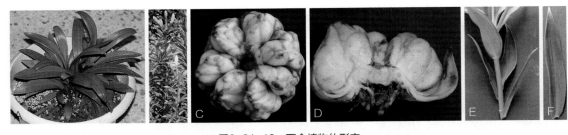

图2-21-13 百合植物体形态

A. 苗期植物体；B. 花蕾期植物体；C. 鳞茎；D. 鳞茎纵剖；E. 枝条；F. 叶

（2）解剖观测百合花枝或花 花单生或几朵排成近伞形花序。花大，喇叭形，有香气；花梗长3～10 cm，稍弯；苞片披针形，长3～9 cm，宽0.6～1.8 cm；花被片6枚，2轮排列，乳白色，倒披针形，向外张开或先端外弯而不卷，长13～18 cm；外轮花被片宽2～4.3 cm，先端尖；内轮花被片宽3.4～5 cm，下部狭，内面基部有蜜腺槽。雄蕊6枚，比花被短；花丝钻形，长10～13 cm；花药线状长椭圆形，长1.1～1.6 cm，背着，丁字状，纵裂。雌蕊由3心皮构成；子房圆柱形，上位，3室，每室有多颗胚珠，中轴胎座，长3.2～3.6 cm，宽4 mm；花柱长为子房的2倍以上，长8.5～11 cm；柱头3裂（图2-21-14）。

（3）解剖观测百合果实 其为矩圆形蒴果，长4.5～6 cm，宽约3.5 cm，有棱；种子多数，卵形，扁平（图2-21-15）。

模块六
植物物种多样性调查

实验二十二
校园植物群落物种多样性调查

植物群落是指生活在一定区域内所有植物的集合，它是每个植物个体通过互惠、竞争等相互作用而形成的一个巧妙组合，是植物适应共同生存环境的结果。生物多样性是指生物中的多样化和遗传变异性以及物种生境的生态复杂性，可分遗传多样性、物种多样性和生态多样性。物种多样性有两种涵义，一是指一个群落或生境中物种数量的多寡（数目或丰富度），二是指一个群落或生境中全部物种个体数目的分配状况（均匀度）。植物群落多样性是指群落中所含的不同物种数和它们的多度的函数。群落的复杂性可以用多样性指数来衡量；在不同空间尺度范围内，植物多样性的测度指标是不同的，可分为α-多样性、β-多样性和γ-多样性，其中α-多样性是指栖息地或群落中的物种多样性。植物群落调查有多种方法，如样地法、样线法、距离抽样法和点样法等，其中样地法是基础方法。本实验以样地法为例，来介绍植物群落物种多样性的调查流程。

一、目的与要求
1. 了解并掌握样地法调查流程和群落分析方法。
2. 了解并掌握植物群落物种多样性调查报告的书写格式。

二、器具与材料
放大镜、枝剪、测绳、软尺、测高仪、GPS定位仪、罗盘仪、照相机、铁锹、标本夹、计算器、调查表、记录本、笔等。

三、内容与方法
观察重点：样方或样地中的物种类型。

观察方法：以小组（每组5～6人）为单位，先确定样地中的样方数量，再观察每个样方中植物群落的基本特征（包含种类组成、数量特征和生活型谱），最后对校园植物群落物种多样性进行评价。

（一）样地选择
用客观取样法选择能反映植物群落特征的典型地段作为样地。对植物群落物种多样性的考查，应在样地内进行，以样地内得到的数据来推测整个群落的情况。选择样地时，应遵循以下原则：①种的分布要有均匀性。②结构完整，层次分明。③环境条件（尤指土壤和地形）一致。④选择群落的中心部位，避免过渡地段。

（二）样方设定

1. 样方位置设定

在所选择的样地中，可采用5点取样法、对角线取样法、棋盘取样法、Z字取样法等设定样方（即能够代表样地信息特征的基本采样单元）（图2-22-1）。样方数目根据具体群落类型和生境特征决定，一般设定3～5个。

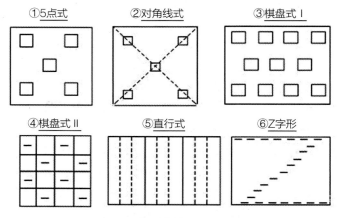

①5点式　②对角线式　③棋盘式Ⅰ
④棋盘式Ⅱ　⑤直行式　⑥Z字形

图2-22-1　常见样方设定方法模式图

2. 样方大小设定

样方大小需要考虑群落类型和优势种的生活型等，一般不小于群落的最小面积（能够包含组成群落的大多数植物种类）。样方的最小面积，可采用物种-面积曲线法计算或依据经验值确定。

（1）物种-面积曲线法确定样方大小　在样地内，第一次取样面积为1 m×1 m，第二次取样面积为1 m×2 m，第三次取样面积为2 m×2 m，第四次取样面积为2 m×3 m，第五次取样面积3 m×3 m，以此类推。每扩大一次，都要填写登记表（表2-22-1），登记新增加的物种数，并绘出群落物种-面积曲线（图2-22-2），曲线中开始平伸的点对应的面积即为样方最小面积（S_0）。

表 2-22-1　样方最小面积调查表

样方编号		样方地点		样方面积		
群落名称				物种总数		
植被类型		调查人		调查时间	年　月　日	
样方内物种信息						
序号	物种名称	备　注				
1						
2						
……						

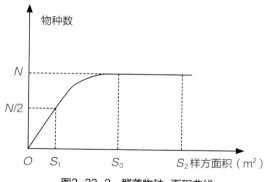

图2-22-2 群落物种-面积曲线

（2）经验值确定样方大小 有一些经验值可以帮助我们确定不同类型植物群落的样方大小，如热带雨林2 500 m²，亚热带阔叶林1 000 m²，落叶阔叶林400 m²，针叶林100 m²，草原灌丛25～100 m²，草本群落1～10 m²；在教学实践中，常设定的样方大小为草本群落1 m²，灌木群落25 m²，乔木群落100 m²。

（三）样地调查

1. 样地环境信息调查

以样方为单位，用GPS测定样地的经纬度，海拔仪测定样地的海拔高度，罗盘仪测定样地的坡向及坡度，并判断土壤类型、土层厚度、地形及群落内人为活动等，将相关数据和情况记入《植物群落样地基本情况调查表》（表2-22-2）中。

表 2-22-2 植物群落样地基本情况调查表

样方号		样方面积		调查日期		调查人	
植物群落类型							
地理位置	经度：		纬度：		海拔：		
地貌			土壤类型				
坡向：		坡度：			地形：		
群落内地质情况：							
人类及动物活动情况：							

2. 植物群落基本特征调查

以样方为单位，从植物群落主要结构层开始，调查其中的每个物种。对不同的结构层，其调查内容有所差异，应依据研究内容来取舍。对乔木层，调查内容主要为物种名称、株高、胸径、盖度、郁闭度和物候等；对灌木层，调查内容主要为物种名称、多度、盖度、平均高度、郁闭度和物候等；对草本层，调查内容主要为物种名称、多度、盖度、平均高度和物候等；对层外植物，调查内容主要为物种名称、蔓数、盖度和物候等。

（1）物种组成调查 以样方为单位，仔细观察，计数样方内的物种，并将其填入《样方内植物种类调查表》（表2-22-3）中。同时采集实体标本，用照相机拍摄照片，在实体标本上拴好标签或更改照片命名，以便后期定名和修正。

表2-22-3　样方内植物种类调查表

样方编号：

物种名称	株高/cm		胸径/cm		株（丛）幅/cm		树龄/年	密度	多度	郁闭度	盖度	频度	优势度	重要值	物候
	最高	平均	最大	平均	最大	平均									

　　（2）数量特征调查　以样方为单位，计数或估算样方中每个物种的密度、多度、高度、盖度和频度等，将相应数据填入表中。

　　①密度调查　计数样方内单个物种的株数，将样方内该物种的株数除以样方面积，求得密度。

　　②多度调查　计数样方内单个物种的株数，或根状植物的枝条数，或丛生植物的丛数。调查时，以植株的根部是否位于样方内为标准。也可采用估算法，用样方内每种植物个体的相对数量（估算测得）与同一生活型植物种类个体数的总和之比求得。

　　③高度调查　高度调查时需测出最高高度、最低高度和平均高度。用测高仪或尺来测量植物的最高点与地面的距离。草本植物可测量自然状态的高度，也可把植株拉直来量。也可采用估算法，先用测高仪或尺测出群落中的1株植物，再以该植株为参照，估算其他植株的高度。

　　④胸径调查　用卡尺测出距地面1.3 m处（成年人的胸高位置）树干的直径。

　　⑤株（丛）幅调查　用尺测出1株（丛）植物地上部分南北和东西方向最大宽度的平均值，即为株（丛）幅。

　　⑥盖度调查　需测出总盖度、种盖度和层盖度，可使用目测估算法或网格法。目测估算法是目测植物地上部分垂直投影的面积占地面的比率；网格法是用缩放尺将植物地上部分垂直投影的面积占地面的比率勾绘于方格纸上，再按方格面积确定盖度。

　　⑦郁闭度调查　郁闭度分为水平郁闭度（1个林层在水平方向上产生的郁闭度）和垂直郁闭度（指2个及2个以上林层在垂直方向上产生的郁闭度）。在调查郁闭度时，可采用目测法和机械布点法等。目测法是在阳光直射时，目测估算出乔木树冠在地面的总投影面积（冠幅）与林地（林分）总面积之比，即郁闭度。该方法一般在乔木林郁闭度>0.7或坡度>36°或平均高度<2 m的幼林中使用。机械布点法在林内每隔3～5 m点若干个样点，在各样点位置抬头仰视，判断该样点是否被树冠覆盖，被遮盖计数，否则不计数，最终统计被树冠覆盖的样点数与样点总数之比（总冠幅/样方总面积），即郁闭度。

　　⑧频度调查　样地中某物种出现的样方数与总样方数的比率即该物种的频度。频度调查时，样方不能够太大。

　　⑨物候期调查　通过对某一物种的目测或解剖观察，确定该种所处的发育期：萌动、抽条、花前营养期、花蕾期、花期、结实期、果（落）后营养期、（地上部分）枯死。

　　⑩树龄调查　树龄调查有三种方法：一是依据文献、史料等确定树龄，称真实树龄；二是传说的树龄，却无据可查，称传说树龄；三是在调查走访的基础上，依据各地测定的数据类推树龄，称估测树龄。

计数法测定树龄，目前最常用的方法是计数树木的年轮。其操作流程为：先用树木测量生长锥在树干上钻取样本，然后用树木年轮分析仪分析鉴定，最后用统计软件综合分析，得出最终树龄。

⑩优势度调查　用尺测算出某物种的胸高（距地面1.3 m处的茎干）断面积，再将该面积除以样方面积，得出的值即该物种的优势度。

⑪重要值调查　先计算出某物种的相对密度、相对高度、相对优势度和相对盖度，再加权平均，得到该物种的重要值。

乔木的重要值计算公式：

- 公式一：重要值=（相对密度 + 相对频度 + 相对优势度）/3
- 公式二：重要值=（相对多度 + 相对高度 + 相对频度 + 相对盖度）/4

灌木和草本的重要值计算公式：

- 公式一：重要值=（相对密度 + 相对频度 + 相对盖度）/3
- 公式二：重要值=（相对高度 + 相对盖度）/2

公式参数计算：

- 相对频度=（该种的频度/所有种的频度总和）×100%
- 相对优势度=（样方中该种个体胸高面积和/样方中全部个体胸高面积总和）×100%
- 相对密度（RD）=（某种植物的密度/全部植物的总密度）×100%=某种植物的个体数/全部植物的个体数）×100%
- 相对高度=（样方中某个种所有个体的高度和/样方中全部种个体的高度和）×100%
- 相对多度=（样方中某个种多度/样方中全部种的多度之和）=某个种的个体数/所有种的总个数×100%

3. 生活型谱调查

瑙基耶尔（C.Raunkiaer）生活型系统和《中国植被》生活型系统，是我国对植物群落生活型谱调查常采用的两个系统。在植物群落物种多样性调查时，以调查样方为单元，仔细观察植物群落中各植物体的形态，将观察数据填入瑙基耶尔生活型调查表（表2-22-4）和《中国植被》生活型调查表（表2-22-5）中，最终统计出每类生活型中的植物种类数目，求出百分率，将结果汇成表格，即群落生活型谱。

（1）瑙基耶尔生活型系统　该系统分类基础是芽（休眠芽或更新芽）所处的位置。通常将植物划分为高位芽植物、地上芽植物、地面芽植物、地下芽植物及一年生植物五大生活型类群；再按植物体的高度、常绿或落叶、芽有无鳞片保护、茎的木质化程度（木质、草质）及营养贮存器官、旱生形态与肉质性等特征，细分为30个小类群。其中高位芽植物（Ph）是休眠芽距地面25 cm以上的物种，如乔木、灌木和一些生长在热带潮湿气候条件下的草本等；地上芽植物（Ch）是休眠芽距土壤表面0~25 cm的物种，多为半灌木或草本植物；地面芽植物（H）是休眠芽位于近地面土层内，为多年生草本植物；地下芽植物（G）是休眠芽位于较深土层中或水中，多为鳞茎类、块茎类和根茎类多年生草本植物或水生植物；一年生种子植物（Th）只能以种子的形式度过不良季节。

表 2-22-4　瑙基耶尔生活型调查表

样方号：　　　　　　　　调查人：　　　　　　　调查日期：

序号	地区或植被类型	样方内物种总数	Ph 物种数	Ch 物种数	H 物种数	G 物种数	Th 物种数

（2）《中国植被》生活型系统 该系统分类基础是植物体的高矮、大小、形状和分枝等特征。通常将植物划分为木本植物、草本植物和叶状体植物等生活型类群。

①木本植物 木本植物是植物茎内木质部发达、茎坚硬、多年生的植物类型；因植株高度及分枝部位等不同，常分为乔木、灌木和半灌木等类型。乔木主干明显，分枝部位较高，茎干高达5.5 m以上，如松、杉、枫杨、樟等，其中茎干高大于25 m的为大乔木，8~25 m的为中乔木，小于8 m的为小乔木。灌木主干较矮小，分枝靠近茎的基部，茎干高在5 m以下，如茶和月季等，其中茎干高2~5 m的为大灌木，0.5~2 m的为中灌木，小于0.5 m的为小灌木。半灌木茎的基部为木质，上部为草质，冬季枯萎多年生，如牡丹。

②草本植物 草本植物是指植物茎内木质部不发达、支持力弱的植物。按其寿命可分为一年生草本、二年生草本和多年生草本等类型。

③叶状体植物 叶状体植物是指植物体内无维管束分化的植物，是由单细胞和多细胞组成的呈条状、丝状、片状的植物体，如苔藓植物、地衣植物、藻类植物和菌类植物。

表 2-22-5　《中国植被》生活型调查表

样方号：　　　　　　　　　调查人：　　　　　　　　　调查日期：

序号	地区或植被类型	样方内物种总数	木本植物物种数	草本植物物种数	叶状体植物物种数

🔎 **观察与思考**

植物群落物种多样性调查时，为什么要采集样方中的物种标本？

四、作业

1. 以小组为单位，采用样地样方法，自主开展校园植物群落物种多样性调查，并按照模板撰写、提交校园植物群落多样性调查报告。

附：植物群落多样性调查报告模板

×××××植物群落多样性调查与分析

×××大学××××学院××专业××班

调查小组成员　×××　××　×××

1. 目的意义

2. 用具与材料

3. 内容与方法

   3.1　样地的选择

   3.2　样方设计

   3.3　植物群落调查指标的测定方法

4. 结果与分析

   4.1　群落植物种类的成分与结构分析

   4.2　群落指标的因子分析

   4.3　群落物种的多样性分析

5. 结论与建议

PART
3

第三篇

拓展性实验

———

　　拓展性实验是整合与应用已学的植物学实验知识与技能，对相关植物某个生命活动现象进行专题探究的实验项目。通过拓展性实验的训练，既能够巩固学生在植物学实验课堂所学知识，学习探究植物生命活动现象的实施路径和规范，培养学生的独立工作能力，又能够通过对植物与环境、结构与功能、个体发育与系统发育、局部与整体等协作关系的观察、思考与探究，培养学生勇于探索和不怕挫折的科学精神、实事求是和严谨认真的科学态度，提升学生发现问题和解决问题的能力。因此，在植物学实验教学过程中，开展拓展性实验尤为重要。本篇介绍了如何从日常生活中发现问题和提出问题，以及如何应用所学知识解决问题，并以具体案例加以说明，使学生了解并掌握开展科学研究的规范流程，提升发现问题和解决问题的能力。

说课

第一节
项目来源与实施

开展拓展性实验的目的，是通过实验教会学生如何整合应用所学的植物学实验知识与技能，进行如植物器官建成、结构与功能、植物与环境、个体与群体之间的协作关系等研究。尽管拓展性实验的项目来源具有开放性，实验内容具有多样性，但其实施路径大同小异，本节介绍拓展性实验的项目来源和实施流程，以便让学生了解拓展性实验的选题范围和实施方法。

一、项目来源
1. 老师正在进行的各级各类科研课题子项目或拟解决的科学问题。
2. 各级各类大学生创新训练计划。
3. 学生对生命活动现象观察与思考后产生的奇思妙想。
4. 经典实验知识与技术在新实验条件下的再验证。
5. 植物资源在重大突发社会事件（如疫情防控、生态环境污染等）中的应用思考。
6. 老师依据教学要求，给定的探究性实验小专题。

二、项目实施流程
拓展性实验项目实施流程大致可分为选题→实验方案制定→实验方案实施→数据分析与整理→论文撰写→成果展示与交流等步骤。

（一）选题
能否在对植物生命活动现象的观察与思考中，找到自己感兴趣并有能力解决的问题，直接关系到拓展性实验项目实施的成败。因此，在选题时需要考虑三个方面的问题，即自己感兴趣的研究是什么，实验条件是否满足研究需求，自己是否有能力去完成研究工作。

1. 寻找兴趣点
兴趣是最好的老师，同学们可从自己对生命活动现象观察与思考后产生的奇思妙想、老师讲解的经典实验知识与技术在新实验条件下的再验证、植物资源在重大突发社会事件中的应用、老师正在进行的与植物相关的课题、教材中给定的拓展性实验目录中寻找自己感兴趣的方向。

2. 查阅文献资料
学生寻找到自己感兴趣的问题或方向后，就必须收集、阅读相关文献资料，来了解该问题的研究历史与现状，并重点关注研究较少或尚未研究的有意义的问题、研究结果具争论或难以解释的问题、在前人研究基础上可进一步探索的问题。通过文献研读，寻找出拟探究的科学问题。

3. 确定选题
在确定好拟探究问题后，同学们可根据实验室能够提供的实验条件，拟定具有理论意义、实践意义或社会意义的题目，作为自己拓展性实验的选题。

4. 选题审核
确定选题后，同学们以单人或小组为单位，撰写开题申请，书面或在线提交指导老师审核。指导老师依据选题与植物学实验教学目标的关联、探究问题的目的、所需实验条件是否满足等，对选题的可行性进行评价与审核。审核通过的选题，进入下一步实验设计；未通过的选题，按审核意见进行修改或重选。

（二）实验方案制定

制定详细、具体、合适的实验方案，既可避免实验的盲目性和随意性，又能够节约实验时间和成本，是确保实验成功的根本保证。因此，在制定实验方案时，应考虑以下几个问题。

1．明确实验目标

确定选题后，必须明确通过实验的开展，拟达成的目标或想要解决的问题。拟定的实验目标一定要明确、集中、容易达成，如果目标不明确就没有努力的方向，目标太多、太散就不容易实施。

2．界定实验内容

围绕拟定的实验目标，界定实验内容，并将其细化为具体、层次分明、重点突出、可以直接探究的问题。其目的是不对与选题无关的内容进行探究，来提升拓展性实验效用。

3．确定实验材料

依据实验内容，选择容易获取或处理的植物材料，作为实验材料或实验对象。

4．实验方法设计

依据实验内容与要求，设计合适的实验方法，既可减少人为或环境因素对实验的干扰，又可确保获取的实验数据真实可靠。如开展的是比较性实验，一定要设置处理组和对照组。在处理组中，可设置或选定某种影响因素；在对照组中，除了设置的影响因素，其他实验条件应尽可能的与处理组一致。处理组和对照组至少要有3次以上重复，各项实测数据在同一组中也必须重复3次以上，以确保实验数据的可比性。如开展的是调查性实验，则必须确定调查方法、调查指标，坚持随机获取样本的原则，以确保实验数据的客观性。

5．实验条件需求

拓展性实验对实验耗材、仪器设备和实验空间等有个性化的需求，因此在设计实验方案时，应该充分考虑到实验室能够提供的仪器设备和耗材、实验室的安排、植物生长发育进程等因素，否则实验就无法实施。

6．实验方案审定

在确定实验目标、内容、材料和方法后，同学们以单人或小组为单位，经反复讨论与修订撰写出实验方案，书面或在线提交指导老师审核。指导老师依据学生的知识储备和实验室能够提供的实验条件等，对实验方案的可行性进行审核与评价。审核通过的实验方案，老师将适时安排学生进入实验室实施实验；未通过的实验方案，老师提出修改意见并退回，让学生对其进行补充与修订。

（三）实验方案实施

通过审核的实验方案，应严格按照制定的实验方案实施，并做好以下几点。

1．做好实验前准备

实验用器皿、仪器和试剂需提前准备，以免因为条件不足而使实验无法实施；对生长期较长、器官建成动态变化的植物材料，需定时观察其生长发育进程，以免错过实验材料的最佳取样时期，而使实验无法开展。

2. 做好实验记录

准备好专门的记录本。实验记录应及时、准确、忠实，可通过实验记录追溯每一步实验操作；实验记录本不得涂黑和大片留白。实验结果以图片和其他电子数据形式保存的，必须保留原始版本，不得随意修改、删除。

3. 做好实验数据整理

在实验过程中，应及时整理、汇总获取的实验数据，对于明显异常或不符合预期的实验数据，应通过对实验记录、实验设计的逐项分析，排除异常或调整实验方案。

4. 做好交流研讨

在实验过程中，对实验中遇到的问题、获取的实验数据等，可面对面或通过在线交流的方式，开展生生或师生交流与研讨，确保实验的顺畅和有序实施。

（四）数据分析与整理

对实施完成并获取大量原始数据的实验，先对其实验产生的相关数据进行分类、判别和分析，从中找出其内在规律；然后通过制作图表或简单数学计算，初步整理实验数据，从中找出暗含的一些信息或存在的规律；接着借助数据分析处理软件，验证实验结果的可靠性；最后基于数据分析与整理结果，推导出实验总结论。

（五）撰写科技小论文

实验结束后，应及时撰写科技小论文或总结报告，方便实验结果的展示和交流。科技小论文一般包含题目、作者署名、摘要、关键词、引言、材料与方法、结果与分析、结论、致谢、参考文献等部分，要求语言简洁准确、条理清晰、合乎逻辑、客观真实、符合规范。

（六）成果展示与交流

植物学拓展性实验以学生兴趣、课程知识与技能的整合应用为基础，以学生主动探索为特征，以实现学生独立开展探究为目的。在整个实验过程中，涉及的主题、任务和方法都很多，学生的体会和感悟也多，取得的实验结果（成果）各具特色，因此在实验结束后，采用项目报告会、制作论文集、发表科技论文、成果展示会等方式，对实验取得的成果进行展示与交流，既能提升学生的责任心和荣誉感，又能提升学生的人际交往和沟通能力。

（七）资料整理与归档

实验结束后，应将相关资料如开题报告、实验原始记录、电子文档等及时整理与归档。

第二节
拓展性实验案例

　　植物学实验教学主要围绕植物个体形态结构组成与发育、植物群落物种鉴别与多样性调查"两大模块"展开，而拓展性实验项目则是强化学生对所学植物学实验知识与技能的整合与应用，其实验内容和实施流程对学生个体来讲具开放性和自主性。本节围绕植物学实验课程涉及的两大模块，选择了源于老师正在进行的科研项目（与植物个体形态结构组成与发育相关）和源于课程实习研究性"小"专题（与植物群落物种鉴别与多样性调查相关）作为拓展性实验案例来介绍，让学生了解如何自主应用所学植物学知识与技能，来对相关科学问题进行探究。

案例一
一种甘蓝型油菜细胞质雄性不育系和保持系花药发育的显微结构差异比较

——

说课

一、项目来源
本项目源于本院老师正在进行的国家自然科学基金项目。

二、项目实施流程

（一）选题
　　某同学在了解老师正在进行项目的研究内容与目标后，通过与课题组老师和研究生的交流，在他们的指导下赴田间现场观察油菜不育系和保持系植株中花部的形态结构特征。
　　经观察，他发现，油菜不育系植株的花丝短小，矮于雌蕊，花药薄而干瘪，花药表面无明显的花粉附着，花瓣皱缩，但其雌蕊、萼片等组织与保持系无明显差异。观察后，学生产生了不育系和保持系的花药形态特征差异是否与花药发育进程相关、花药内部显微结构是否也有差异的疑问，并对其成因产生探究兴趣。
　　该同学将其感兴趣的点与指导老师和学长交流后，利用知网、NCBI等数据库开始查阅文献，了解相关研究现状，并结合实验材料，提出拟探究的科学问题和研究意义。

1. 研究意义

油菜是十字花科（Cruciferae）芸薹属（*Brassica*）植物，是全球主要的油料作物，其饼粕还可用作饲料，因此具有重要的经济价值（Weselake et al., 2009；刘后利，1985）。我国主要种植甘蓝型油菜（*Brassica napus* L.）。杂种优势（heterosis or hybrid vigor）的利用是提高油菜产量的重要手段，为了实现杂种优势，育种学家创制了不同的雄性不育系（Fu et al., 1990; Jain et al., 1994; Li et al., 2015）。雄性不育系（male sterile line）是指雌性生殖器官正常，但雄性生殖器官不能正常发育成熟，不能产生后代的株系。植物雄性不育分为细胞核雄性不育（genic male sterile, GMS）、细胞质雄性不育（cytoplasmic male sterility, CMS）、生态型雄性不育（ecological male sterility, EMS）等类型（Huang et al., 2007）。

本项目的供试材料来源于扬州大学油菜生物学课题组通过电诱导原生质体融合技术获得的白芥（*Sinapis alba*）和甘蓝型油菜（*Brassica napus*）的体细胞杂种（Wang et al., 2005）。杂种后代和甘蓝型油菜种植品种'扬油6号'连续回交，在BC₃中获得1株不育特性较为彻底的不育株（染色体数$2n=38$），并用不同甘蓝型油菜品种进行测交，筛选获得保持系SaNa-1B，利用该保持系连续回交，选育出稳定的不育系SaNa-1A。

2. 研究现状

目前，已广泛应用的甘蓝型油菜CMS的类型主要有*nap* CMS（Thompson, 1972）、*pol* CMS（Fu, 1981）、*Ogu* CMS（Pelletier et al., 1983）和*tour* CMS（Bang et al., 2011）等。*pol* CMS花药发育受阻于孢原细胞时期，不能产生花粉囊，属于无花粉囊败育类型，其在低温或高温条件下，容易产生微粉现象（Fu et al., 1995）。另一个在生产上常用的*Ogu* CMS，花药发育受阻于四分体到单核期，属于同一败育类型的还有*NCa* CMS（Ogura et al., 1968；危文亮等，2005）。*nap* CMS花药发育主要受阻于孢原分化时期（Fan et al., 1986），属于无花粉囊败育类型，同时也存在少数花粉囊发育正常，且能产生小孢子，但也会因花粉发育延迟和相互粘连无法正常释放花粉，导致不育（Bartkowiak-Broda et al., 1979）。

3. 拟解决的科学问题

供试材料（甘蓝型油菜SaNa-1A CMS）为什么会出现败育的现象，其细胞学机制是什么，和现有的CMS又有何差异？

（二）实验方案制订及实施

指导老师对项目选题意义和所要探究问题的科学性进行评价与审核。审核通过后，指导学生继续查阅文献，围绕研究目标，结合实验室现有条件，制订详细的实验研究内容、技术路线与实验方法。该学生通过分析项目提出的问题和前人的研究结果，确立本项目的主要研究内容为不育和可育材料花器官形态学和花药细胞学差异的比较，研究方法主要涉及植物花器官的数码拍摄和半薄切片技术，实验方案、技术路线切实、可行。实验方案经指导教师修改、审核，确认该项目已具备实施的条件后，上报实验中心审批。中心审批后，将为项目提供经费（主要用于购置相关实验材料）、设备等必要的条件保障，项目进入正式实施阶段。

在实施过程中，项目负责人应做好实验准备和预备实验工作，包括材料、试剂、仪器的准备和相关实验技术的掌握，认真研究实验的每一个细节，充分考虑实验中可能出现的意外情况。此外，须按要求做好实验记录，尤其要注意原始数据和电子实验数据的保存。

首先，要学习植物数码拍摄和图像编辑的方法，既要保证照片的成像质量（如要选取反差大的背景），也要兼顾科学性、艺术性（如要有标尺，图片要美观）。其次，要思考在做形态学比较时，如何判断花器官的发育时期（可以多取一些材料先开展细胞学研究，根据花药的显微结构特征，确定其发育时期，再统计符合此时期结构特征的花药大小范围）。再次，要学习半薄切片技术，掌握各种化学试剂配制和设备使用方法，了解掌握整个制片过程及注意事项。最后，按照实验方案，合理分配实验时间，正式开展实验。

---

1. 研究目标

（1）比较不育材料SaNa-1A与保持系SaNa-1B不同发育时期花器官形态差异。

（2）比较不育材料SaNa-1A与保持系SaNa-1B不同发育时期雄蕊细胞学差异。

2. 研究内容

（1）不育系与保持系器官形态学的比较。

（2）不育系与保持系不同发育时期雄蕊半薄切片，确定败育的细胞学机制。

3. 研究方法

（1）油菜花期，取甘蓝型油菜不育系SaNa-1A和保持系SaNa-1B的花器官，观察二者形态学的差异。

（2）油菜初花期上午9时左右，取甘蓝型油菜不育系SaNa-1A和保持系SaNa-1B的花苞，分别剥取不同大小的花药，立即放入装有2.5%的戊二醛溶液（用磷酸盐缓冲液配制，pH=7.2）固定液的青霉素小瓶中，24 h后更换新的固定液。接着，将固定好的花药组织用磷酸盐缓冲液（Pb Buffer pH=7.2）冲洗3次，每次15 min，然后用1%锇酸（Osmium）固定4 h，再用上述缓冲液冲洗3次（每次15 min）。分别用50%、70%、80%、90%、95%、100%乙醇溶液进行梯度脱水，每个浓度的乙醇溶液脱水15 min，经丙酮渗透置换后，用812 Spurr树脂浸透与包埋。在LEICAULTRACUTR型切片机上进行半薄切片，厚度为1 µm，最后经0.1%甲苯胺蓝-O（TBO）染色后，用OLYMPUS CX51型光学显微镜观察并拍照。

4. 技术路线

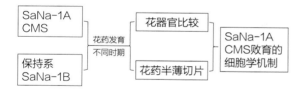

5. 可行性分析

（1）从实验材料来看，本项目选用细胞工程创建的新型细胞质雄性不育系SaNa-1A作为研究对象，该不育系花粉败育彻底、稳定，为本项目的顺利开展提供了材料上的保证。

（2）从实验设计和研究方法来看，通过比较不育系和保持系花药发育过程中花器官形态学和雄蕊细胞学的差异，来探究SaNa-1A CMS发生败育的细胞学机制。项目涉及的实验方法成熟，实验技术路线清晰。

（3）从研究条件来看，扬州大学生命科学基础实验教学中心有半薄切片机、数码显微成像系统、科研级生物显微镜、照相机等设备，且长期开展植物形态学及细胞学等方面的研究，能够确保项目的顺利完成。

（三）数据分析与整理

实验结束以后，应及时对实验数据进行整理和分析，并结合现有文献，找出内在规律，推导出实验结论。实验结果的描述要科学、准确、简洁，要与现有文献的相关结果进行对比，分析原因，阐明机制。

1．实验结果与分析

（1）不育系和保持系花器官形态特征观察　不育系SaNa-1A和保持系SaNa-1B花器官存在明显的差异。主要表现在：与保持系相比，不育系的花丝短小，矮于雌蕊，花药薄而干瘪，花药表面无明显的花粉附着，花瓣皱缩。但不育系和保持系的雌蕊、萼片等组织无明显差异（图1）。

对不育系和保持系花药不同发育时期（发育时期的确定是根据下文的花药显微结构观察得出的）的大小进行了对比，不育系在四分体时期之后，花药的生长开始明显慢于保持系，一直到成熟花粉时期，这种差异逐步加大（图2）。

图1　不育系SaNa-1A和保持系SaNa-1B花器官形态学比较. A, B: 不育系SaNa-1A; C, D: 保持系SaNa-1B.
Fig1　Comparison of the floral phenotype between sterile and fertile lines. A, B: CMS line SaNa-1A; C, D: maintainer line SaNa-1B.

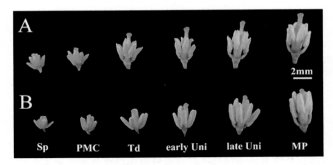

图2　不育系SaNa-1A和保持系SaNa-1B花药不同发育时期的形态学比较. A：不育系SaNa-1A；B：保持系SaNa-1B；Sp：造孢时期；PMC：花粉母细胞时期；Td：四分体时期；early Uni：早单核期；late Uni：晚单核期；MP：花粉成熟期.
Fig2　Comparison of the anther size at different stages between fertile and sterile lines. Sp: sporogenous cell; Td: tetrad stage; PMC: pollen mother cell; early Uni: early uninuclear stage; late Uni: late uninuclear stage; MP: mature pollen.

（2）不育系和保持系花药发育不同时期的显微结构比较

a）保持系SaNa-1B花药发育不同时期的显微结构特征

按照甘蓝型油菜的花药发育过程，我们观察了保持系花药的发育的9个时期：孢原细胞时期、造孢时期、花粉母细胞时期、减数分裂时期、四分体时期、早单核时期、单核靠边时期、成熟花粉粒时期和花粉粒释放时期。

孢原细胞时期和造孢时期：在花药发育的早期，椭圆形的雄蕊花药原基已经形成，结构比较简单，由最外层的表皮和内部的分生组织组成（图3A）。随着花药的发育，分生组织迅速分裂，在四个角落形成了孢原细胞，孢原细胞继续分化，形成了初生壁细胞和初级造孢细胞（图3B）。

山中有很多高大乔木如黄檀、槐树、山合欢、紫荆等可用作路径行道树。同时随着经济发展人们审美需求不断增加，景观植物的需求也在持续增加，云实及胡枝子属因其花的数量多、花较大、花色艳丽等特性，可开发用于花圃材料；兼可作为蜜源植物的有胡枝子、山合欢、槐树、野大豆等。

（5）生态植物资源　豆科植物因其生物固氮、根系发达、抗逆性强等特点，可作为绿化造林树种，利于保持水土，防风固沙，有较大的生态效益。随着人类开发利用自然的进程逐渐加快，近年来由于不合理开发、耕作和经营措施，生态环境遭到了极大的破坏，山区植被毁灭，土壤肥力下降，水土流失等生态问题显著增加，而豆科植物利用其诸多天然优势，在生态环境的保护和恢复中必将发挥重大作用。天目山野生豆科资源中，美丽胡枝子是非常好的固土持水及改良土壤树种，也是荒山裸地造林的先锋灌木，适合用于岩石边坡这种特殊困难立地条件下的植被恢复，同时对矿渣废弃地植被的快速恢复也能起到良好的作用[11]。大叶胡枝子、胡枝子、多花胡枝子等都能起到良好生态作用。对胡枝子属相关品种进行适当的培育，在保护天目山自然环境的基础之下，可将树种进一步推广到其他生态问题突出的山区。

（6）为育种研究提供基础材料　野生豆类植物如野大豆、野扁豆，长期生长于自然生态环境之中，经过亿万年的自然选择，进化出一系列抗逆性特征，如野大豆与大豆是近缘种，但具有耐盐碱、抗寒、抗病等优良抗逆性状，有很多宝贵的抗逆基因资源，因此可作为基因库，通过分子遗传方法筛选优良抗逆基因，并应用于农业生产，培育优良的豆科植物品种。

3. 西天目山野生豆科植物开发应用建议

西天目山地处浙江省临安市，位于长江三角洲城市群，是国家级森林和野生动物类型的自然保护区，同时也是旅游风景区。西天目山野生豆科植物资源丰富，且具有很高的应用价值，如何充分保护和合理开发利用这些野生资源非常重要。

（1）开展西天目山野生豆科植物资源的本底调查　本次调查因季节、地点等的限制，只调查了西天目山33种野生豆科植物资源，《天目山植物志》数据分析表明，天目山具有豆科植物约79种，可能还存在未被发现的资源，考虑到豆科植物应用的广泛性，因此应对天目山豆科植物资源的物种、分布、生长状况、数量等进行深入的调查研究。

（2）对野生豆科资源利用时应考虑到保护性利用原则　天目山为国家级自然保护区，因此应禁止对药用植物、食用植物、经济树种和油料植物资源任意开采，尤其是保持水土，防风固沙的植物资源更是要合理保护，防止其退化对环境造成威胁。鉴于豆科植物种子具有较好的繁殖性能，因此在进行天目山野生豆科植物资源的开发利用过程中可采用收集种子、人工种植、引种驯化途径，在不破坏其自然生态的条件下合理利用，不建议采用野外直接挖掘方法。

（3）充分考虑植物资源利用中的可持续性问题　在开发利用野生豆科植物资源时不仅要考虑到其应用价值，还应与其生态适应性及生长繁育特征相结合，注意可持续开发利用。如葛是极好的淀粉植物资源（葛根），同时还可以作为药用植物和蜜源植物，但是由于葛在生长过程中营养繁殖迅速、生态适应性强、根系发达[6]，导致对其生境范围内其他植物的生长造成危害，甚至形成生态入侵。还有一些豆类植物具有毒性，如山合欢花有催眠作用，黄檀茎皮和根皮有毒，合萌种子有毒等，对这些植物进行开发利用需要充分考虑它们的生长发育特性，强调生态利用和可持续利用。

（参考文献　略）

（四）结题报告、成果交流与资料归档

小专题项目研究结束后，需对野外实习拓展性实验的研究过程和研究成果进行客观、全面、实事求是的描述，并按要求撰写出结题报告。结题报告一般包含"研究工作进展和取得的成果、创新点、项目执行情况、存在的问题，以及其他需要说明的情况"等内容。

项目完成后，结合植物学野外实习总结汇报交流会，以小组为单位对各拓展性实验所取得的

相关成果进行展示与交流（图3-2-1），并通过师生、生生之间的交流研讨，对各项目给出评价和成绩，并将该成绩计入野外实习总成绩。对项目实施效果好的实验项目，鼓励项目组进一步对相关资料进行整理分析，撰写相关科技学术论文，进入年度野外实习汇编资料，作为学弟学妹们开展植物群落物种资源多样性调查时的范本，这既可提升学生的责任心和荣誉感，又能提升学生对相关问题的分析与论文写作能力；同时鼓励项目组，结合相关调查数据，积极申报各级大学生科技创新训练项目，并鼓励其进入科研实验室继续深入开展研究，力争将相关结果能够公开发表。

最后，应将与项目有关的资料，如开结题报告、结题报告、实验原始记录、电子文档、电子标本、腊叶标本等整理归档。

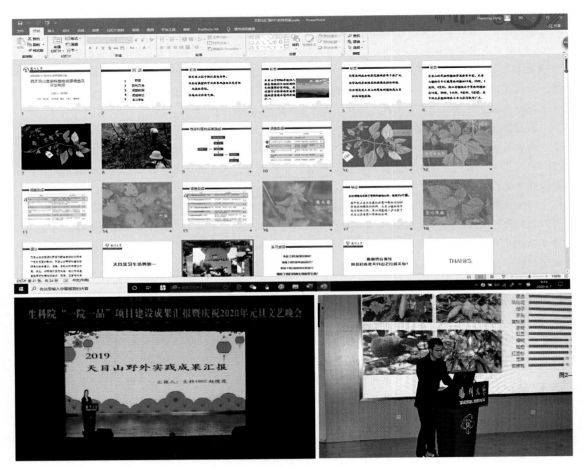

图3-2-1　项目实施成果汇报与展示

附 录

附录一

生物显微镜的构造与使用

说课

  生物显微镜是利用光学原理，通过一套透镜把人眼所不能分辨的微小物体放大成像，以供人们提取微细结构信息的精密光学仪器。它不但可以用来观察生物的形态和结构，还可以通过与其他技术相结合，开展细胞化学成分的定位、定量分析，以及物质代谢、细胞免疫、遗传等功能方面的研究，是植物学教学与研究中最常用的仪器设备之一。

一、生物显微镜的结构

  生物显微镜的基本构造分为光学部分和机械部分两个部分。现以Motic品牌的M200生物显微镜为例，介绍其基本构造（图附-1-1）。

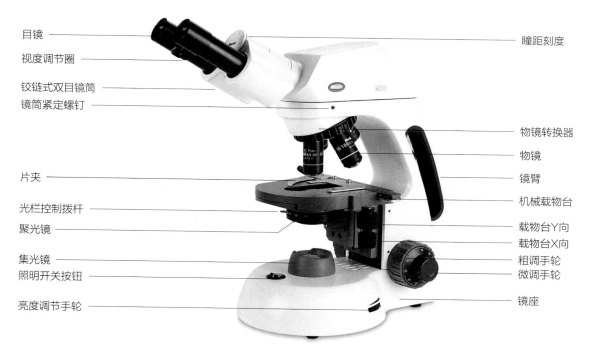

目镜 ———— 瞳距刻度
视度调节圈 ————
铰链式双目镜筒 ————
镜筒紧定螺钉 ————
———— 物镜转换器
———— 物镜
片夹 ———— 镜臂
光栏控制拨杆 ———— 机械载物台
聚光镜 ———— 载物台Y向
———— 载物台X向
集光镜 ———— 粗调手轮
照明开关按钮 ———— 微调手轮
亮度调节手轮 ———— 镜座

图附-1-1 生物显微镜的基本构造

（一）机械部分

1. 镜座

显微镜的基座，用以支撑镜体。

2. 镜臂

下连镜座、上连镜筒，是取放显微镜时手握的部位。

3. 镜筒（铰链式双目镜筒）

显微镜上部圆形中空的长筒，其上端放置目镜，下端与物镜转换器相连。

4. 物镜转换器

镜筒下端的圆盘，可做圆周转动，盘上有3～5个螺口；在螺口上面可按顺序安装不同倍数的物镜。旋转物镜转换器，可保证目镜与物镜光线合轴，并实现对拟用物镜放大倍数的选择。

5. 机械载物台

放置玻片标本的平台，中央有一通光孔，可通透光线。

6. 标本推进器

载物台上用以固定和移动玻片标本的结构。推进器上装有游标尺，用以计算标本大小或标记被检标本的部位。

7. 调焦装置（粗调手轮＋微调手轮）

位于镜臂下端两侧、装在同一轴上的两个大小不同的手轮（螺旋）；大手轮为粗准焦螺旋，其转动一周，镜筒上升或下降10 mm；小手轮为细准焦螺旋，其转动一周，镜筒升降值为0.1 mm。

8. 亮度调节手轮

用于调节内置光源的亮度。

9. 聚光镜光栏控制拨杆

调节它，可以改变聚光镜透光孔径的大小，以调节光线。

（二）光学部分

光学部分由成像系统和照明系统组成。成像系统包括物镜和目镜，照明系统包括内置光源、聚光器或光圈调节盘。

1. 物镜

物镜又叫接物镜，是安装在物镜转换器上的一组镜头。其作用是将物体放大成像，放大倍数与其长度成正比；依其使用条件的不同可分为干燥物镜和浸液物镜两种类型。物镜上刻有40/0.65和160/0.17等字样，其含义为：40表示物镜放大倍数，0.65表示数值孔径（NA），160表示镜筒长160 mm，0.17表示盖玻片厚度为0.17 mm。

2. 目镜

目镜又叫接目镜，是安装在镜筒上端的镜头；其作用是将物镜放大所成的像进一步放大，放大倍数与其长度成反比。目镜由上下两组透镜组成，上面的透镜叫做接目透镜，下面的透镜叫做会聚透镜或场镜；上下透镜之间或场镜下面装有一个光阑（它的大小决定了视场的大小），因为标本正好在光阑面上成像，可在这个光阑上粘一小段毛发作为指针，用来指示某个特定的目标，也可在其上面放置目镜测微尺，用来测量所观察标本的大小。目镜上刻有的如5×、10×等数字，为目镜放大倍数。

3. 聚光镜

装在载物台下方，由聚光镜（几个凸透镜）和孔径光栏组成，它可以使散射光汇集成束、集中一点，以增强被检物体的照明。聚光镜一般可上下调节，如使用高倍物镜时，视野范围小，则需上升聚光镜；使用低倍物镜时，视野范围大，可下降聚光镜。

4. 内置光源

内置光源通常位于镜座内，安装有高亮度的卤素灯或LED灯，可以利用位于镜座右侧的光调节手轮，调节光源强弱。

二、光学显微镜的成像原理

光学显微镜通过透镜放大被检物体，其成像原理和光路图如图附-1-2所示。被检物体AB放在物镜（L_1）前方的1~2倍焦距之间，则在物镜（L_1）后方形成一个倒立的放大实像A_1B_1，这个实像正好位于目镜（L_2）的焦点之内，通过目镜后形成一个放大的虚像A_2B_2，这个虚像通过调焦装置使其落在眼睛的明视距离处，使所看到的物体最清晰。也就是说，虚像A_2B_2是在眼球晶状体的两倍焦距之外，通过眼球后在视网膜形成一个倒立的A_2B_2缩小像A_3B_3。

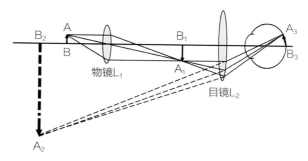

图附-1-2　光学显微镜的成像光路图

三、光学显微镜的主要性能

光学显微镜的主要性能指标包括数值孔径、分辨率、放大率、焦点深度、镜像亮度、视场亮度等。

1. 数值孔径

数值孔径（NA）也叫镜口率，是物镜前透镜与被检物体之间介质的折射率（n）和孔径角（u）半数的正弦之乘积，即$NA=n\sin(u/2)$。数值孔径是物镜的主要技术参数，是判断物镜性能高低的重要指标。孔径角（u）是物镜光轴上的物体点与物镜前透镜的有效直径所形成的角度。孔径角越大，进入物镜的光通亮就越大，它与物镜的有效直径成正比，与焦点的距离成反比。显微镜观察时，若想增大NA值，孔径角是无法增大的，唯一的办法是增大介质的折射率n值。基于这一原理，就产生了水浸物镜和油浸物镜，因介质的折射率n值大于1，NA值就能大于1。

2. 分辨率

显微镜的分辨率是指能被显微镜清晰区分的两个物点的最小间距，能区分的两点间距离越小，分辨率越高。其计算公式是$\sigma=\lambda/NA$，式中σ为分辨率，λ为光线的波长，NA为物镜的数值孔径。可见物镜的分辨率是由物镜的NA值与照明光源的波长两个因素决定。NA值越大，照明光线波长越短，则σ值越小，分辨率就越高。要提高分辨率，即减小σ值，可采取以下措施，如：降低波长λ值，使用短波长光源；增大介质n值以提高NA值；增加明暗反差。

3. 放大率

放大率也称放大倍数，指最终成像的大小与原物体大小的比值。显微镜的总放大倍数可以用目镜放大倍数和物镜放大倍数的乘积表示。如观察某一材料时，物镜为40×、目镜为10×，则总放大倍数为400倍（40×10=400）。

4. 景深

景深为焦点深度的简称，即当焦点对准某一物体时，不仅位于该点平面上的各点都可以看清楚，而且在此平面的上下一定厚度内，也能看得清楚，这个清楚部分的厚度就是景深。景深大，可以看到被检物体的全层，而景深小，则只能看到被检物体的一薄层。景深与其他技术参数有以下关系：与总放大倍数及物镜的数值孔径成反比，与分辨率成反比。

5. 镜像亮度

镜像亮度是显微镜的图像亮度的简称，是指在显微镜下所观察到的图像的明暗程度。使用时，对镜像亮度的要求，一般是镜下成像清晰、对比度好，既不暗淡、又不耀眼。镜像亮度与物镜的数值孔径平方成正比，与总放大倍数的平方成反比。

6. 视场亮度

视场亮度是指显微镜下整个视场的明暗程度，不仅与目镜、物镜有关，还直接受聚光镜、光阑和光源等因素的影响。在不更换物镜和目镜的情况下，视场亮度大，镜像亮度也就大。

四、生物显微镜的使用

1. 取镜

取镜时，要一手握住镜臂，一手平托镜座，保持镜身直立，先将其放置在使用者座位偏左侧、距桌边3～5 cm处的实验桌上，再除去防尘罩、并折叠整齐，放置在显微镜镜座下、或实验桌抽屉内。

2. 瞳距调整

双目的显微镜还需瞳距调整。其操作步骤为：①目视目镜，双手握住两边的棱镜罩，向内或向外转动，直到两目镜筒之间的距离与观察者的瞳距一致；②目视目镜观察，使左右两个视场完全重合。

3. 对光

转动物镜转换器，将低倍镜镜头（4×或10×物镜）转至载物台中央透光孔位置（转换器转动到发出喀哒声时，物镜即调节到位），打开透光光阑，取光（内置光源显微镜，接通电源；外置光源显微镜，用反光镜采自然光或灯光作为光源）、并使用光源强度调节旋钮或调节反光镜位置，将视野中的光源强度调至适宜（明亮而柔和）为止。

4. 装片

旋转粗调焦螺旋，把载物台下降到最低限定位置；将玻片标本有盖玻片的一面朝上（如装反，会导致高倍镜下无法清晰观察到标本），放置在标本推进器中；用弹簧标本夹夹好玻片标本，并将其中的标本移动到正对聚光镜中央的位置。

5. 调焦

调焦就是调节物镜与标本之间的距离，以便能够在目镜中看到最清晰物像的过程。调焦时，一是要从低倍镜开始，这是因为放大倍数越大，能够在显微镜下观察到的圆形区域就越小，标本就越难找到，二是要先用粗准焦螺旋快速的找到物像、再用细准焦螺旋将物像调至清晰，三是准焦螺旋旋转时，要左右两手同时操作。通常用4×或10×物镜调焦，其操作步骤为：①从显微镜侧面注视物镜镜头，旋转粗准焦螺旋，升高载物台（或下降镜筒），以镜头接近玻片、但不接触为宜；②目视目镜观察，转动粗准焦螺旋，将载物台缓缓下降（或升高镜筒），直至视野中出现物像；③转动细准焦螺旋，直至物像最清晰；④调整目镜上的屈光度旋钮，找到最佳的焦平面。

6. 视度调节

双目的显微镜还需视度调节。其操作步骤为：①在低倍镜下（4×或10×物镜），将物像调至最清晰；②将物镜转至高倍镜（40×）下，先只用左眼、目视左侧目镜观察，通过旋转细准焦螺旋，将物像调至最清晰；③再只用右眼、目视右侧目镜观察，通过旋转右侧目镜上的视度调节环，直至物像清晰。

7．标本观察

在完成上述步骤后，即可在显微镜下对各种标本进行观察。

（1）低倍镜观察　放置拟观察的玻片标本，在4×或10×物镜下，调焦并观察。

（2）高倍镜观察　对一些细节需要放大观察的物像，可先在低倍镜下，将拟观察细节的区域移至视野的中央（标本移动方向与镜下物像移动方向相反），再旋转物镜转换器，将物镜头换成高倍镜头（40×）进一步观察。此时，高倍镜下的物像基本是清晰的，如物像不十分清晰，可调节细准焦螺旋，直至物像清晰为止；如果高倍镜下的视野比低倍镜下的暗，可通过调节光源调节旋钮，来增强视野的亮度，直至适宜为止。

（3）油镜观察　对在高倍镜下仍不能观察清楚的标本结构，就须换用油镜观察标本。其原理是通过改变玻片标本与物镜之间的媒介对光线折射率的改变，来增加进入油镜的光线，而使视野亮度增强，物象清晰。其操作步骤为：①将拟进一步放大观察区域（或标本），经低倍镜或高倍镜观察后，移到视野的中心；②将集光器上升到最高位置，光圈开到最大，使光线调至最强程度；③旋转粗准焦螺旋，下降载物台（或上升镜筒），在需观察部位的玻片上滴加一滴香柏油（不要过多，不要涂开）；④旋转物镜转换器，将油镜头旋转至镜筒下方；⑤侧面水平注视镜头与玻片的距离，旋转粗准焦螺旋，使油镜头徐徐下降，并浸入香柏油内，直至轻轻接触但不压破玻片为止；⑥慢慢转动粗准焦螺旋，使油镜头徐徐上升至见到标本的物像为止；⑦旋转细准焦螺旋，使视野物像达到最清晰；⑧右手转动标本推进器，观察标本；⑨需对镜下物像重新选择时，在加油区外操作程序为低倍→高倍→油镜，在加油区内操作程序为低倍→油镜、不得经高倍镜（为什么？）。

8．还镜

全部标本观察完毕后，内置照明式显微镜，应先关闭显微镜灯，再切断电源；外置照明式显微镜，需将反光镜旋转至垂直方向。降低载物台或提升镜筒，取下玻片标本，用清洁纱布轻轻将机械部件、用擦镜纸将光学部件擦拭干净；油镜使用完毕后，应转动粗准焦螺旋，使油镜头从香柏油中脱离，并用擦镜纸、二甲苯将镜头和标本擦净。最后将载物台（或镜筒）下降至最低，并将低倍物镜对准载物台中央的透光孔或将两个物镜跨于透光孔的两侧；罩上防尘罩，按取镜时的操作要点，将显微镜还入镜橱（箱）中。

五、使用显微镜的注意事项

1．初次使用显微镜时，一定要仔细阅读说明书，或在有使用经验人员的指导下使用。

2．取放显微镜应小心谨慎，不可单手提取，以免零件脱落或碰撞到其它地方。

3．严格遵守操作规程，防止粗暴操作，避免在阳光直射的地方使用。切不可随意拆开显微镜各部件玩弄；遇到旋扭转动困难，绝不能用力过大，而应查明原因，排除障碍，如自己不能解决时，要向指导老师报告，寻求解决方法。

4．保持显微镜的清洁，尽量避免灰尘、试剂玷污镜头，如有玷污应立即擦净。光学和照明部分必须用擦镜纸轻轻、沿一个方向擦拭，决不能用一张擦镜纸来回反复擦拭；机械部用布擦拭。

5．显微镜保管要做到防潮、防霉、防尘、防热、防震，故应该放置在凉爽干燥的地方。

6．建立显微镜使用和维护登记制度，及时记录显微镜的使用情况和故障排除情况，以利于对显微镜的维护和保养。

说课

附录二
体视显微镜的构造与使用

　　体视显微镜又称解剖镜或实体显微镜，是一种具有放大正像立体感的目视仪器。具有视场直径大、焦深大、像直立、工作距离长、体视感强、对观察体无需加工即可在镜下配合照明直接观察、便于对微小物体进行观察与实际操作等优点，但也有放大倍率不够大（一般在200倍以下）等缺点，被广泛地应用于生物、农林、工业、医学等学科与行业的教学、科研与生产。

一、体视显微镜的结构

　　体视显微镜的基本构造分为光学部分和机械部分两个部分。现以Motic SMZ-161连续变倍体视显微镜为例，介绍其基本构造（图附-2-1）。

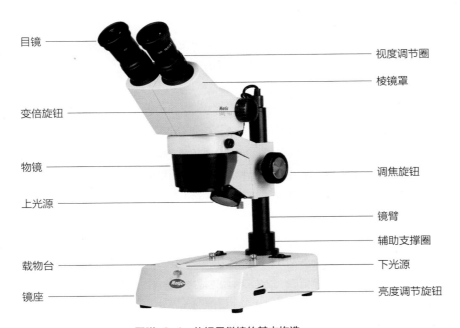

图附-2-1　体视显微镜的基本构造

（一）光学部分

1. 目镜

　　目镜又称接目镜，用来观察前方光学系统所成图像的目视光学器件，由1个透镜组构成。比较常见的是双目斜筒式，2个目镜成一定角度固定。

2. 物镜

　　物镜又叫接物镜，为共用初级物镜，是由若干个透镜组合而成的1个透镜组。

3. 上光源

　　上光源通常位于物镜后方，斜照明；高亮度的卤素灯或LED灯，可以利用位于底座右侧的亮度调节旋钮，调节光源强弱。

8. 隐头花序，直立或蔓生木本 ·· 桑科（Moraceae）[无花果属（*Ficus*）]

8. 不成隐头花序，草本或木本。

9. 草本，雌花呈头状花序，或密穗状花序 ··

·· 桑科（Moraceae）[或从桑科分离，另成大麻科（Cannabaceae）]

9. 木本，雌花、雄花各呈头状花序，或两性花和雄花合成头状花序。

10. 坚果、核果或肉质果，有花被。

11. 坚果，被包在木质总苞内 ························· 山毛榉科（Fagaceae）[山毛榉属（*Fagas*）]

11. 果实为肉质，集成复果，无总苞。

12. 体内含乳状汁。复果近球形，直径在1 cm以上，常单生 ·············· 桑科（Moraceae）

12. 体内无乳状汁。复果直径不达5 mm，常2、3个同生呈聚伞状 ·······································

·· 荨麻科（Urticaceae）

10. 木质蒴果，花无花被，或单被（有花萼）···

····························· 金缕梅科（Hamamelidaceae）[枫香树属（*Liquidambar*）]

6. 花两性或单性，不呈荑荑花序和头状花序。

7. 花无花被。

8. 花大多数呈密穗状花序。

9. 草本，子房由3～4个近乎分离或结合的心皮构成，如果心皮结合，则子房仅有1室，每室有少数至多数胚珠 ·· 三白草科（Saururaceae）

9. 草本或木本，子房1室1胚珠。

10. 单叶。

11. 雌蕊由1～4个心皮结合而成 ····································· 胡椒科（Piperaceae）

11. 雌蕊由1心皮所成 ····································· 金粟兰科（Chloranthaceae）

10. 叶为基生三出复叶 ····················· 小檗科（Berberidaceae）[裸花草属（*Achlys*）]

8. 非穗状花序。

9. 乔木，雌雄异株，果实为含1粒种子的翅果 ····························· 杜仲科（Eucommiaceae）

9. 多为草本，雌雄同株或异株，蒴果或小瘦果。

10. 雄花、雌花同生1杯状聚伞花序内，雌蕊多由3心皮构成，子房3室，蒴果 ·············

·· 大戟科（Euphorbiaceae）

10. 雌花、雄花往往并生在叶腋内，雌蕊由2心皮组成，子房因假隔膜隔成4室，果实为分离的4个小核果 ·· 水马齿科（Callitrichaceae）

7. 花单被（有花萼），有时有花瓣变形而成的蜜腺叶。

8. 上位子房。

9. 食虫植物，叶变形为瓶状的捕虫器，子房4室，含多数胚珠 ·············· 猪笼草科（Nepenthaceae）

9. 非食虫植物。

10. 雌蕊由2个至数个分离或近于分离的心皮组成。

11. 花丝分离。

12. 果实为聚合瘦果，藏在随果实发育而稍有增大的杯状花托内···

··· 蔷薇科（Rosaceae）[蔷薇亚科（Rosoideae）]

12. 果实不藏在杯状花托内（下列的木通科、大血藤科、毛茛科植物，常有花瓣变形而成的蜜腺叶）。

  13. 浆果，花萼常呈花冠状。

    14. 直立或蔓生木本，花单性，或有两性花混生，萼片6片（少数3片）·······················
···木通科（Lardizabalaceae）

    14. 通常草本，花两性，萼片4或5片，小形·················商陆科（Phytolaccaceae）

  13. 开裂或不开裂的干果。

    14. 花萼常显著，呈花冠状，蓇葖果或瘦果 ···············毛茛科（Ranunculaceae）

    14. 花萼小形，不呈花冠状，蒴果有5个角状突起 ···········虎耳草科（Saxifragaceae）

11. 花丝结合呈筒状，花单性，或有两性花混生；果实为蓇葖果，或木质，不裂，有龙骨突起；乔木，少数灌木 ···梧桐科（Sterculiaceae）

10. 雌蕊由1心皮构成，或2至数个心皮结合而成。

 11. 乔木或灌木。

  12. 子房1室。

   13. 单叶，花两性或单性，雌雄同株或异株，花柱1条，少数3～6条（后者见大风子科）。

    14. 药室瓣裂 ···樟科（Lauraceae）

    14. 药室纵裂。

     15. 雄蕊比萼片的倍数多，花单性。

      16. 萼片10枚，极小，子房有2胚珠，1条长花柱，核果························
···蔷薇科（Rosaceae）[臭樱属（Maddenia）]

      16. 萼片通常3～6枚，花柱3～6条，侧膜胎座，浆果或蒴果······大风子科（Flacourtiaceae）

     15. 雄蕊为萼片的倍数，或为花瓣的倍数，花大多数两性。

      16. 雌蕊由1心皮构成，萼结合成长筒，常呈花冠状，胚珠基底着生或悬垂着生。

       17. 枝、叶、花都有鳞毛，萼片基部包果实，成果实的部分，胚珠生子房的基底 ············
···胡颓子科（Elaeagnaceae）

       17. 枝、叶、花没有鳞毛，萼片基部不包果实，胚珠悬垂······瑞香科（Thymelaeaceae）

      16. 雌蕊由2心皮结合而成，萼片全分离，或萼深裂，子房有1悬垂胚珠························
···榆科（Ulmaceae）

   13. 羽状复叶，或3小叶所成的复叶。花雌雄异株，花柱3条 ·····························
···漆树科（Anacardiaceae）[黄连木属（Pistacia）]

  12. 子房2至多室。

   13. 各室含1～2个胚珠，花大多数单性。

    14. 雄蕊和萼片同数，互生·······································鼠李科（Rhamnaceae）

    14. 雄蕊和萼片同数，对生，或不同数。

     15. 叶互生。

      16. 单叶，少数为3小叶所成的复叶，雄蕊1至多条。

       17. 果实为有翅的蒴果，雄蕊常有8条，子房3～6室 ·································
···无患子科（Sapindaceae）[车桑子属（Dodonaea）]

       17. 果实有翅，雄蕊1条或4～5条，或多数。

18. 果实为蒴果，2室，有木质或革质的外果皮、角质的内果皮，成熟时2裂 ··············
·· 金缕梅科（Hamamelidaceae）

18. 果实为核果，或浆果状或为蒴果。如果为蒴果，构造与上条的不同。

19. 果实为蒴果，3至数室，或为核果或浆果状 ·············· 大戟科（Euphorbiaceae）

19. 果实为核果状 ·· 黄杨科（Buxaceae）

16. 羽状复叶，雄蕊常8枚 ······································ 无患子科（Sapindaceae）

15. 叶对生。

16. 翅果。

17. 果实可分成2个分果，顶端均有长翅（亦称双翅果）·················· 槭树科（Aceraceae）

17. 果实为1小坚果，顶端具长翅 ·································· 木犀科（Oleaceae）

16. 果实为由3心皮结合而成的蒴果，叶常绿 ·················· 黄杨科（Buxaceae）

13. 各室含多数胚珠；花两性，雄蕊多枚，蔓生木本；花呈总状花序或圆锥花序，花萼深6裂；子房有柄，3室，核果 ·································· 白花菜科（Cleomaceae）

11. 草本或亚灌木。

12. 沉水植物 ·· 金鱼藻科（Ceratophyllaceae）

12. 陆生植物。

13. 子房1室。

14. 胚珠1个。

15. 通常有鞘状托叶，围在茎节上 ·································· 蓼科（Polygonaceae）

15. 节上无托叶所成的鞘。

16. 花萼有色彩，呈花冠状，它的全部或基部永存，包裹果实。

17. 花萼呈筒状，十分显著，萼的基部随果实发育而有所增大，花下有总苞，叶对生············
·· 紫茉莉科（Nyctaginaceae）

17. 花萼小，全部随果实发育；叶互生；茎缠绕上升 ·················· 落葵科（Basellaceae）

16. 花萼不呈花冠状。

17. 花柱从子房的一侧面基部生出。

18. 花两性，叶掌状分裂，花萼外另有副萼片4枚，瘦果藏在宿存的萼筒内 ··················
······························ 蔷薇科（Rosaceae）[羽衣草属（Alchemilla）]

18. 花单性 ·· 桑科（Moraceae）

17. 花柱顶生，如无花柱时，柱头顶生。

18. 果实为瘦果。

19. 花柱1条 ·· 荨麻科（Urticaceae）

19. 花柱2条或2裂 ·· 桑科（Moraceae）

18. 果实为胞果，少数呈浆果状或为瘦果（如为瘦果则包于坚韧的壳内或永存的萼筒内）；花萼往往花后增大，包围着果实。

19. 下位花，无托叶。

20. 花萼和花下的苞膜质，干燥，往往有色彩，雄蕊基部常结合 ··················
·· 苋科（Amaranthaceae）

20. 无苞，或苞非膜质，花萼绿色，雄蕊常分离······藜科（Chenopodiaceae）

19. 周位花，叶有托叶。

20. 单叶，对生，托叶膜质，胞果或坚果··························石竹科（Caryophyllaceae）[指甲草族（Paronychieae）或从石竹科分出另成裸果木科]。

20. 羽状复叶，互生，托叶草质，瘦果··························蔷薇科（Rosaceae）[地榆属（Sanguisorba）]

14. 胚珠数个或多个。

15. 萼片2，早落，雄蕊多数，蒴果，叶掌状分裂 ···············罂粟科（Papaveraceae）

15. 萼片常5枚，和雄蕊同数。

16. 萼片分离，5枚，雄蕊和萼片对生，基生胎座，胞果或浆果·························苋科（Amaranthaceae）

16. 萼片结合呈钟形，5裂，花冠状；雄蕊和花萼裂片互生，特立中央胎座，翅果·························报春花科（Primulaceae）[海乳草属（Glaux）]

13. 子房2至多室。

14. 花两性。

15. 果实为短角果或长角果，由假隔膜隔成假2室 ···············十字花科（Cruciferae）

15. 蒴果。

16. 花萼5枚，分离；子房3室；叶对生或轮生·························番杏科（Aizoaceae）[粟米草属（Mollugo）或从番杏科分出另成粟米草科]

16. 花萼结合成筒形或钟形，子房2室，叶对生·················千屈菜科（Lythraceae）

14. 花单性。

15. 通常为一年生草本或亚灌木，果实为蒴果，没有角状突起·························大戟科（Euphorbiaceae）

16. 常绿或半常绿的亚灌木，果实为浆果状或蒴果，如为蒴果，果上有三角状突起·························黄杨科（Buxaceae）

8. 下位子房或半下位子房。

9. 寄生植物或半寄生植物。

10. 草本、灌木或小乔木，常生在其他植物的根上，果实为坚果或核果············檀香科（Santalaceae）

10. 灌木，常着生在其他木本植物的茎上，果实为浆果，有黏性·················桑寄生科（Loranthaceae）

9. 非寄生植物。

10. 直立木本，子房2室，花柱2条，蒴果，木质2裂·····························金缕梅科（Hamamelidaceae）

10. 草本。

11. 果实不裂，顶部常有角突起，叶多少肉质·························番杏科（Aizoaceae）

11. 蒴果。

12. 花萼呈花冠状，常3裂，子房下位，四室至六室，茎蔓生··········马兜铃科（Aristolochiaceae）

12. 花萼不呈花冠状，5裂，子房常半下位，1~2室，蒴果2裂，茎直立·························虎耳草科（Saxifragaceae）

4. 双被花（有花萼和花冠）。

  5. 上位子房。

    6. 食虫植物；叶变为捕虫器，内常具感觉敏锐的毛；花两性 ························· 茅膏菜科（Droseraceae）

    6. 非食虫植物。

      7. 雄蕊10枚以上或比花瓣的倍数还多。

        8. 雌蕊由2至多数分离或近于分离的心皮所成。

          9. 水生草本。

            10. 离生雌蕊下陷于倒圆锥形的花托中，叶盾形，全缘，花瓣多数 ·····························
··· 睡莲科（Nymphaeaceae）

            10. 雌蕊不具上述特点。

              11. 萼片、花瓣各3枚，叶盾形，全缘，或水中叶羽状细裂 ······················
睡莲科（Nymphaeaceae）[莼亚科（Cabomboideae）或从睡莲科分出另成莼菜科]

              11. 萼片、花瓣5枚，叶非盾形，水面的叶浅裂，水中的叶羽状细裂 ···············
·· 毛茛科（Ranunculaceae）

          9. 陆生植物。

            10. 雄蕊着生在伸长的花托或花盘上。

              11. 萼片、花瓣每轮常3枚，或为3的倍数。

                12. 直立乔木或灌木，花常两性。

                  13. 有托叶，心皮螺旋状排列在伸长的花托上，果实为聚合蓇葖果或翅果 ···········
··· 木兰科（Magnoliaceae）

                  13. 无托叶，心皮轮状排列，果实为聚合蓇葖果 ········· 八角茴香科（Illiciaceae）

                12. 木本或藤本，雌雄异株，果实为浆果 ················· 五味子科（Schisandraceae）

              11. 萼片、花瓣常为5枚（少数4～10枚）。

                12. 心皮螺旋状排列在伸长的花托上，花瓣基脚常有蜜腺；草本 ······················
··· 毛茛科（Ranunculaceae）

                12. 心皮轮状排列，或簇生，心皮围有肉质花盘 ·····························
毛茛科（Ranunculaceae）[芍药属（Paeonia）或从毛茛科分出另成牡丹科]

            10. 雄蕊着生在平坦或凸形的花托上，或隐藏于壶状的花托中。

              11. 果实为数个蓇葖果，托叶有或缺，常灌木，少数草本 ·····················
····································· 蔷薇科（Rosaceae）[绣线菊亚科（Spiraeoideae）]

              11. 果实为多数瘦果（或小核果），雌蕊着生在平坦或凸形的花托上，或隐藏于壶状的花
托中，具托叶，木本或草本 ··········· 蔷薇科（Rosaceae）[蔷薇亚科（Rosoidea）]

        8. 雌蕊由1心皮所成，或2至数个心皮结合而成。

          9. 子房1室。

            10. 胚珠1或2个（少数有数个胚珠，但不是侧膜胎座）。

              11. 果实为蓇葖果，胚珠1至数个······································
····································· 蔷薇科（Rosaceae）[绣线菊亚科（Spiraeoideae）]

              11. 果实为核果，胚珠2个················· 蔷薇科（Rosaceae）[李亚科（Prunoideae）]

10. 胚珠数个至多个，侧膜胎座。

　　11. 叶常有微明或黑色小点，花丝常结成数体，叶对生 ……………………………金丝桃科（Hypericaceae）

　　11. 叶无透明小点。

　　　　12. 草本，萼片2枚，早落，植物体内含乳状汁或着色液 ………………………罂粟科（Papaveraceae）

　　　　12. 萼片或萼的裂片不止2枚。

　　　　　　13. 子房基部有子房柄；单叶，或3小叶所成的复叶 ………………………白花菜科（Cleomaceae）

　　　　　　13. 子房无柄；单叶，子房有数个侧膜胎座；浆果或核果…………… 大风子科（Flaceourtiaceae）

9. 子房2至多室。

　　10. 萼片镊合状排列。

　　　　11. 花药1室，花丝结成筒状，有时每5根花丝结合成1束。

　　　　　　12. 花粉粒表面具刺，果实裂为数个分果，或果实为蒴果，木本或草本…………锦葵科（Malvaceae）

　　　　　　12. 花粉粒表面平滑，果实或为背缝开裂的蒴果，或不开裂，种子往往为果皮所生的棉毛所包围，乔木 ………………………………………………………………………………木棉科（Bombacaceae）

　　　　11. 花药2室（少数4室）。

　　　　　　12. 全部花丝结合成筒状，蒴果，木本。

　　　　　　　　13. 花内常混有发育不全的雄蕊…………………………………………梧桐科（Sterculiaceae）

　　　　　　　　13. 花内雄蕊都发育完全 ……………………………………………… 木棉科（Bombacaceae）

　　　　　　12. 花丝全部分离（椴树科的花丝，有时成5~10组）。

　　　　　　　　13. 花瓣基部有细长的爪，瓣片皱波状，边缘或具细裂蒴果；木本 …………………………………………………………………………………千屈菜科（Lythraceae）[紫薇属（*Lagerstroemia*）]

　　　　　　　　13. 花瓣基部无细长的爪，如果是木本，则果实为坚果或核果，有1、2个或少数种子，如果是草本，则为蒴果，有多数种子………………………………………………………椴树科（Tiliaceae）

　　10. 萼片覆瓦状，或回旋状排列。

　　　　11. 叶互生。

　　　　　　12. 叶上有透明小点，果实为柑果，木本……………………………………芸香科（Rutaceae）

　　　　　　12. 叶上没有透明小点。

　　　　　　　　13. 蔓生木本，雌雄异株，或有两性花混生，药纵裂，浆果 ……………猕猴桃科（Actinidiaceae）

　　　　　　　　13. 直立木本。

　　　　　　　　　　14. 蒴果。

　　　　　　　　　　　　15. 果实为背缝开裂的蒴果 ………………………………………山茶科（Theaceae）

　　　　　　　　　　　　15. 果实为有5个棱角的蒴果，熟则折为5个骨质果皮，并背腹缝线裂开……………………………………………………………………………………… 蔷薇科（Rosaceae）

　　　　　　　　　　14. 非蒴果。

　　　　　　　　　　　　15. 花药基底着生于花丝上，纵裂；浆果，或果皮韧不开裂……………山茶科（Theaceae）

　　　　　　　　　　　　15. 花药丁字状着生，顶端孔裂，或开短裂隙；浆果 ………………………………猕猴桃科（Actinidiaceae）[水冬哥属（*Saurauia*）或从猕猴桃科分出，另成水冬哥科]

　　　　11. 叶对生，有时轮生。

　　　　　　12. 草本或木本；花两性，叶常有透明或暗色小点，蒴果，子叶不肥厚····金丝桃科（Hypericaceae）

12. 木本；花两性与单性混生，叶多浆果或核果，子叶极肥厚 ················ 藤黄科（Guttiferae）
7. 雄蕊不超过10条，或不超过花瓣的倍数。
　8. 雌蕊由2至多数分离或近于分离的心皮所组成。
　　9. 肉质草本；花之各轮同数，各自分离（雄蕊可为1轮或2轮），果实为蓇葖果 ··································
　　　·· 景天科（Crassulaceae）
　　9. 不是肉质植物。
　　　10. 叶常有透明小点。
　　　　11. 直立木本或草本，花两性或单性；萼片和花瓣界限分明，果实为蓇葖果或蒴果 ·······················
　　　　　·· 芸香科（Rutaceae）
　　　　11. 蔓生木本，花单性；萼片和花瓣界限往往不易分清，心皮多数最初集合呈头状，后呈穗状，果
　　　　　实为聚合浆果 ·· 五味子科（Schisandraceae）
　　　10. 叶无透明小点。
　　　　11. 花常两性。
　　　　　12. 子房深5裂，成熟时分离为5个分果，花柱仍相连；草本 ······· 牻牛儿苗科（Geraniaceae）
　　　　　12. 果实不成分果。
　　　　　　13. 叶互生，大多数为复叶。
　　　　　　　14. 果实为瘦果，叶往往具有托叶 ·····蔷薇科（Rosaceae）[蔷薇亚科（Rosoideae）]
　　　　　　　14. 果实为蓇葖果（2~3个），有多数种子，没有托叶······虎耳草科（Saxifragaceae）
　　　　　　13. 叶对生，乔木。
　　　　　　　14. 单叶，果实为瘦果，藏在随果实长大的壶状花托内 ······ 蜡梅科（Calycanthaceae）
　　　　　　　14. 复叶，果实为蓇葖果 ·· 省沽油科（Staphyleaceae）
　　　　11. 花单性，或单性花和两性花混生。
　　　　　12. 乔木。
　　　　　　13. 花单性，雌雄同株，密集呈头状花序；叶为单叶，掌状分裂，果实为小坚果 ···············
　　　　　　　·· 悬铃木科（Platanaceae）
　　　　　　13. 单性花和两性花混生，叶为羽状复叶，果实为翅果或小核果·······························
　　　　　　　·· 苦木科（Simaroubaceae）
　　　　　12. 藤本，很少是灌木，雌蕊3~6枚，果实为核果状 ··········· 防己科（Menispermaceae）
　8. 雌蕊由1心皮所成，或2至数个心皮结合而成。
　　9. 子房1室，或因假隔膜分为数室（子房由假隔膜成数室时，仍为侧膜胎座；但如子房真分为数室时，它
　　　的胎座为中轴胎座）。
　　　10. 果实为荚果，花冠或极不整齐，呈蝶形（极稀少退化至只有1旗瓣），或多数不整齐，或完全整齐
　　　　·· 豆科（Leguminosae）
　　　10. 果实非荚果。
　　　　11. 花药瓣裂，雄蕊和花瓣同数，对生，浆果或蒴果 ··························小檗科（Berberidaceae）
　　　　11. 花药纵裂（包括横裂）。
　　　　　12. 子房内有一胚珠。
　　　　　　13. 雄蕊分离。

14. 雄蕊和花瓣同数，对生 ·· 白花丹科（Plumbaginaceae）

14. 雄蕊和花瓣同数，互生，或不同数。

   15. 四强雄蕊，短角果有翅，草本 ································ 十字花科（Cruiferae）

   15. 雄蕊和花瓣同数，或为花瓣的倍数，木本。

      16. 羽状复叶，托叶早落，花柱1条，顶生 ····································
·································· 省沽油科（Staphyleaceae）［瘿椒树属（Tapiscia）］

      16. 羽状复叶或单叶，无托叶，花柱，3条，侧生或顶生，或3裂 ········ 漆树科（Anacardiaceae）

13. 花雌雄异株，雄花的雄蕊结合成柱状体；核果，茎蔓生 ············ 防己科（Menispermaceae）

12. 子房内有2至多数胚珠。

  13. 花冠整齐或近于整齐。

    14. 单心皮构成的雌蕊，胚珠从室顶悬垂。

      15. 果实为聚合果，花瓣5枚，灌木 ············· 蔷薇科（Rosaceae）［绣线菊亚科（Spiraeoideae）］

      15. 果实肉质，不裂。

        16. 浆果，花瓣6或9枚，盾形的单叶或2~3回羽状复叶，草本，小灌木 ·············
·· 小檗科（Berberidaceae）

        16. 核果，单叶，灌木 ·························· 蔷薇科（Rosaceae）［扁核木属（Prinsepia）］

    14. 多心皮构成的雌蕊，侧膜胎座，特立中央胎座，或基生胎座。

      15. 侧膜胎座，极少为基生胎座。

        16. 叶小，鳞形，无叶柄，互生；木本 ····························· 柽柳科（Tamaricaceae）

        16. 叶非鳞形。

          17. 花常由多数细丝或鳞片所成的副花冠，常为攀缘植物 ·········· 西番莲科（Passifloraceae）

          17. 没有前种副花冠，非攀缘植物。

            18. 花瓣4枚，雄蕊常为6枚（少数仅2~4枚），草本。

              19. 雄蕊6枚，四强，少数仅2~4枚，子房无柄，由假隔膜成2室 ····················
·· 十字花科（Cruciferae）

              19. 雄蕊6枚时不成四强雄蕊，子房有柄 ················· 白花菜科（Cleomaceae）

            18. 花瓣、雄蕊各5枚。

              19. 木本，下位花，花柱1条，雄蕊1轮，与花瓣互生 ········ 海桐花科（Pittosporaceae）

              19. 草本，灌木或乔木，下位花或周位花，花柱不止1条，雄蕊1或2轮，外轮通常和花瓣
对生 ··· 虎耳草科（Saxifragaceae）

      15. 特立中央胎座或基生胎座。

        16. 花柱1条，雄蕊和花瓣同数。

          17. 灌木或小乔木常蔓生，花单性，浆果或核果 ·····························
·································· 紫金牛科（Myrsinaceae）［酸藤子属（Embelia）］

          17. 草本，直立或匍匐，花两性，蒴果 ··························· 报春花科（Primulaceae）

        16. 花柱常2条以上，草本。

          17. 萼片2，雄蕊和花瓣同数 ······························ 马齿苋科（Portulacaceae）

          17. 萼片4或5，雄蕊常为花瓣倍数（或同数）·················· 石竹科（Caryophyllaceae）

13. 花冠常不整齐。

14. 花瓣4枚，雄蕊4或6枚……………………………紫堇科（Fumariaceae）（有时亦归入罂粟科）

14. 花瓣和雄蕊数量都是5……………………………………………………………菫菜科（Violaceae）

9. 子房2~5室。

10. 水生草本，叶从根状茎的节上生出，水上的叶心形或盾形，花瓣常3至多枚，果实为聚合果………………

…………………………………………………………………………………………睡莲科（Nymphaeaceae）

10. 陆生植物（少数潜水或水田中，但都是对生或轮生叶的小草本）。

11. 花冠整齐，或近于整齐。

12. 雄蕊和花瓣同数，对生。

13. 花丝分离，子房每室有1或2枚胚珠。

14. 藤本（常以卷须攀缘他物）或灌木；花瓣镊合状排列，早落；浆果……葡萄科（Vitaceae）

14. 直立或蔓生木本。

15. 直立木本，有时为藤本，极少数为草本，通常无卷须；萼片镊合状排列，花瓣细小；核果状有翅或核果……………………………………………鼠李科（Rhamnaceae）

15. 蔓生木本；萼片覆瓦状排列，花瓣几乎和萼片对生，比萼片长得多；干果或核果…………

…………………………………………………………………………清风藤科（Sabiaceae）

13. 花丝全部结合成桶状，或下部多少结合成桶状。

14. 单叶；雄蕊1轮或2轮，2轮雄蕊的外轮雄蕊退化无花药；花瓣回旋状排列；子房每室有少数或多数胚珠……………………………………………………梧桐科（Sterculiaceae）

14. 一回或三回羽状复叶；雄蕊1轮；花瓣镊合状排列；子房每室有1个胚珠…………………………

………葡萄科（Vitaceae）[火筒树亚科（Leeoideae）或从葡萄科中分出，另列火筒树科]

12. 雄蕊和花瓣同数，互生或不同数。

13. 叶有透明小点，揉碎后，有特殊的香气，单叶或复叶…………………………芸香科（Rutaceae）

13. 叶无透明小点。

14. 十字形花冠，四强雄蕊（有时只有2或4个雄蕊），子房因假隔膜分成2室，草本…………

…………………………………………………………………………十字花科（Cruciferae）

14. 不如前状植物。

15. 果实分成2个分果，顶端或周围具翅（双翅果），木本……………槭树科（Aceraceae）

15. 非双翅果。

16. 单叶。

17. 草本，果实为蒴果，裂为5个分果，但花柱相连……牻牛儿苗科（Geraniaceae）

17. 果实不成分果。

18. 直立或蔓生木本，有时为常绿草本（如为常绿草本，则药孔裂，花粉粒每4个相结合）。

19. 叶互生。

20. 花药纵裂。

21. 雄蕊为花瓣的倍数，花瓣4瓣，子房由侧膜胎座深入成为4室（有时也认为中轴胎座），浆果………………旌节花科（Stachyuraceae）

21. 雄蕊和花瓣同数。

 22. 蒴果，种子无假种皮，子房每室常不止1~2个胚珠。

  23. 花柱合为1条，子房2室，有多数胚珠 ··
·· 虎耳草科（Saxifragaceae）（或从虎耳草科中分出另成鼠李科）

  23. 花柱2条，子房2室，有多数至1、2个胚珠············ 金缕梅科（Hamamelidaceae）

 22. 如为蒴果，必具假种皮，子房每室有1~2个胚珠。

  23. 花有花盘，果实为3纵翅的小坚果，或为蒴果，种子具假种皮，偶浆果或核果··········
·· 卫矛科（Celastraceae）

  23. 花无花瓣，核果··· 冬青科（Aquifoliaceae）

20. 花药顶端孔裂，蒴果，少数为常绿草本，花粉粒每4个结合，花瓣3枚，子房3室，或花瓣5枚子
房5室·· 杜鹃花科（Ericaceae）

19. 叶对生，聚伞花序，雄蕊和花瓣同数。子房常埋在花盘的下面，果实为蒴果或浆果，种子常有假
种皮。少数为翅果或核果·· 卫矛科（Celastraceae）

18. 草本或亚灌木，子房2~6室，每室有2至多个胚珠。

19. 叶互生。

 20. 萼片镊合状排列，雄蕊10条，蒴果有钩刺或有星状毛····························· 椴树科（Tiliaceae）

 20. 萼片覆瓦状排列，雄蕊5条，基部结合，此外常有小形发育不全的雄蕊，蒴果平滑··········
·· 亚麻科（Linaceae）

19. 叶对生，花柱1，萼片常结合为杯形、钟形或筒形·················· 千屈菜科（Lythraceae）

16. 复叶。

17. 乔木（少数灌木）。

18. 5~7小叶所成的掌状复叶。

19. 雄蕊结合为筒状，5~10列，每1裂条有扭旋形的花药，花药1室，子房5室，蒴果，种子藏在棉状
纤维中·· 木棉科（Bombacaceae）［吉贝属（Ceiba）］

19. 雄蕊七八枚分离，子房3室，蒴果，种子有2层假种皮··
·· 无患子科（Sapindaceae）［掌叶木属（Handeliodendron）］

18. 1回或数回羽状复叶，极少的是3小叶所组成的复叶。

19. 叶互生。

20. 雄蕊4~10枚，分离或基部稍结合。

 21. 叶为羽状或掌状复叶，多少有睡眠运动；雄蕊10枚，2轮，花丝基部稍有联合，5枚雄蕊退
化；蒴果或浆果·· 酢浆草科（Oxalidaceae）

 21. 叶没有睡眠运动，果实不如前状。

  22. 雄蕊4~6枚，着生在子房柄上，蒴果，种子有翅·················· 楝科（Meliaceae）

  22. 雄蕊不如前状着生。

   23. 果实为核果状的分果，或为有假种皮的核果状，或为蒴果（如为蒴果，雄蕊有
8枚）或泡状蒴果·· 无患子科（Sapindaceae）

  23. 果实为不具假种皮的核果。

   24. 雄蕊8或10枚，花柱分离，子房3~5室，每室1胚珠····· 漆树科（Anacardiaceae）

24. 雄蕊通常6枚，花柱结合，子房2～3室，每室2胚珠 ……… ………………………………………………………………橄榄科（Burseraceae）

20. 雄蕊结呈筒状，核果、浆果或蒴果 ………棟科（Meliaceae）

19. 叶对生，子房2～3浅裂，果实为泡状蒴果或蓇葖或肉质或革 质果 ……………………………………省沽油科（Staphyleaceae）

17. 草本。

18. 有卷须、蔓生的草本，有二回三出复叶，果实为泡状的蒴果 ……… ………无患子科（Sapindaceae）[倒地铃属（Cardiospermum）]

18. 不如上述植物。

19. 掌状或羽状复叶，有睡眠运动；雄蕊为花瓣的倍数，子房5室， 蒴果 ……………………………………酢浆草科（Oxalidaceae）

19. 叶没有睡眠运动。

20. 叶为三回三出复叶，互生，果实为蒴果 …………………… ……… 虎耳草科（Saxifragaceae）[落新妇属（Astilbe）]

20. 叶为偶数羽状复叶，对生，果实分成数个分果………………… ………………………………………蒺藜科（Zygophyllaceae）

11. 花冠不整齐。

12. 花药纵裂。

13. 花瓣5枚，外侧3枚圆形，内侧2枚极小，雄蕊5枚，仅内侧2枚发育完全，且常和内 侧2枚花瓣合生，果实为核果，木本 …………………………………………………… …………………………………… 清风藤科（Sabiaceae）[泡花树属（Meliosma）]

13. 花不如上述情况，果实除金莲花科为梨果外，其余都是蒴果。

14. 单叶，草本。

15. 萼为圆筒状，基脚有1囊状突起；子房2室 ………… 千屈菜科（Lythraceae）

15. 萼片中的1片或萼的基部，伸出1长距。

16. 子房3室，每室1胚珠 ………………………旱金莲科（Tropaeolaceae）

16. 子房5室，每室有数个胚珠 ………………凤仙花科（Balsaminaceae）

14. 掌状复叶，对生，子房3～5室，木本…………七叶树科（Hippocastanaceae）

12. 药顶端孔裂，或开一短裂隙，雄蕊常8枚，花丝结合呈筒状，后方裂开，草本或木本…… ………………………………………………………………远志科（Polygalaceae）

5. 下位子房或半下位子房。

6. 茎肉质多浆，有多数针刺，叶退化………………………………………仙人掌科（Cactaceae）

6. 不同仙人掌科植物。

7. 雄蕊10枚以上，或比花瓣的倍数还多。

8. 水生草本，叶从根状茎的节上发生，圆盾形或马蹄形，常浮在水面；花瓣多枚，果实为浆果状……… ………………………………………………………………………睡莲科（Nymphaeaceae）

8. 陆生植物。

9. 乔木或灌木，直立或蔓生。

　　　　10. 叶有透明小点，常对生 ·· 桃金娘科（Myrtaceae）

　　　　10. 叶无透明小点。

　　　　　　11. 子房有上下重叠的几室，下面中轴胎座，上面侧膜胎座，种子有肉质多液的外种皮，萼永存 ·····
···石榴科（Punicaceae）

　　　　　　11. 子房2～6室，不是上下相重，种子无肉质外种皮。

　　　　　　　　12. 叶有托叶，雄蕊分离，果实为梨果 ········· 蔷薇科（Rosaceae）[梨亚科（Pomnideae）]

　　　　　　　　12. 叶无托叶，蒴果 ···
虎耳草科（Saxifragaceae）[绣球花亚科（Hydrangeoideae）或从虎耳草科中分出，另
成八仙花科]

　　9. 草本。

　　　　10. 多为肉质草本，花两性。

　　　　　　11. 有2萼片，或萼2裂，花瓣5或6，子房有特立中央胎座或基生胎座 ·································
···马齿苋科（Portulacaceae）

　　　　　　11. 有3～5枚萼片，雄蕊变形成无数花瓣，外形像菊科植物的头状花序·························
·························番杏科（Aizoaceae）[松叶菊属（Mesembryanthemum）]

　　　　10. 多汁的草本，花单性，叶多少斜形，子房有纵棱或翼，有2～4室 ······ 秋海棠科（Begoniaceae）

7. 雄蕊和花瓣同数，或为花瓣的倍数。

　　8. 萼片、花瓣、雄蕊各2，果实为瘦果，常有钩毛，草本···
····························· 柳叶菜科（Onagraceae）[露珠草属（Circaea）]

8. 萼片、花瓣各4、5、6枚（少数可至12枚）。

　　9. 子房1至多室，每室有1胚珠。

　　　　10. 雄蕊和花瓣同数，对生，木本 ··· 鼠李科（Rhamnaceae）

　　　　10. 雄蕊和花瓣同数，互生或不同数。

　　　　　　11. 花柱1条。

　　　　　　　　12. 水生草本，叶菱形，浮在水面，坚果，有2～4个角 ·························菱科（Trapaceae）

　　　　　　　　12. 乔木或灌木，核果或翅果状果。

　　　　　　　　　　13. 翅果状，有革质的果皮，多数相集呈头状 ··
·····························蓝果树科（珙桐科）（Nyssaceae）[喜树属（Camptotheca）]

　　　　　　　　　　13. 核果。

　　　　　　　　　　　　14. 花瓣4～10枚，细长，初合成筒状，后向外反卷，花两性，聚伞花序···············
·····························八角枫科（Alangiaceae）

　　　　　　　　　　14. 花瓣4或5枚，其他形状不同上面所述。

　　　　　　　　　　　　15. 叶互生，花萼的裂片和花瓣常各5枚。

　　　　　　　　　　　　　　16. 花集生在腋出花轴的末端，呈小伞房状或伞形花序，两性花或单性花都有
花瓣·················· 蓝果树科（紫树科）（Nyssaceae）[蓝果树属（Nyssa）]

　　　　　　　　　　　　　　16. 花成下垂的圆锥花序，雌雄异株，雌花无花瓣和雄蕊 ·····························
四照花科（山茱萸科）（Cornaceae）[鞘柄木属（Toricellia）或从四照花科
分出，另成鞘柄木科]

        15. 叶常对生（有时互生），花萼的裂片和花瓣常各4枚，聚伞花序合成头状或圆锥花序 ………………………………… 四照花科（山茱萸科）（Cornaceae）

  11. 花柱2~5条。

    12. 伞房花序，或总状花序。

      13. 沉水草本，叶轮生，羽状细裂，或陆生小草本，叶互生，全缘 …………………………
………………………………………………………… 小二仙草科（Haloragidaceae）

      13. 木本。

        14. 梨果 ……………………… 蔷薇科（Rosaceae）[梨亚科（Pomnideae）]

        14. 蒴果 …………………………………………… 金缕梅科（Hamamelidaceae）

    12. 伞形花序，或复伞形花序，或伞形花序所成的圆锥花序。

      13. 核果或浆果，伞形花序或圆锥花序，大多数为木本 …………… 五加科（Araliaceae）

      13. 果实常为分果，称双悬果，复伞形花序或伞形花序，草本 ……………………………
…………………………………………………………… 伞形科（Umbelliferae）

9. 子房1至数室，每室有少数至多数胚珠。

  10. 子房1室，萼筒不成细长花梗状。

    11. 侧膜胎座。

      12. 木本。

        13. 单叶，羽状脉，雄蕊和花瓣对生，蒴果 ……………………………………………
…………………………………… 天料木科（Samydaceae）[天料木属（*Homalium*）]

          14. 叶为掌状脉，雄蕊和花瓣互生，浆果 ………………………………………
虎耳草科（Saxifragaceae）[茶蔍子属（*Ribes*）或从虎耳草科分出另立茶蔍子科]

      12. 草本，雄蕊5或10枚，花瓣有时细裂；蒴果 ……………… 虎耳草科（Saxifragaceae）

    11. 特立中央胎座，花药孔裂，药隔的基部成圆锥形的距，浆果；叶为羽状脉；木本 ……………
……………………………… 野牡丹科（Melastomataceae）[谷木属（*Memecylon*）]

  10. 子房2至数室。

    11. 花药纵裂，雄蕊着生在萼或萼筒上，果实为蒴果（少数为浆果）。

      12. 直立或蔓生木本，叶对生（少数为草本，叶互生）；蒴果往往有明显的背缝，顶端或腹缝裂开，少数为浆果 …………………………………………………………………
虎耳草科（Saxifragaceae）[绣球花亚科（Hydrangeoideae）或从虎耳草科分出另成八仙花科]

      12. 草本。

        13. 萼筒狭长，花柱1条 ……………………………………… 柳叶菜科（Onagraceae）

        13. 萼筒短浅，花柱不止1条 …………………………… 虎耳草科（Saxifragaceae）

    11. 花药孔裂，叶有基出数大脉，子房4~5室；木本或草本………………………………
……………………………………………………… 野牡丹科（Melastomataceae）

3. 花瓣结合。

  4. 上位子房。

    5. 食虫植物或寄生植物。

6. 食虫植物，陆生、湿生或水生，用叶或小囊做捕虫工具，花冠唇形，雄蕊常2枚，子房1室 ·············
··· 狸藻科（Lentibulariaceae）

6. 寄生植物，无叶绿素，具鳞片状叶。
　　7. 茎直立，寄生在生活植物的根上；花冠不整齐，唇形；雄蕊4枚 ············ 列当科（Orobanchaceae）
　　7. 茎细长，缠绕在生活植物的茎上；花冠整齐；雄蕊和花冠裂片同数 ········ 旋花科（Convolvulaceae）
5. 非食虫植物，也非寄生植物。
　6. 雄蕊常为花冠裂片的倍数，或多数（景天科、豆科、杜鹃花科、柿树科，偶有雄蕊和花冠裂片同数）
　　7. 雌蕊由4～5张分离心皮构成，雄蕊为花冠裂片的倍数，果实为蓇葖果，肉质草本··············
··· 景天科（Crassulaceae）
　　7. 雌蕊由1心皮构成，或2至多心皮结合而成。
　　　8. 雌蕊由1心皮所成，果实为荚或节荚；叶常为二回羽状复叶；木本或草本··············
··· 豆科（Leguminosae）[含羞草亚科（Mimosoideae）]
　　　8. 雌蕊由2至多心皮结合而成，果实非荚果，木本。
　　　　9. 花瓣联合成1个帽状体脱落，子室极多，掌状复叶··
······························· 五加科（Araliaceae）[多蕊木属（*Tupidanthus*）]
　　　　9. 花冠不成帽状脱落，单叶。
　　　　　10. 花柱1条，雄蕊不着生在花冠上，药孔裂；木本 ············ 杜鹃花科（Ericaceae）
　　　　　10. 花柱2至多条，花雌雄异株，雄花的雄蕊大多数为花冠裂片的倍数，至4倍，浆果 ·············
···柿科（Ebenaceae）
　6. 雄蕊和花冠裂片同数，或较少。
　　7. 雄蕊和花冠裂片对生。
　　　8. 花柱1条，胚珠少数至多数，特立中央胎座或基生胎座。
　　　　9. 木本，常核果 ······························· 紫金牛科（Myrsinaceae）
　　　　9. 草本，蒴果··························· 报春花科（Primulaceae）
　　　8. 花柱5条，胚珠1个······························· 白花丹科（Plumbaginaceae）
　　7. 雄蕊和花冠裂片同数，互生。或花冠裂片为少。
　　　8. 雌蕊由2至数张分离或近于分离的心皮构成（子房完全分离，或子房深2～4裂，它的分裂部分结成
　　　　2～4分果）。
　　　　9. 2心皮分离，成熟时成2蓇葖果，各含多数种子，体内有乳汁，往往为蔓生植物。
　　　　　10. 花粉粒分离，不成花粉块，花柱常合为1条············ 夹竹桃科（Apocynaceae）
　　　　　10. 花粉粒结成花粉块，花柱有2条············ 萝藦科（Asclepiadaceae）
　　　　9. 子房2～4裂。
　　　　　10. 叶互生，花整齐。
　　　　　　11. 花柱1条，花序常呈尾卷状 ············ 紫草科（Boraginaceae）
　　　　　　11. 花柱2条，花单性，匍匐性小草本··
··················· 旋花科（Convolvulaceae）[马蹄金属（*Dichondra*）]
　　　　　10. 叶对生或轮生；花不整齐，唇形，或近乎整齐，子房深4裂 ············ 唇形科（Labiatae）
　　　8. 雌蕊由1心皮组成，或由2至数个心皮结合而成，子房不深裂。

9.　花冠整齐。

 10.　雄蕊和花冠裂片同数。

  11.　花冠干燥，薄膜质，4裂，草本 ……………………………………………车前科（Plantaginaceae）

  11.　花冠非干燥膜质。

   12.　子房1室。

    13.　蔓生的常绿木本，花冠回旋状排列，5裂片，裂片再各2裂；胚珠4枚，果实为浆果 ………………
……………………………………………旋花科（Convolvulaceae）[丁公藤属（*Erycibe*）]

    13.　草本。

     14.　水生草本，叶互生或近乎对生，单叶或三出复叶，花冠裂片镊合状排列…………………………
龙胆科（Gentianaceae）[睡菜亚科（Menyanthoideae）或从龙胆科分出另成莕菜科]

     14.　陆生草本，叶对生无柄基部相接 ………………………………………龙胆科（Gentianaceae）

   12.　子房2至数室。

    13.　木本，或为草本，叶互生。

     14.　木本，子房2~4室，果实为1核果，有4粒种子或裂为2~4个分果（或小坚果）………………
………………………………………………………………………紫草科（Boraginaceae）

     14.　大多数为草本，少数为灌木，果实为蒴果或浆果。

      15.　直立草本或灌木（花荵科中有卷须攀缘的草本），子房2或3室，每室有多数胚珠。

       16.　草本或木本，子房2室，花柱1条，柱头头状，2裂 ………………茄科（Solanaceae）

       16.　草本或亚灌木，子房常3室，雄蕊生在花冠的筒部或基部，花冠裂片回旋状排列………
……………………………………………………………………花荵科（Polemoniaceae）

      15.　蔓生草本，子房2室（少数3室），每室2胚珠，有时因假隔膜隔成4室，每室1胚珠，花冠
回旋状排列 ……………………………………………………旋花科（Convolvulaceae）

    13.　木本，叶对生（马钱子科中有蔓生的）。

     14.　叶具托叶（有时托叶仅为1横线，连结对生的2叶）；子房2室，每室有少数至多数胚珠；果
实为蒴果或浆果………………………………………………………马钱科（Loganiaceae）

     14.　叶无托叶；子房4室，每室1胚珠；果实为核果 ………………马鞭草科（Verbenaceae）

 10.　雄蕊比花冠裂片为少。

  11.　直立或蔓生木本，叶对生，雄蕊常2枚 ……………………………………… 木犀科（Oleaceae）

  11.　木本，雄蕊4枚，或草本，雄蕊2~4枚。

   12.　子房2室，有多数胚珠，中轴胎座………………………………… 玄参科（Scrophulariaceae）

   12.　子房2至数室，每室有1~2个胚珠 ……………………………………马鞭草科（Verbenaceae）

9.　花冠不整齐。

 10.　雌蕊由2心皮所成，或子房1室，具侧膜胎座，有时因侧膜胎座深入成假2室，种子有翅 ………………
………………………………………………………………………………………紫葳科（Bignoniaceae）

 10.　子房2~4室。

  11.　子房每室1或2胚珠，果实为核果，有1~4粒种子，或干燥后裂为2~4个分果（小坚果或小核果）………
…………………………………………………………………………………马鞭草科（Verbenaceae）

  11.　子房每室有少数至多数胚珠，果实为蒴果。

    12. 种子少数，生在钩状或杯状突起上，花常有显著苞片……………………………
…………………………………………………………………………… 爵床科（Acanthaceae）

    12. 种子多数，无钩状或杯状突起

      13. 子房2室……………………………………… 玄参科（Scrophulariaceae）

      13. 子房最后变成4室，植物体具分泌黏液的腺体…… 胡麻科（Pedaliaceae）

 4. 下位子房或半下位子房。

  5. 雄蕊为花冠裂片的倍数，至多数；木本。

   6. 花药纵裂………………………………………………… 山矾科（Symplocaeae）

   6. 花药顶端孔裂……………………………………………… 杜鹃花科（Ericaceae）

  5. 雄蕊和花冠裂片同数，或较少。

   6. 茎通常有卷须，雄蕊5枚，分离或结合 ………………… 葫芦科（Cucurbitaceae）

   6. 茎无卷须。

    7. 雄蕊分离。

     8. 雄蕊不着生在花冠上（或仅稍和花冠相连），与花冠裂片同数。叶多互生；大多数有乳状
     液；花整齐，子房各室有多数胚珠 ………………………… 桔梗科（Campanulaceae）

     8. 雄蕊着生在花冠上，叶对生或轮生。

      9. 雄蕊和花冠裂片同数。

       10. 子房1室，有1胚珠，花密集呈头状花序…… 山萝卜科（川续断科）（Dipsacaceae）

       10. 子房2~5室。

        11. 叶常全缘，具托叶，有时因托叶发达，外观往往为轮生叶，子房大多数2室 ……
……………………………………………………………………… 茜草科（Rubiaceae）

        11. 叶无托叶，对生或轮生，子房2~5室 ……………… 忍冬科（Caprifoliaceae）

      9. 雄蕊比花冠裂片少。

       10. 子房1室，胚珠1个，从子房的室顶悬垂 ……………… 山萝卜科（Dipsacaceae）

       10. 子房2~4室。

        11. 子房各室均可成熟，水生草本 …………………………………………
        胡麻科（Pedaliaceae）[茶菱属（*Trapella*）或从胡麻科分出，另成茶菱科]

        11. 子房3~4室，有2室的胚珠不成熟。

         12. 木本，叶不分裂………………………………… 忍冬科（Caprifoliaceae）

         12. 草本，叶常羽状或掌状分裂………………………… 败酱科（Valerianaceae）

    7. 花药或花丝结合呈筒状，围绕花柱。

     8. 花单生，或呈总状花序或伞房花序，花不整齐，子房2~3室，含多数胚珠………………
………………………………………………………………… 山梗菜科（半边莲科）（Lobeliaceae）

     8. 花集成头状花序，周围有多数总苞（在苍耳属的雌花花序总苞成囊状，包在雌花外面，且
     生有钩状刺毛）；花冠整齐或不整齐，花药结合，子房1室，1胚珠…… 菊科（Compositae）

2. 胚多具1片子叶，叶大多数平行脉和弧形脉，花多为3基数，茎无皮层和髓的区别，维管束多呈散生排列………
………………………………………………………………………… 单子叶植物纲（Monocotyledoneae）

 3. 浮在水面（或沉在水中的）小型扁平叶状植物 …………………………………浮萍科（Lemnaceae）

3. 不同浮萍植物。
  4. 叶多簇生于枝端，幼时不分裂，在芽中纵叠似折扇状，长大后为羽状或掌状分裂，雌蕊由3个分离或基部合生的心皮所成 ································ 棕榈科（Palmae）
4. 叶不同棕榈科植物。
  5. 缺花被，或花被呈苞状，或为膜质不显著。
    6. 乔木或灌木，叶长线形，花雌雄异株，果实为卵球形（或圆柱状或长椭圆状）的聚花果 ·· 露兜树科（Pandanaceae）
  6. 常草本，不同露兜树科植物。
    7. 花呈肉穗花序或头状花序，常雌雄同株（天南星科植物中有雌雄异株，或全为两性花）；雌花和雄花着生同一花序上方，雄花在花序上方，雌花在花序下方。
      8. 花序外无佛焰包，叶狭长，生池沼或浅水中 ································ 天南星科（Araceae）
      8. 肉穗花序，外有大型或狭长剑状的佛焰包，叶形有多种，往往阔大，有网状脉。
        9. 花呈肉穗花序 ································ 香蒲科（Typhaceae）
        9. 花呈头状花序 ································ 黑三棱科（Sparganiaceae）
    7. 不同前面的花序。
      8. 水生植物，大多数沉没在水中。
        9. 花呈单一或分枝的穗状花序。
          10. 淡水生，花有花被状物4枚，雄蕊4枚，胚珠生在心皮向轴面角隅，果实的心皮无柄 ································ 眼子菜科（Potamogetonaceae）
          10. 碱水生，花无花被，雄蕊2枚，胚珠从室顶悬垂，果实的心皮有长子房柄和螺旋状扭转的花序轴 ································ 眼子菜科（Potamogetonaceae）[川蔓藻属（Ruppia）或从眼子菜科分出，另成川蔓藻科）]
        9. 花单生，或呈腋生聚伞花序。
          10. 雌蕊由1~9张分离心皮所成，每1心皮有1悬垂胚珠 ································ 眼子菜科（Potamogetonaceae）[角果藻属（Zannichellia）或从眼子菜科分出，另成角果藻科]
          10. 雌蕊由1心皮所成，有1基生的胚珠 ································ 茨藻科（Najadaceae）
      8. 陆生植物或沼地或浅水生植物（虽基部生在水中，茎叶必在空气中）。
        9. 花为壳片状所包，花被缺，或变为鳞状体或毛状体。
          10. 雄蕊1（少数2），子房3室，或心皮1至多个，各有1胚珠，花序穗状或头状，包有1~3片苞片 ································ 刺鳞草科（Centrolepidaceae）
          10. 雄蕊3或6（有时较少或较多），子房1室，有1胚珠，花呈小穗状花序，下有称为颖的苞片。
            11. 茎大多数空圆筒形，叶成2纵行，叶鞘一侧常不封闭，常为颖果 ································ 禾本科（Gramineae）
            11. 茎常坚实、三棱形，叶成3纵行，叶鞘结合呈筒状（即一侧封闭），瘦果 ································ 莎草科（Cyperaceae）

9. 花无壳状片包裹，花被4～6枚（少数3枚），分2轮。

10. 花单性，呈头状花序，下有鳞片状的总苞，花被干燥膜质，子房每室1悬垂胚珠……………………………………………………………………………谷精草科（Eriocaulaceae）

10. 花两性或单性，有各种花序，花被成颖片状或革质，胚珠3至多个，生子房基底或侧膜胎座上………………………………………………………………灯心草科（Juncaceae）

5. 有花被，且常显著，大多数有萼片和花冠的分化。

6. 上位子房。

7. 雌蕊由3至多数分离心皮所成，水生植物。

8. 蓇葖果 ……………………………………………………………花蔺科（Butomaceae）

8. 瘦果…………………………………………………………………泽泻科（Alismataceae）

7. 雌蕊由2至多个（常2个或3个）心皮结合而成，水生或陆生。

8. 水生植物，花稍不整齐，雄蕊屡有两型，花被6枚，花瓣状…………雨久花科（Pontederiaceae）

8. 陆生植物。

9. 子房1室，花被4枚，雄蕊4枚，叶对生或轮生……………………………百部科（Stemonaceae）

9. 子房大多数3室（少数2或4室，龙舌兰科有时有1室）。

10. 常为旱生植物，木质茎或成乔木状，或只有地下茎，叶簇生在地下茎的顶端，或基部，大多数有纤维；花常呈大形圆锥花序或总状花序，雄蕊6枚 ………………………………………………………………龙舌兰科（Agavaceae）（包括龙舌兰科、丝兰科、龙血树科、虎尾兰科等科）

10. 草本。

11. 叶在茎的顶上对生或轮生，有基出数大脉；花单生，花被、雄蕊为3或4基数，偶5基数或这些数的倍数………………………………………………………………………………………………百合科（Liliaceae）[重楼族（Parideae）或从百合科分出，另成延龄草科]

11. 叶不同前状。

12. 花被分不清花萼和花冠，6枚或6裂片，整齐，大多数呈花冠状、雄蕊6枚 [蜘蛛抱蛋属（Aspidistra）花的各部为4基数或4基数倍数——花被裂片8，雄蕊8，子房4室）]……百合科（Liliaceae）（包括藜芦科、日光兰科、竹叶兰科、葱科、百合科、天门冬科、铃兰科、蜘蛛抱蛋科等）

12. 有萼和花冠的分化，整齐或不整齐，雄蕊6枚，或因退化减少，叶有叶鞘…………………………………………………………………………鸭跖草科（Commelinaceae）

6. 子房下位或半下位。

7. 死物寄生植物，无叶绿素，仅有鳞片状叶；生多数胚珠；雄蕊和花柱合生，花被不整齐；子房扭转，种子无翅…………………………………………………………… 兰科（Orchidaceae）

7. 非寄生植物，有正常的绿叶。

8. 水生草本，一部或全部沉没水中，有花萼和花冠的分化，子房常含多数胚珠………………………………………………………………………………水鳖科（Hydrocharitaceae）

8. 陆生植物。

9. 缠绕植物，叶常有线形基脚，有网状脉；花常单性，雄蕊6枚，通常都生花粉………………………………………………………………………………………薯蓣科（Dioscoreaceae）

9.　非缠绕植物。

　　10.　雄蕊6或3枚，都能发育成花粉，花常整齐。

　　　11.　雄蕊3枚，和花被的外轮裂片对生……………………………………………………鸢尾科（Iridaceae）

　　11.　雄蕊6枚。

　　　　12.　半下位子房［（沿阶草族（Ophiopogoneae）中，一部分为上位子房］

　　　　　13.　蒴果，果背开裂，含多数种子…………………………………………………………………………

　　　　　百合科（Liliaceae）［粉条儿菜族（Aletreae）或从百合科中分出，另成粉条儿菜科］

　　　　　13.　子房在开花后不生长，子房壁不久就破裂，露出呈浆果状的种子………………………………

　　　　　百合科（Liliaceae）［沿阶草族（Ophiopogoneae）或从百合科中分出，另成沿阶草科］

　　　　12.　下位子房。

　　　　　13.　常为旱生性植物，地上茎短，木质；叶簇生，往往肉质，大多数有纤维；花呈大圆锥花序或成总状花序，花被片结合，有长或短的筒部…………………………龙舌兰科（Agavaceae）

　　　　　13.　草本。

　　　　　　14.　地下有鳞茎，叶从地下茎生出；花茎上无叶，伞形花序有总苞或花单生…………………………

　　　　　　……………………………………………………………………………石蒜科（Amaryllidaceae）

　　　　　　14.　有根茎或鳞茎，地上茎有叶；花呈穗状花序、头状花序或单生…………………………………

　　　　　　………石蒜科（Amaryllidaceae）［小金梅草属（Hypoxis）或从石蒜科分出，另成仙茅科］

　　10.　发育的雄蕊1～5枚，不发育的雄蕊往往变形为花瓣状，花不整齐。

　　　11.　雄蕊和花柱分离。

　　　　12.　不发育的雄蕊1枚，不呈花瓣状，发育的雄蕊5枚………………………………芭蕉科（Musaceae）

　　　　12.　不发育的雄蕊全部或一部分呈瓣状。

　　　　　13.　发育雄蕊1枚或较多，各有2室的花药…………………………姜科（襄荷科）（Zingiberaceae）

　　　　　13.　发育的雄蕊1枚，有1室的花药………………………………………………美人蕉科（Cannaceae）

　　　11.　雄蕊1或2条，和花柱合生成雌雄蕊合体（合蕊柱）………………………………兰科（Orchidaceae）

说课

附录十二
植物学野外实习须知

　　植物学野外实习是植物学实践教学的重要组成部分，是学生认识"植物与环境、人与自然"相互协作的重要实践活动，是植物学教学不可或缺的教学环节。通过野外实习，让学生直接面对自然界复杂多样的植物群落，不仅能巩固学生对植物形态观测、物种鉴别、标本采集、群落组成等课堂所学知识，学习野外工作的技术和方法，培养学生的独立工作能力，还能使学生更为深刻地认识自然界中的植物多样性，理解植物与环境的关系，激发学生对植物学科学习及未知事物探究的兴趣，拓展视野、扩展知识面，对培养学生整合运用知识技能的能力、团队协作精神等具有至关重要的作用。因此，组织实施植物学野外实习必须做好以下几点。

一、掌握植物学知识与技能

实习前，一是要掌握描述植物形态特征的"名词术语"的含义，能用术语对植物标本进行描述并撰写描述报告；二是要掌握植物标本的观测方法；三是要掌握植物实体和电子标本的采集与制作方法；四是要具备检索表的编制和用检索表鉴别植物物种的能力；五是要能掌握实习用相关器具的使用方法；六是要具备开展植物物种多样性小专题调查研究的能力。

二、熟悉实习基地的基本情况

高校野外实习基地往往都安排在交通和食宿方便、有利于野外实习组织实施的自然保护区或风景名胜区的缓冲地带。这些地区植物种类丰富，地形地貌较为复杂，受人类活动干扰和破坏较少，具有不同的原生态植被类型，有利于学生对植物种群分布特征和规律的了解与掌握。在野外实习实施前，应收集的实习基地基本资料包括：一是自然概况，即实习地的地理位置、海拔高度、地形地貌、气候条件、土壤类型等；二是植物资源概况，即历代植物学者对基地考察所积累的植物资源资料（如图谱、图鉴、图册、调查报告等）；三是社会概况，即实习基地的演变历史、风土人情，及其对植物资源的开发、利用与保护情况。

三、制订详实的实习方案

依据植物学野外实习教学目标和实习基地的基本情况，制订详实的植物学野外实习方案，作为串联各项实习工作安排的主线，避免植物学野外实习工作安排的盲目性，节约实习时间和成本，收到事半功倍的效果。

在制订实习方案时，首先组建带教教师团队，由教师团队确定实习目标、实习时间与地点、学生分组规则，并提出实习内容、方式方法、日程安排、考核评价指标、做好突发情况处置预案、按时序撰写实习的实施流程计划书等；明确学生开展野外实习时，必须具备的知识与技能储备、安全和个人生活注意事项和实习纪律。实习计划书制订完成后，应及时下发给学生，让学生做好开展野外实习的知识储备和身心准备，并要求学生通过资料查阅，以小组为单位自主拟定研究性野外实习小专题。

四、做好必要的实习准备

根据实习目的、实习基地情况、实习时长、实习人数与分组情况，按需准备好实习所需相关仪器设备、工具、用品和资料，如照相机、放大镜、显微镜、GPS、测高仪、小型扩音器、卷尺、枝剪、镊子、解剖针、采集箱、小铁铲、背包、标本夹、饭盒、广口瓶、吸水纸、采集记录本、采集标签、台纸、样方记录表、铅笔、米尺、工具书（图鉴、图册、手册等）等。

实习开始前，首先安排指导老师提前熟悉实习基地的自然环境、地形地貌、植物物种类型与分布，从中选择出几条可突出不同植被特色的实习路线，并进行详细的踏查，对可能遇到的困难与危险做出预案；接着，召集由所有师生参加的动员大会，向学生说明本次实习的目的和意义、时间内容安排、拟达成的实习目标等，做好安全防护知识的宣讲与教育工作，明确实习纪律，并备好相关防护用具及常用药品，介绍指导老师及分工安排情况，师生共同研讨、修订研究性野外实习小专题实施方案。

五、严谨有序地开展野外实习

在学生到达实习基地后，依据"植物学野外实习方案"的时程，做好对植物群落物种多样性调查的野外观测、物种鉴别与标本采集工作。在野外观测植物时，一定要做到脚到、手到、眼尖、鼻灵，有重点、有选择地对植物的根、茎、叶、花序、花、果和种子进行观测。"脚到"就是要尽可能地靠近选定的拟观测植物体，为近距离观测其形态结构组成特征做好准备；"手到"就是用手去触摸、撕折、感受想观察的植物器官的特征；"眼尖"就是要及时发现植物的特征，尤其是与其他物种有区别的特征或该物种的特殊性状；"鼻灵"就是要闻一闻植物各器官气味。对一株植物体的观察程序，一般始于根、结束于花或果；先用肉眼观察，再借助放大镜或显微镜观察。对花的观察应极为细致，并按照先整体、再局部，由外向内依序按步观测其形态结构组成；对需要解剖观测的花，起码应切开2朵，一朵横切用于观察胎座类型，一朵纵切用于观察子房位置类型。在做好对各种观测数据记录的同时，还应做到：①注意对观测植物标本生长区域地理环境信息的采集与记录；②利用照相机、智能手机等设备拍摄照片或影像资料留存备用；③采集观测植物的实体标本，作为对相关物种鉴别、野外获取资料的修订、交流研讨和结果评定的实物资料和凭证。野外观测结束后，应利用检索表和植物志等工具书，结合野外观测记录的相关数据信息，对野外采集到的实体和电子标本进行物种"定名"鉴别；对实体标本，应及时制成腊叶标本或浸渍标本；对电子图片或影像资料，应及时分类归档。

六、科学合理的考核评价

对植物学野外实习考核应注重对其全过程的考核，考核内容包含实习表现、实习效果、实习报告、专题论文、交流汇报5个方面。其中，实习表现包括参与度、团队协作、环保意识、组织纪律等；实习效果包括物种识别数量、标本采集与制作质量、器具与工具书使用熟练度、知识与技能整合应用适配度等；实习报告包括野外实习调查总结、实习心得与感悟、对野外实习的思考与建议等；专题论文考核包括立题的新颖性（创新性）、方案设计的合理性、实验档案记载的完整性、数据分析方法选用的适当性、实验结果推导的正确性、论文格式的规范性和文献的引用量等；交流汇报包括汇报素材的收集与整理，PPT的制作、宣讲、答辩，成果展示等。最后，依据植物学野外实习考核指标体系中的各考核内容的权重，给出最终成绩。

野外实习的效果评价应贯穿于整个实习全程，采用学生自评、同学互评、教师点评等相结合的方式进行，并根据评价结果为下一次野外实习提供改进依据。

参考文献

[1] 南京农学院, 华南农学院. 植物学. 上海: 上海科学技术出版社, 1978.

[2] 高信曾. 植物学. 北京: 人民教育出版社, 1978.

[3] 华东师范大学, 上海师范学院, 南京师范学院. 植物学. 北京: 高等教育出版社, 1982.

[4] 李扬汉. 植物学. 上海: 上海科学技术出版社, 1984.

[5] 李正理, 张新英. 植物解剖学. 北京: 高等教育出版社, 1983.

[6] 吴国芳, 冯志坚, 等. 植物学. 2版. 北京: 高等教育出版社, 1992.

[7] 陆时万, 徐祥生, 沈敏健. 植物学. 北京: 高等教育出版社, 1991.

[8] 徐汉卿. 植物学. 北京: 中国农业出版社, 1996.

[9] 马炜梁, 陈昌斌, 李宏庆. 高等植物及其多样性. 北京: 高等教育出版社, 施普林格出版社, 1998.

[10] 吴鹏程. 苔藓植物生物学. 北京: 科学出版社, 1998.

[11] 周云龙. 植物生物学. 北京: 高等教育出版社, 1999.

[12] 杨世杰. 植物生物学. 北京: 科学出版社, 2000.

[13] 胡宝忠, 胡国宣. 植物学. 北京: 中国农业出版社, 2002.

[14] 姚敦义. 植物学导论. 北京: 高等教育出版社, 2003.

[15] 王全喜, 张小平. 植物学. 北京: 科学出版社, 2004.

[16] 刘穆桂. 种子植物系统解剖学导论. 北京: 科学出版社, 2004.

[17] 贺学礼. 植物学. 北京: 科学出版社, 2008.

[18] 姚家玲. 植物学实验. 北京: 高等教育出版社, 2017.

[19] 金银根, 何金铃. 植物学实验与技术. 北京: 科学出版社, 2017.

[20] 刘宁, 刘全儒, 姜帆, 等. 植物生物学实验指导. 北京: 高等教育出版社, 2016.

[21] 王幼芳, 李宏庆, 马炜梁. 植物学实验指导. 北京: 高等教育出版社, 2014.

[22] 刘全儒, 邵小明, 张志翔. 北京山地植物学野外实习手册. 北京: 高等教育出版社, 2014.

[23] 张彪, 杜坤, 张红星. 植物形态解剖学实验教学平台. 北京: 高等教育出版社, 2014.

[24] 张彪, 杜坤, 陈宗祥. 植物分类学实验教学平台. 北京: 高等教育出版社, 2014.

[25] 吴鸿, 郝刚. 植物学实验指导. 北京: 高等教育出版社, 2012.

[26] 邵小明, 汪矛. 植物生物学实验. 北京: 高等教育出版社, 2011.

[27] 张彪, 杜坤, 董桂春. 植物学实验CAI(系统分类部分). 北京: 高等教育出版社, 2010.

[28] 张彪, 牛佳田, 张国良. 植物学自学教程. 北京: 科学出版社, 2006.

[29] 张彪, 淮虎银. 植物学实验CAI(形态解剖部分). 北京: 高等教育出版社, 2005.

[30] 贺学礼. 植物学实验实习指导. 北京: 高等教育出版社, 2004.

[31] 赵遵田, 苗明升. 植物学实验教程. 北京: 科学出版社, 2004.

[32] 汪矛. 植物生物学实验教程. 北京: 科学出版社, 2003.

[33] 张彪, 淮虎银, 金银根. 植物分类学实验. 南京: 东南大学出版社, 2002.

[34] 张彪, 金银根, 淮虎银. 植物形态解剖学实验. 南京: 东南大学出版社, 2001.

[35] 林加涵, 魏文铃, 彭宣宪. 现代生物学实验. 北京: 高等教育出版社, 施普林格出版社, 2001.

[36] 李正理. 植物制片技术. 2版. 北京: 科学出版社, 1987.

[37] 高信曾. 植物学实验指导. 北京: 高等教育出版社, 1986.

[38] 江苏省植物研究所. 江苏植物志. 南京: 江苏科学技术出版社, 1982.

[39] 郑国锠. 生物显微技术. 北京: 人民教育出版社, 1978.

[40] 《中国植物志》全文电子版 iPlant. http://www.iplant.cn/frps

[41] 高瑾, 王芳, 伍建榕. 4种地生兰菌根的显微结构研究. 西北农林科技大学学报(自然科学版), 2014, 42 (10): 133-140.

[42] 陈维培, 张四美, 郎继华. 睡莲叶的解剖. 南京师范大学学报(自然科学版), 1984, (4): 69-75.

[43] 张建华, 高瑽. 棉花花芽分化发育的模式研究. 南京师大学报(自然科学版), 1990, 8 (2): 109-114.

[44] 朱杰英, 刘世彪, 陈功锡. 海带喇叭丝对接的新类型. 生物学杂志, 2010, 27(4): 63-64.

[45] 张彪, 杜坤, 丁海东, 等. 植物物种鉴别实验"虚实结合"教学模式的构建. 实验室研究与探索, 2018, 37 (11): 182-185.

[46] 张彪, 魏万红, 董召娣, 等. 基于"三维"空间下的"植物分类学实验"虚实结合教学体系构建. 实验技术与管理, 2018, 37(12): 187-190.

[47] 乐水弯. 洋葱花蕾用于减数分裂制片好. 植物学杂志, 1994 (5): 43.

[48] 滕年军, 张亚明, 吴译, 等. 一种评价百合花朵形态特征与花粉发育阶段相关性的方法: 中国, [P]. 2019-07-23.

郑重声明

防伪查询说明

用户购书后刮开封底防伪涂层，利用手机微信等软件扫描二维码，会跳转至防伪查询网页，获得所购图书详细信息。也可将防伪二维码下的 20 位密码按从左到右、从上到下的顺序发送短信至 106695881280，免费查询所购图书真伪。

反盗版短信举报

编辑短信"JB，图书名称，出版社，购买地点"发送至 10669588128

防伪客服电话

(010) 58582300